C++ Core Guidelines 解析

[德] 赖纳·格林(Rainer Grimm) 著

吴咏炜 何荣华 张云潮 杨文波 译

清華大學出版社

北 京

北京市版权局著作权合同登记号　图字：01-2023-1360

图书在版编目(CIP)数据

C++ Core Guidelines 解析 / (德) 赖纳•格林著；吴咏炜等译. —北京：清华大学出版社，2023.6（2024.7 重印）
书名原文：C++ Core Guidelines Explained: Best Practices for Modern C++
ISBN 978-7-302-63577-2

Ⅰ. ①C… Ⅱ. ①赖… ②吴… Ⅲ. ①C++语言一程序设计 Ⅳ. ①TP312.8

中国国家版本馆 CIP 数据核字(2023)第 090897 号

责任编辑： 王　军　刘远菁
装帧设计： 孔祥峰
责任校对： 马遥遥
责任印制： 宋　林

出版发行： 清华大学出版社
　　网　　址： https://www.tup.com.cn，https://www.wqxuetang.com
　　地　　址： 北京清华大学学研大厦 A 座　　**邮　　编：** 100084
　　社 总 机： 010-83470000　　**邮　　购：** 010-62786544
　　投稿与读者服务： 010-62776969，c-service@tup.tsinghua.edu.cn
　　质 量 反 馈： 010-62772015，zhiliang@tup.tsinghua.edu.cn
印 装 者： 小森印刷霸州有限公司
经　　销： 全国新华书店
开　　本： 170mm×240mm　　**印　　张：** 26　　**字　　数：** 601 千字
版　　次： 2023 年 7 月第 1 版　　**印　　次：** 2024 年 7 月第 4 次印刷
定　　价： 128.00 元

产品编号：098603-01

目　录

选定的 Core Guidelines 目录

推 荐 序 一

很多朋友都知道，这些年在给许多 C++ 研发团队提供培训和咨询时，我总爱提及 C++ Core Guidelines 开源文档。而最近，我正研究如何让 ChatGPT 写出更好的 C++ 代码，每当 ChatGPT 生成令我不满意的代码风格时，我都会首先找到 C++ Core Guidelines 开源文档的相关规则，并将其用作 ChatGPT 的提示词，结果往往相当不错。我与 C++ Core Guidelines 的结缘发生在几年前，当时，我邀请 C++ 之父 Bjarne Stroustrup 到上海参加 C++ 及系统软件技术大会，在和 Bjarne 交流时，我了解到他领衔的这个开源项目。在 Bjarne 的极力推荐下，我认识到它的分量不轻，此后，C++ Core Guidelines 开源文档便成了我的案头必备书籍。

C++ 语言之博大精深在所有编程语言中是出了名的。C++ 不仅支持面向过程、面向对象、泛型编程、函数式编程等多种编程范式，还融合了古典 C 语言、前现代 C++（C++03 之前的标准）以及现代 C++（C++11~23）的多种风格；在追求极致性能的同时，提供各种抽象逻辑来管理大规模软件的复杂性。凡此种种，使得在现代 C++ 中，同一个编程任务常常有 5～10 种实现选择，而每一种选择都有适合它的特定上下文。这就是 C++ 工程师经常面对的“心智负担”。如何消除这种“心智负担”？如何比较自如地选择最优的编程方式，同时确保团队有一致的编程规范？这不仅是 C++ 工程师个人的事情，也是一个 C++ 团队必须认真对待的课题。

在 C++ 技术社区，C++ 编程规范的相关研究与总结一直很活跃。历史上，*Effective C++*、*Exceptional C++* 等多部经典著作都诞生自 C++ 社区。而由 Bjarne Stroustrup 和 Herb Sutter 领衔编写的 C++ Core Guidelines 开源文档是当仁不让的集大成者，它在总体上汇聚了 C++社区多年来积累的宝贵经验，是一份难能可贵的资料。只可惜由于它的篇幅宏大，很多人很难完整通读，而容易将其束之高阁。

现在，由资深技术专家 Rainer Grimm 撰著的《C++ Core Guidelines 解析》，从内容上说，选取了现代 C++ 语言最核心的相关规则；从篇幅上说，对软件工程师非常友好。以“八二原则”看，这个精编解析版是一个非常聪明的选择。同时，Rainer Grimm 并没有简单照搬开源文档中的规则，而是结合自己丰富的咨询和培训经验，给出了非常翔实的解析，这自然为本书增色不少。最后，此书中文译本的质量让我非常放心。翻译团队非常强大，领衔的吴咏炜在 C++ 领域的功力自不必说，而且他在技术文本上字斟句酌的认真劲可是出了名的，杨文波、张云潮和何荣华在 C++ 领域也都非常资深。非常开心 C++ 中文社区的好书越来越多，我相信《C++ Core Guidelines 解析》会给各位 C++ 工程师以及企业 C++ 研发团队带来长久的价值。

李建忠
Boolan 首席软件专家，C++ 及系统软件技术大会主席

推 荐 序 二

本书通过很多实例对 C++ Core Guidelines 进行了解说和阐释，书的译者之一杨文波（杨文波和我在庐山相识，是多年好友）邀请我写篇推荐序，盛情难却，我便也举个例子吧。

大约两年前的一个上午，我在北京大兴机场等航班。偌大的机场里人很少，我拉着行李箱在机场中闲逛。逛了一阵后，看时间差不多了，便准备先去洗手间，然后到登机口。当我走进洗手间时，电话铃声响了。通过来电提示，我看出这个电话来自我的客户，便立即接听了。

电话接通后，我感觉电话那端正在解决一个技术问题，有两个人——一位是开发工程师，另一位是技术带头人。

"张老师，我们遇到一个很妖的问题……"

这几年，我已经习惯于听到各种"很妖"的问题，于是平静地让对方描述一下细节。

"一个指针在函数内部是对的，但是返回到父函数里就不对了。"

听到这个描述，我大体猜到对方的问题了。但是为了避免猜错，我问道："你们的程序是编译成 64 位的吧？"

得到的回答是："对。"

得到这个确认后，我比较有把握了，于是给出了诊断意见和解决方案：

"很可能是因为调用这个函数的地方缺少原型声明，查一下是不是忘记包含头文件了。"

"哦，我们马上查一下。"

对方没有提出挂断电话，我也想听听结果，于是也没提出挂断电话。好在结果在 1 分钟之内就出来了。

"张老师，加了头文件之后就好了……"

就这样，我在北京大兴机场的某个洗手间里，帮客户解决了一个棘手问题。从接电话到问题解决，一共花了 2～3 分钟。

对于这个问题，有些读者可能已经看懂了，有些读者可能还有些糊涂。因为大家没有看到代码，我的描述也缺少一些信息。

就在前两天，这个"很妖"的问题也在格蠹现身了。小伙伴们急着发布一个软件，但是测试时，发现一个动态库存在随机性的问题，C++ 的主程序使用这个 DLL 时没问题，但是当它集成到较为复杂的前端程序中，被 Node.js 代码调用时，就有问题。

小伙伴们用经典的排除法试了一阵子，但没有效果。我看了一下他们的描述，以及发给我的调用栈，感到确实有点复杂，需要静下心来慢慢调试。而且天色已晚，已到了下班时间，疲劳作战意义不大，我便让他们下班休息。

吃过晚饭，我自己挂上调试器，将问题复现出来。

是习以为常的访问违例，也称野指针，或者“段错误”。

但不寻常的是，这个指针并不为0，也不是太小，看起来似乎还挺正常。

寻找这个指针的源头，发现它来自一条距离不远的 malloc 语句：

```
dap->bdata = malloc(sizeof(struct nkm_usb_backend_data));
if (dap->bdata == NULL) {
  LOG_ERROR("unable to allocate memory");
  return ERROR_FAIL;
}
```

这个 malloc 语句不应该失败啊。记得前些天，本书的另一位译者吴咏炜还特意做了一个测试 malloc 到底能分多少内存的小程序，并分享给我做试验。试验的结论是，malloc 可以分很多很多，与包括环境在内的多种因素有关，这里不展开了。

而且，如果 malloc 真的失败，那么 malloc 下面的检查语句应该起作用啊，不至于跑到再下面，出现野指针的问题。

顺着这个路线思考，我想到了大兴机场，意识到两年前帮客户解决的问题如今发生在自己身上。

对的，是缺函数原型声明，少头文件。

按 Ctrl + Home 到这个文件开头，扫视一圈，发现里头果然没有应该有的 malloc.h，于是按回车，增加一行：

```
#include <malloc.h>
```

再编译运行，“妖怪”不见了。

需要特别说明的是，发生问题的源代码是众多 C++ 源文件组成的一个较大项目中少有的几个.c 之一。如果将其换为.cpp，那么编译器会把这样的问题视为错误，无法构建成功。而如果是.c 后缀，那就应该符合 C 语言的规范，编译器会发出警告。

如果使用的是 GCC 编译器，那么报的警告信息是著名的“隐式函数声明警告”，大致如下：

```
warning: implicit declaration of function ‘malloc’;
```

并对赋值操作给出这样一个警告：

```
warning: initialization makes pointer from integer without a cast
```

如果使用的是微软的编译器，那么报的警告信息为：

```
D:\Work\nkm\apps\kiloeye\nkm\usb_hid.c(76,30): warning C4013
```

“malloc”未定义；假设外部返回 int。

如果仔细阅读两种编译器的警告信息，可以发现其中都包含了一个信息：对于这样的隐式函数，编译器总是假设其返回 int 整数。int 整数是 32 位的，所以对于 malloc 这种返回指针的函数，在 64 位的情况下，就会出现 64 位指针被截去高 32 位，只剩低 32 位的情形，这足以让很多程序员困惑，不知这个看似正常的指针为啥不能访问。

这个例子说明好的编程习惯很重要，也说明要重视编译器的警告信息。但是，此话说着容易，实际执行却并不容易；在小项目中容易，在一些没有严格管控警告信息的大项目中就变得更困难。

治学难，治代码亦不易。感谢 C++ 之父在古稀之年仍笔耕不辍，亲自编辑 C++ Core Guidelines，字斟句酌，撰写每一则规范，指导 C++ 程序员养成良好的编程习惯。感谢这本书的原作者 Rainer Grimm，结合自身经验，用心阐释 C++ Core Guidelines。感谢本书的译者将这样的作品翻译为中文。序已经不短，词不达意，唯望能为读者增些许读书之乐。

张银奎
《软件调试》和《格蠹汇编》的作者

推荐序三

从很多维度看，C++ 语言都是程序设计语言中独树一帜的存在。其中最有趣的一点是，它的版本更新既非由语言发明者一人独断，又非以完全开放的方式由任何人提交更新并以复审加小步快跑的方式一点一滴地迭代。C++ 语言每三年发布一个包含相当数量、有时也相当激进的特性变更集的大版本，并且由一个标准委员会（包含 C++ 之父 Bjarne Stroustrup）决定每个大版本包含什么以及不包含什么。这种特别的语言发展模式对采用 C++ 语言的程序员们有着重大的影响：每当 C++ 语言发布新版本时，除了一些和标准委员会走得比较近的人外，大部分的 C++ 程序员往往都要接受一次带有断层的观念冲击。而 C++ 语言的多范型完全融合的特点，会让程序员在面对新特性或对旧特性的改变时，需要更多时间来了解某个看似人畜无害的细微变化在真正运用时会造成的旧代码到处炸裂的情形。C++ 语言是既灵活又重磅的全能武器，但对其使用者的要求也更高一筹。

所以，第一次听说 C++ Core Guidelines 这个项目（应该是某次和 Bjarne 本人还有标准委员会的一些前辈们在李建忠先生组织的一个饭局上）时我就意识到，这应该是个非同小可的神器。标准委员会的成员们终于脱下了长衫，开始亲近在一线苦干的程序员。然后，我就开始约稿，但是在我的稿还没约到时，一本新书横空出世，也就是这本《C++ Core Guidelines 解析》。看完以后，我觉得大概这本就可以了吧。Rainer 本人我并未见过，他可能至少在写这本书的时候，还并非 C++ 标准委员会成员。但高手在民间，这本书得到了 Bjarne 本人和标准委员会主席 Herb Sutter 等人的高度认可，就说明了问题。当然，吴咏炜和何荣华等中文译者做的工作，让这本书添色不少。翻译是再创作，技术翻译更是见功力的事情，既要在宏观和微观层面熟悉技术，又要完美传达作品原意，当然是一等一的工作。每个自觉技术不错的同行，都应该在人生的某个阶段挑战一本好作品的翻译工作。

话说回来，所有学习和使用 C++ 的人都必须读一读本书。现在完全可以说，学习 C++而不了解 C++ Core Guidelines 相当于盲人摸象。C++ 诞生于 20 世纪 70 年代，在当时它不可能了解现代计算系统的诸多特性，而现代 C++ 已经在语言层面上支持了大量的此类特性。但与此同时，C++ 语言仍然使用和早期版本并无太多不同的语法体系，只是这些语法中已悄然注入了崭新的语义。更重要的是，C++ 的设计哲学始终未曾动摇，而只有理解了这些哲学，在面对具体的新语法和新特性时，才能较快地准确理解其背后的设计意图并全面掌握它们。读一读 C++ Core Guidelines 的“P”字头部分吧，即使你在日常工作中并非以使用 C++ 语言为主，这些规则也会让你深刻地感受到这门语言的美不胜收。如果你可以举一反三，再回头看看你日常使用的语言，也一定会深受启发。我知道，现在 C++ Core Guidelines 还没有中文版，也知道，标准委员会发表的原文可能有些晦涩难懂。但是，现在你没有借口了，《C++ Core Guidelines 解析》中文译本就在你面前，请打开它，今天就开始阅读！

高博
卷积传媒 CEO，Effective Modern C++的译者

推 荐 序 四

C++ 历史悠久，从 C++11 发布之日到现在，它已经迭代了 4 个版本，新特性非常多，而 C++又是非常灵活的，达成同一目的的写法往往有多种。曾经见过一个搞笑的动图，里面描述了 C++ 的几十种初始化方式，这种夸张的灵活性往往会让 C++ 新手无所适从，到底应该选择哪种初始化方式呢？C++ Core Guidelines 给出了答案：总是通过花括号初始化，因为它更简单，语义更清晰，也更安全。

由此可见，C++ 开发者需要这些实用的规则来指导其开发工作，这也是 C++ Core Guidelines 诞生的背景。

C++ Core Guidelines 并非只适合 C++ 新手，对于一些有经验的 C++ 开发者来说，也很有参考价值。例如：实现一个重载语义的函数的时候，用默认参数好还是写一些重载函数好？用 char 还是 std::byte？用 char 数组还是 std::array？我相信很多人在写 C++ 代码的过程中经常会遇到这些选择上的疑惑，而 C++ Core Guidelines 可以给你很好的指导，告诉你怎么选择更好。

另外，C++ Core Guidelines 中有大量和 C 有关的建议：优先采用 STL 的 array 或 vector 而不是 C 数组；使用 std::string 而不是 C 字符串；不要使用 va_arg 参数；如果从 C 转到 C++ 开发的话，非常有必要看一下。C++ Core Guidelines 比较好的一点是，它并不是教条地说要这样或者不要那样，而是会告诉你为什么这样更好，例如为什么用 std::array 而不是 C 数组，因为 std::array 兼具了效率和安全性，访问越界的时候会抛异常，比 C 数组更安全。

C++ Core Guidelines 中有大量的建议是关于代码安全性的，例如使用条件变量的时候可能会发生虚假唤醒，应该使用谓词去 wait；全局的 lambda 不要按引用去捕获，以避免生命周期的问题；等等。这些对于实际的开发来说非常有指导价值。

当然，这些指导原则是有限定场景的，正如其作者所说：这些指导原则是有适用场景的，不要盲目地照搬。比如，有一条规则说不要使用 std::thread detach 方法，这就是一个典型的例子，它并不是说不能使用 detach，而是说线程函数如果按引用捕获变量，detach 之后变量生命周期就会出问题，那么，没有捕获引用的时候当然可以使用 detach。还有一条规则说用 std::string_view 引用字符序列，但这里并没有详谈字符串生命周期的问题，std::string_view 使用的时候需要关注这个问题。

总之，C++ Core Guidelines 是很多经验丰富的 C++ 开发者的经验总结，这些宝贵的经验确实值得 C++ 开发者（无论是否有经验）去参考、借鉴。深入理解这些经验背后的细节和原理，必能使 C++ 基本功变得更加扎实；将这些指导原则应用于实际开发，无疑能提高代码的质量和安全性。另外，四位译者的翻译也是认真、细致的，准确翻译了英文的指导原则，我在这里力荐此书。

祁宇
purecpp 社区创始人，《深入应用 C++11》的作者

推荐序五

众所周知，C++ 是一门自由的语言，语言的设计哲学之一就是赋予程序员极大的自由度和灵活性，因此，使用C++ 完成一个任务时，不同的程序员往往会有不同的实现方法，这真正阐释了什么叫条条大路通罗马。不过，这种自由和灵活的代价就是语言复杂度的提升，学习曲线也必然不会平滑。此外，C++ 语言特性也十分丰富，尤其从C++11标准开始，新的特性层出不穷，以至于曾有书友用《三国演义》中评价“八阵图”的一句话来评价现代 C++：“变化无穷，不能学也。”当然，这句话多少有些调侃和夸张的成分，但也说明了 C++的自由和灵活性多多少少地给学习者和从业者带来了一些困扰。从软件工程的角度出发，程序员也大都希望C++ 在保持自由的同时能够有一些规则和惯用法，于是C++ Core Guidelines 应运而生。

C++ Core Guidelines 非常全面地介绍了语言各个重要环节的规则和惯用法，如函数、类、错误处理、性能优化等。例如，我们常说尽量使用智能指针代替裸指针，从而避免内存的泄漏，但是这又造成另外一个问题——智能指针的过度使用。C++ Core Guidelines 中有这么一条建议——“对于一般用途，采用 T* 或 T& 参数而不是智能指针”，因为智能指针关注所有权和生命周期，在不操作生命周期的函数中应该使用原始指针或引用。

除了规则和惯用法，C++ Core Guidelines 还会解释一些容易引起争论的话题。比如错误处理中的异常，Guidelines 中非常客观地描述了异常的应用场景，例如只有在能精确预测从 throw 恢复的最长时间时，异常才适用于硬实时系统。此外，Guidelines 客观地提出，如果负担不起或者不喜欢基于异常的错误处理方式，那么也可以采取其他方案，但必须做充分的测试和测量，因为无论哪种错误处理方式都有其不同的复杂性和问题。

综上所述，C++ Core Guidelines 是一份非常有学习价值的指南，但遗憾的是，它的学习难度并不低。Guidelines 中有很多问题都只用一句话和一份简短的代码一笔带过，对于C++新手来说不太友好。另外一个难点是，整个 Guidelines 是用英文编写的，这无疑让我们的学习难度又提高了一些。因此，当我看到《C++ Core Guidelines 解析》的中文版书稿时非常兴奋，因为终于有一本中文书籍将 C++ 规范精华的详细解析呈现在读者面前了。

最后，我诚心建议每一位从事 C++ 开发的朋友，在自己的办公桌上摆放这样一本指南，在遇到疑问和困惑的时候翻阅一下，很容易就能找到心中想要的答案。

谢丙堃
《现代 C++ 语言核心特性解析》的作者

推荐序六

不少人在学习 C++的时候都有一连串的疑问：为什么语法设计成这样？为什么 C++学起来如此复杂？为什么总感觉这门语言是个半成品？为什么 C++不能跟 C#、Python 和 TypeScript 一样开箱即用？在我看来，这跟 C++的定位有密切的关系。C++在设计之初有一种信念——对范式的偏好应该交给程序员，因此，凡是能写成库的概念，都尽量不要写进语法里。C++标准库正是作为语法的补充而建立起来的。C++20 引入的 coroutine 就是一个非常有 C++特色的例子。从业务需求的角度来看，coroutine 作为一个功能来讲是不完整的，它更像一套运算规则，不像可以开箱即用的 C#一上来就给你 IEnumerable<T> 和 Task<T>。然而这种设计为库的作者提供了巨大的灵活度，你可以自由地把任何相关的类型都包装成 coroutine。库的使用者可以有充分的选择，甚至可以“自己来”，不必为了使用 coroutine 而依赖某个特定的多线程或者 IO 库。

如果我们孤立地看 C++的语法，可能会对它的存在感到困惑。比如 C++11 引入的右值引用、forward/move、完美转发以及它们与模板相关的一些类型的运算规则，甚至包括 lambda 表达式传参的一些手法，其实是一个整体，互相之间缺一不可。但是，如果单独地看右值引用，可能会对这个设计感到困惑。初学者有这种感觉是很正常的，然而抱着这些疑问去翻阅各种语法材料，哪怕材料说得很详细，可是如果对语法设计的动机缺乏了解，不能以全局的眼光来看待这些规定，就会觉得难以接受，甚至还会认为“右值引用类型的参数/变量其实是一个左值引用”这样的规定很费解。

因此在遇到困难的时候阅读一些书籍（比如本书），是十分有帮助的。本书并不照本宣科，而是会从各个角度告诉你，为什么要这么做，为什么不那么做，以及建议用什么手法做一件事，等等。在了解这些观点之后再审阅自己写过的 C++代码，或者在新的项目中实践新的最佳实践，不仅可以得到高质量的代码，而且能提高自己的技术。

工欲善其事，必先利其器，掌握扎实的基本功对一个优秀的程序员来说是很重要的。书中有一些内容并不局限于 C++，比如对性能和并发的阐述，都是一些通用的知识点。哪怕你以后不用 C++，这些知识在其他语言中依然会发挥重要的作用。这个领域往往由一些非常细致而且难度很高的知识构成，本书这方面的知识可以起到抛砖引玉的作用，程序员了解了相关基础知识之后，再去深入阅读其他材料，将事半功倍。

陈梓瀚 Vczh（轮子哥）

译者序

C++ 是一门博大精深的语言，其发展、演化历程也堪称波澜壮阔。它易学难用的特质劝退了不少人（入门即放弃）。从学会使用 C++ 到用好 C++ ，需要经过多年持续不断的学习和实践。自 C++11 以来，标准委员会每三年一更新，如今的“modern C++”相较于之前的 C++98 来说变化相当大。C++ 在成长和变化，因此，C++ 程序员需要跟紧脚步，不断学习，努力提高，这样才能在充满竞争和变化的世界中与 C++ 一起茁壮成长。

C++ Core Guidelines 与 C++ 语言本身一样，是由 Bjarne Stroustrup 领导的协作项目。该指南是许多组织耗费了大量时间共同探讨和设计的成果，旨在帮助人们有效地使用现代 C++。虽然其学习始于语法，但倘若拘泥于 C++ 语言自身，仅仅掌握语法和运用特性，一直纠结于字有几种写法，恐怕只能困于井底的囹圄，难以登高望远，胜任更高阶的架构和设计任务。而 C++Core Guidelines 聚焦于一些相对高层次的问题，例如接口、资源管理、内存管理以及并发等，可以帮助我们提升思想高度，学习业界行之有效的架构设计理念，避免浮沙筑高塔。

不过，C++ Core Guidelines 是按参考书的方式来组织的。它不是教程，不方便读者通过从头到尾的阅读方式来学习如何用好现代 C++。因此，Rainer Grimm 写了这本书，希望把 C++ Core Guidelines“编成可读的、可供消遣的故事，去除其中佶屈聱牙之处，必要时填补缺失的内容”。 Rainer 本人是德国的一位著名的 C++ 培训师兼咨询师。他不仅在本书中系统地描述了 C++ Core Guidelines，还在其中加入了很多个人的心得、示例和额外内容，大大提高了 C++ Core Guidelines 的可读性。比如，在第 10 章中，他介绍了 CppMem，在第 13 章中，他介绍了模板元编程的概念和由来，这些都是 C++ Core Guidelines 本身所没有的。因为这样，当接到本书的翻译任务时，我们几个译者也都非常高兴。对我们而言，这次的翻译也是一种很好的学习。

本书的翻译最令我们感到满意的地方是，经过与作者的多轮沟通，我们修正了英文原著中的许多问题——有些是英文版出版社的责任，有些是作者的疏忽，也有些是因为 C++ Core Guidelines 条款本身发生了重大变化。因此，除非我们在翻译中犯了更多的错误，否则我们可以高兴地说，这本中文译本不仅更方便中文读者，还比原版书更加“准确”。当然，中文图书在价格上的优势就更不用说了。

相比于在线的 C++ Core Guidelines，本书不可避免地发生了滞后，因为本书的英文原著从写作到出版已经有了很大的延迟，此外，还有翻译的延迟，以及中文书出版的延迟。幸好，在大部分情况下，条款本身不会发生质的变化，对于极小部分在翻译时已经出现了重大变化的内容，我们也做了一点更新。毋庸置疑，这些变化不会影响本书的学习价值。

最后，我们提几点关于 C++ Core Guidelines 的建议：

- 按本书附录 A 的线索，在工作和学习环境中启用相关的自动检查，马上开始在代码设计和审核流程中使用。
- 花一两天的时间快速遍历 C++ Core Guidelines 的关键条目。该指南会一直动态更新，而本书提供了一个相对稳定的切片，更方便读者快速把握基本要点。
- 当需要细究具体条目或某方面的规则时，比如在代码审核中对同一条目有理解不一致的地方时，仍要参考 C++ Core Guidelines 的英文原文。
- C++ Core Guidelines 和本书并没有深入探讨条目背后的技术史和设计哲学。读者如果希望在这些方面进一步探究，可以参阅另一本"姊妹作品"——*Beautiful C++: 30 Core Guidelines for Writing Clean, Safe, and Fast Code* 及其作者 Kate Gregory 女士在 CppCon 2017 的演讲，也可参考 C++ Core Guidelines 列出的参考文献。
- C++ Core Guidelines 反映了 C++ 社区的公约数，但未必完美符合具体 C++ 团队在业务背景、技术选型和设计风格上的共识。读者在工程实践中，可以根据自己团队及项目的情况扩展或者改写某些条目，从而生成更适合自己和团队的技术指南。

本书的翻译是译者们的第二次合作（第一次是翻译 Bjarne 的 HOPL4 论文《在拥挤和变化的世界中茁壮成长：C++ 2006–2020》）。清华大学出版社给了我们这个机会，大家都非常高兴，也感谢编辑们的细心检查，正是因为各位的共同努力，本书才得以出版。同时，我们要感谢家人在各方面的支持和理解。当然，还有正在阅读本书的你，有了你的支持，本书才能真正发挥其价值。

由于时间仓促和能力所限，书中不免会有所错漏，如有任何意见和建议，请不吝指正。

译者

前　言

本前言只有一个目的：给你——亲爱的读者，提供必要的背景，以便你从本书中获得最大的收获。这包括我的技术细节、写作风格、写这本书的动机以及写这样一本书的挑战。

惯例

我保证，只有几个惯例。

规则还是指导原则

C++ Core Guidelines 的作者经常把这些指导原则称为规则。我也一样。在本书中，我使用的这两个术语可以互换。

特殊字体

粗体　有时我用粗体字强调重要的术语。

`Monospace`　代码、指令、关键词、类型、变量、函数和类的名称都用等宽字体显示。

方框

每一章的结尾处基本都有方框，里面用点列表进行总结。

相关规则

一个规则常常会与其他规则相关。如果有必要，我会在一章的末尾提供这些有价值的信息。

> **本章精华**
>
> **重要**
>
> 在每一章的结尾处获得基本信息。

源代码

我不喜欢 `using` 指令和声明，因为它们隐藏了库函数的来源。但由于页面的空间有限，有时我还得用一下它们。我使用它们时，总是可以从 `using` 指令（`using namespace std;`）或 `using` 声明（`using std::cout;`）中推断出来源。并非所有头文件都会在代码片段中标出来。布尔值会显示为 `true` 或 `false`，产生此输出所必需的输入/输出操作符 `std::boolalpha` 大多不放在代码片段中。

代码片段中的 3 个点（`...`）代表没写出的代码。

当我把完整的程序作为代码实例介绍时，你会在代码的第一行找到源文件的名称。假设你使用的是 C++14 编译器。如果这个例子需要 C++17 或 C++20 的支持，我会在文件名后面提到所需的 C++ 标准。

我经常在源文件中使用“`// (1)`”之类的标记，以便后续解释。如果可能的话，我把标记写在引用的那一行；如果不行，就写在前面一行。这些标记不是本书中一百多个源文件的一部分（源文件可通过扫描本书封底二维码获取）。由于排版上的原因，我经常会对本书中的源代码进行调整。

当我使用 C++ Core Guidelines 中的例子时，经常为了提高可读性而进行重写：如果缺少 `namespace std`，我会加上；我也会统一格式。

为什么需要指导原则

下面是些主观的结论，主要基于我超过 15 年的 C++、Python 和一般软件开发的培训师经验。在过去几年里，我负责有关除颤器的软件研发以及团队管理。我的职责包括我们设备的合规事务。为除颤器编写软件的任务极具挑战性，因为它们可能给病人和操作者带来死亡或严重伤害。

我心中有一个问题，它也是我们 C++ 社区需要回答的问题：为什么我们需要现代 C++ 的指导原则？下面是我的想法。为了简单起见，我的想法包括三个方面。

对新手来说很复杂

尤其对于初学者来说，C++ 是一种天然复杂的语言。这主要是因为我们要解决的问题本来就很棘手，而且往往很复杂。当你讲授 C++ 时，你应该提供一套规则，它们在至少 95% 的用例中对你的学员有效。我想到的规则包括：

- 让编译器推断你的类型。
- 用花括号初始化。
- 优先选择任务而不是线程。
- 使用智能指针而不是原始指针。

我在培训班上讲授诸如上面的规则。我们需要一个关于 C++ 的上佳实践或规则的全集。这些规则应该是正面表述的，而不是否定式的。它们得声明你应该如何写代码，而不是应该避免什么问题。

对专业人士来说很困难

我并不担心每三年一次的新 C++ 标准所带来的大量新功能。我担心的是现代 C++ 支持的新思想。想想使用协程的事件驱动编程、惰性求值、无限数据流或用范围库进行函数组合。想想概念，它为模板参数引入了语义类别。向 C 程序员传授面向对象的思想的过程可能会充满挑战。因此，当你转向这些新的范式时，必须重新思考，你解决编程难题的方式也多半会改变。我想，过多的新思想尤其会让专业的程序员感到不知所措，他们习惯于用传统技术解决问题。他们很可能会落入“手里拿着锤子，所有问题都是钉子”这样的陷阱。

用在安全关键型软件中

最后，我有个强烈的担忧。在安全关键型软件的开发中，你经常必须遵守一些规则。最突出的是 MISRA C++。目前的 MISRA C++: 2008 指导原则是由汽车工业软件可靠性协会（MISRA）发布的。它们基于 1998 年的 MISRA C 指导原则，最初为汽车行业而设计，后来在航空、军事和医疗领域成为实施安全关键软件的事实标准。与 MISRA C 一样，MISRA C++ 描述了 C++ 的一个安全子集的指导原则。但是这里有个概念问题。MISRA C++ 并不是现代 C++ 软件开发的最先进技术，它落后了 4 个标准！举个例子：MISRA C++ 不允许运算符重载。我在培训班上讲，你应该使用用户定义字面量来实现类型安全的算术：`auto constexpr dist = 4 * 5_m + 10_cm - 3_dm`。为了实现这种类型安全的算术，你必须对算术运算符和后缀字面量运算符进行重载。说实话，我不相信 MISRA C++ 会与当前的 C++ 标准同步发展。只有社区驱动的指导原则，如 C++ Core Guidelines，才能面对这一挑战。

MISRA C++集成了 AUTOSAR C++14

不过，仍有希望。MISRA C++ 集成了 AUTOSAR C++14。AUTOSAR C++14 基于 C++14，应该会成为 MISRA C++ 标准的扩展。我非常怀疑由组织驱动的规则是否能够与现代 C++ 的动态发展保持同步。

我的挑战

回顾一下我在 2019 年 5 月与 Bjarne Stroustrup 和 Herb Sutter 讨论的电子邮件的基本内容，邮件里我告诉他们，我想写一本关于 C++ Core Guidelines 的书：“我是 C++ Core Guidelines 的绝对支持者，因为我坚信我们需要现代 C++ 的正确/安全的使用规则。我经常在我的 C++ 课程中使用 C++ Core Guidelines 中的例子或想法。Guidelines 的格式让我想起了 MISRA C++ 或 AUTOSAR C++14 的规则。这可能是有意为之，但对于广大受众来说，它并不是理想的格式。我认为，如果我们用第二份文件描述 Guidelines 的总体思路，将会有更多的人阅读和讨论 Guidelines。”

我想对之前的这些对话补充一些说明。在过去的几年里，我在我的德语和英语博客上写了一百多篇关于 C++ Core Guidelines 的文章。此外，我还为德国的 *Linux-Magazin* 杂志写了一系列关于 C++ Core Guidelines 的文章。我这样做的原因有两个：首先，C++ Core Guidelines 应该被更多人所熟知；其次，我想以一种可读的形式介绍它们，如果有必要的话，提供更多的背景信息。

这是我的挑战：C++ Core Guidelines 由五百多条指导原则组成，很多时候直接称为规则。这些规则是在考虑静态分析的情况下设计的。许多规则对于专业的 C++ 软件开发者来说可以救命，但也有许多相当特殊的规则，往往不完整或多余，有时规则之间甚至相互矛盾。我的挑战是将这些有价值的规则编成可读的、可供消遣的故事，去除其中佶屈聱牙之处，必要时填补缺失的内容。说到底，这本书应该包含专业的 C++ 软件开发者必须遵守的规则。

万物流动，无物永驻

古希腊哲学家赫拉克利特有言：“万物流动，无物永驻。”这也代表了我在写这本书时面临的挑战。C++ Core Guidelines 是一个由 GitHub 托管的项目，有超过 200 个贡献者[1]。在我写这本书的时候，我所依据的原始条款可能已经发生改变了（见图 a）。

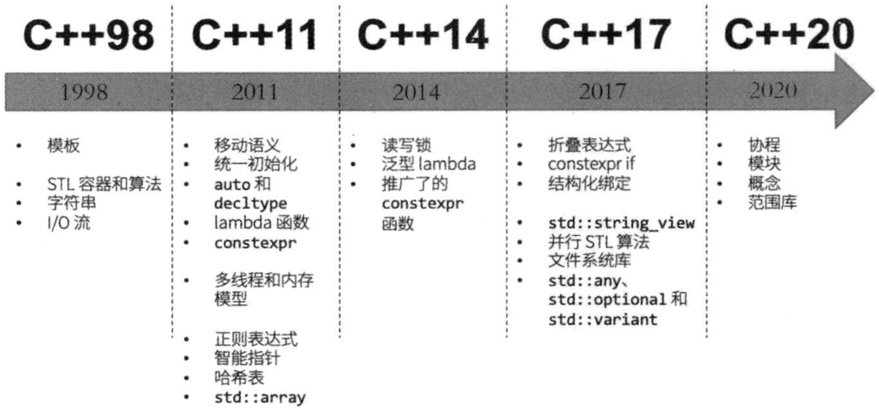

C++98 1998
- 模板
- STL 容器和算法
- 字符串
- I/O 流

C++11 2011
- 移动语义
- 统一初始化
- auto 和 decltype
- lambda 函数
- constexpr
- 多线程和内存模型
- 正则表达式
- 智能指针
- 哈希表
- std::array

C++14 2014
- 读写锁
- 泛型 lambda
- 推广了的 constexpr 函数

C++17 2017
- 折叠表达式
- constexpr if
- 结构化绑定
- std::string_view
- 并行 STL 算法
- 文件系统库
- std::any、std::optional 和 std::variant

C++20 2020
- 协程
- 模块
- 概念
- 范围库

图 a　C++各版本新特性

Guidelines 已经包含了 C++ 的特性，这些特性可能会成为即将到来的标准的一部分，例如 C++23 中的契约[2]。为了反映这一挑战，我做了几个决定：

- 我将重点放在 C++17 标准上。在合适的场合，我会描述针对 C++20 标准的规则，如概念。

1 译者注：到 2022 年年底，贡献者已经超过了 300 人。

2 译者注：遗憾的是，契约这一特性没能进入 C++23。

- C++ Core Guidelines 在不断演进，特别是随着新 C++ 标准的发布而演进。本书也将如此。我计划对这本书进行相应的更新。

如何阅读本书

本书的结构代表了 C++ Core Guidelines 的结构。它有相应的主要章节和部分辅助章节。除了 C++ Core Guidelines 外，我还添加了附录，这些附录对缺失的主题进行了简明扼要的概述，包括 C++20 乃至 C++23 的特性。

至此，我仍然没有回答如何阅读本书的问题。当然，你应该从主要章节开始，最好从头到尾阅读。辅助章节提供了额外的信息，并特别介绍了 Guidelines 支持库。可将附录当作参考来获得所需的背景信息，以便理解主要章节。没有这些额外的信息，本书就不完整。

致　谢

首先，我必须感谢 C++ Core Guidelines 的所有贡献者。它是大约 250 位贡献者的工作成果；迄今为止，最多产的是 Herb Sutter、Bjarne Stroustrup、Gabriel Dos Reis、Sergey Zubkov、Jonathan Wakely 和 Neil MacIntosh（Guidelines 支持库）。

其次，我想好好感谢我的校对人员。没有他们的帮助，这本书就不会有现在的质量。此处列出他们的姓名，按字母顺序排列：Yaser Afshar、Nicola Bombace、Sylvain Dupont、Fabio Fracassi、Juliette Grimm、Michael Möllney、Mateusz Nowak、Arthur O' Dwyer 和 Moritz Strübe。

最后，非常感谢我的妻子 Beatrix Jaud-Grimm 为本书绘制插图。

第 1 章

简　　介

Cippi 初识字

在接下来的章节深入探讨 C++ Core Guidelines 的细节之前，此处先提供一个简短的介绍。

1.1　目标读者群

C++ Core Guidelines 的目标读者群是所有 C++ 程序员，包括可能考虑使用 C 语言的程序员。

1.2　目的

C++ Core Guidelines 的规则倡导现代 C++，旨在实现更统一的风格。当然，并不是所有规则都适用于老代码。这意味着，应该将这些规则应用于新的代码，但也应该将其应用于已经不工作或需要重构的老代码。重点在于类型安全和资源安全。这些规则不仅仅是说“不要那样做”；它们是规定性的，经常也是可检查的。规则的设计允许逐步采纳。

1.3 非目的

现在我们知道规则的目的是什么，“非目的”也很有趣。Guidelines 并不要求连续阅读，也不会替代教材。此外，没有提供将旧的 C++ 转换为现代 C++ 的现成方法，没有精确到允许你盲目遵循，也并非 C++ 的一个安全子集。

1.4 施行

如果没有施行（enforcement），这些 Guidelines 在大型代码库中是无法管理的。出于这个原因，每条规则都有一个施行部分。施行可以是代码审查、动态或静态代码分析。相关的规则被归类到规格配置（profile）里。C++ Core Guidelines 定义了防止类型违规、边界违规和生存期违规的规格配置。

1.5 结构

这些规则遵循一个典型的结构。

- 原因：规则的理由
- 例子：代码片段，显示有关该规则的好或坏的代码
- 替代方案：“不要这样做”规则的替代方案
- 例外：不使用该规则的原因
- 施行：如何检查该规则
- 参见：对其他规则的引用
- 注解：对一条规则的附加说明
- 讨论：对其他理由或例子的引用

1.6 主要部分

C++ Core Guidelines 由 16 个主要部分组成。下面列出它们，给大家一个概览。

- 简介
- 理念
- 接口
- 函数
- 类和类的层次结构
- 枚举
- 资源管理
- 表达式和语句

- 性能
- 并发性
- 错误处理
- 常量和不变性
- 模板和泛型编程
- C 风格编程
- 源文件
- 标准库

本章精华

重要

- 目标读者是所有 C++ 程序员。
- C++ Core Guidelines 的目的是采用更现代的 C++，实现一种普遍的风格。
- 这些规则不是教程，也没精确到允许盲目遵循。
- 每条规则都有一个施行部分。

第 2 章

理　　念

Cippi 在沉思

理念性规则强调一般性，因此，无法进行检查。不过，理念性规则为下面的具体规则提供了理论依据。由于一共只有 13 条理念性规则，本章将全面涵盖它们。

P.1 在代码中直接表达思想

程序员应该直接用代码表达他们的思想，因为代码可以被编译器和工具检查。下面的两个类方法使这一规则显而易见。

```
class Date {
    // ...
public:
    Month month() const;  // 这样做
    int month();          // 不要这样
    // ...
};
```

第二个成员函数 month() 既没有表示它不修改日期对象，也没有表示它返回一个月份。相对于标准模板库（STL）的算法，使用 for 或 while 等方式的手工循环通常也有类似的问题。接下来的代码片段说明了我的观点。

```
int index = -1;                               // 不好
for (int i = 0; i < v.size(); ++i) {
    if (v[i] == val) {
        index = i;
        break;
    }
}

auto it = std::find(begin(v), end(v), val); // 更好
```

一个专业的 C++ 开发者应该了解 **STL 算法**。使用它们的话，你就可以避免显式使用循环，你的代码也会变得更容易理解、更容易维护，因此，也更不容易出错。现代 C++ 中有一句谚语：“如果你显式使用循环的话，说明你不了解 STL 算法。”

P.2 用 ISO 标准 C++ 写代码

好吧，这条规则太简单了。要得到一个可移植的 C++ 程序，这条规则非常容易理解。使用当前的 C++ 标准，不要使用编译器扩展。此外，要注意未定义行为和实现定义行为。

- **未定义行为**：那什么都不用谈了。你的程序可能产生正确的结果，也可能产生错误的结果，可能在运行时崩溃，也可能连编译都过不去。当移植到一个新平台时，当升级到一个新编译器时，或者当一个无关的代码发生变化时，程序的行为都可能发生变化。
- **实现定义行为**：程序的行为可能因编译器实现而异。实现必须在文档里描述实际的行为。

当你必须使用没有写在 ISO 标准里的扩展时，可以用一个稳定的接口将它们封装起来。

会着火的语义

C++ 社区有一个描述未定义行为的谚语。当你的程序有未定义行为时，你的程序有“着火”的语义——你的计算机可能会着火。

P.3 表达意图

从以下的隐式循环和显式循环中，你可以看出什么意图？

```
for (const auto& v: vec) { ... }                        // (1)

for (auto& v: vec) { ... }                              // (2)
```

```
std::for_each(std::execution::par, vec.begin(), vec.end(),      // (3)
              [](auto v) { ... });
```

循环 (1) 并不修改容器 `vec` 的元素。这一点对于基于范围的 `for` 循环 (2) 并不成立。算法 `std::for_each` (3) 以并行方式（`std::execution::par`）执行。这意味着我们并不关心以何种顺序处理元素。

表达意图也是良好的代码文档的一个重要准则。文档应该说明代码会做什么，而不是代码会怎么做。

P.4 理想情况下，程序应该是静态类型安全的

C++ 是一种静态类型的语言。静态类型意味着编译器知道数据的类型，此外，还说明，编译器可以检测到类型错误。由于现有的问题领域，我们并非一直能够达到这一目标，但对于联合体、转型（cast[1]）、数组退化、范围错误或窄化转换，确实是有办法的。

- 在 C++17 中，可以使用 `std::variant` 安全地替代联合体。
- 基于模板的泛型代码减少了转型的需要，因此，也减少了类型错误。
- 当用一个 C 数组调用一个函数时，就会发生数组退化。函数需要用指向数组第一个元素的指针，另加数组的长度。这意味着，你从一个类型丰富的数据结构 C 数组开始，却以类型极差的数组首项指针结束。解决方法在 C++20 里：`std::span`。`std::span` 可以自动推算出 C 数组的大小，也可以防止范围错误的发生。如果你还没有使用 C++20，请使用 Guidelines 支持库（GSL）提供的实现。
- 窄化转换是对算术值的有精度损失的隐式转换。

```
int i1(3.14);
int i2 = 3.14;
```

如果你使用 `{}` 初始化语法，编译器就能检测到窄化转换。

```
int i1{3.14};
int i2 = {3.14};
```

P.5 编译期检查优先于运行期检查

如果可以在编译期检查，那就应该在编译期检查。这对 C++ 来说已经是惯用法了。从 C++11 开始，该语言就已经支持 `static_assert` 了。由于有 `static_assert`，编译器可以对 `static_assert(sizeof(int) >= 4)` 这样的表达式进行求值，并在有问题时产生一个编译错误。此外，类型特征（type traits）库允许你表达强大的条件，如 `static_assert(std::is_integral<T>::value)`。当 `static_assert` 中的表达式求值为 `false` 时，编译器会输出一个可读的错误信息。

---

1 译者注：cast 也有“强制类型转换”“强制转换”等其他译法。

P.6 不能在编译期检查的事项应该在运行期检查

多亏有 `dynamic_cast`，你可以安全地将类的指针和引用沿着继承层次结构进行向上、向下以及侧向的转换。如果转型失败，对于指针，你会得到一个 `nullptr`；对于引用，则会得到一个 `std::bad_cast` 异常。请阅读第 5 章中“`dynamic_cast`”一节中的更多细节。

P.7 尽早识别运行期错误

可以采取很多对策来摆脱运行期错误。作为一名程序员，你应该管好指针和 C 数组，检查它们的范围。当然，对于转换，同样需要检查：如有可能，应尽量避免转换，对于窄化转换，尤其如此。检查输入也属于这个范畴。

P.8 不要泄漏任何资源

资源泄漏对于长期运行的程序来讲尤其致命。资源可以是内存，也可以是文件句柄或套接字。处理资源的惯用法是 RAII。RAII 是 Resource Acquisition Is Initialization（资源获取即初始化）的缩写，本质上意味着你在用户定义类型的构造函数中获取资源，在析构函数中释放资源。通过使对象成为一个有作用域的对象，C++ 的运行时会自动照顾到资源的生存期。C++ 大量使用 RAII：锁负责处理互斥量，智能指针负责处理原始内存，STL 的容器负责处理底层元素，等等。

P.9 不要浪费时间和空间

节省时间和空间都是一种美德。推理简明扼要：我们用的是 C++。你发现下面循环中的问题了吗？

```
void lower(std::string s) {
    for (unsigned int i = 0; i <= std::strlen(s.data()); ++i) {
        s[i] = std::tolower(s[i]);
    }
}
```

使用 STL 中的算法 `std::transform`，就可以把前面的函数变成一行。

```
std::transform(s.begin(), s.end(), s.begin(),
               [](char c) { return std::tolower(c); });
```

与函数 `lower` 相比，算法 `std::transform` 自动确定了字符串的大小。因此，你不需要用 `std::strlen` 指定字符串的长度。

下面是另一个经常出现在生产代码中的典型例子。为一个用户定义的数据类型声明拷贝语义（拷贝构造函数和拷贝赋值运算符）会抑制自动定义的移动语义（移动构造函数和移动赋值运算符）。最终，编译器永远用不了廉价的移动语义（即使实际上移动是适用的），而只能一直依赖代价高昂的拷贝语义。

```
struct S {
    std::string s_;
    S(std::string s): s_(s) {}
    S(const S& rhs): s_(rhs.s_) {}
    S& operator = (const S& rhs) { s_ = rhs.s_; return *this; }
};

S s1;
S s2 = std::move(s1);                    // 进行拷贝，而不能从 s1.s_ 移动
```

P.10　不可变数据优先于可变数据

使用不可变数据的理由有很多。首先，当你使用常量时，你的代码更容易验证。常量也有更高的优化潜力。但最重要的是，常量在并发程序中具有很大的优势。不可变数据在设计上是没有数据竞争的，因为数据竞争的必要条件就是对数据进行修改。

P.11　封装杂乱的构件，不要让它在代码中散布开

混乱的代码往往是低级代码，易于隐藏错误，容易出问题。如果可能的话，用 STL 中的高级构件（如容器或算法）来取代你的杂乱代码。如果这不可能，就把那些杂乱的代码封装到一个用户定义的类型或函数中去。

P.12　适当使用辅助工具

计算机比人类更擅长做枯燥和重复性的工作。也就是说，应该使用静态分析工具、并发工具和测试工具来自动完成这些验证步骤。用一个以上的 C++ 编译器来编译代码，往往是验证代码的最简方式。一个编译器可能检测不到某种未定义行为，而另一个编译器可能会在同样情况下发出警告或产生错误。

P.13　适当使用支持库

这也很好解释。你应该去找设计良好、文档齐全、支持良好的库。你会得到经过良好测试、几乎没有错误的库，其中的算法经过领域专家的高度优化。突出的例子包括：C++ 标准库、Guidelines 支持库和 Boost 库。

本章精华

重要

- 理念性规则（或元规则）为具体规则提供理论依据。理想情况下，具体规则可以从理念性规则中推导出来。
- 在代码中直接表达意图和思想。
- 用 ISO 标准 C++ 编写代码，并使用支持库和辅助工具。
- 一个程序应该是静态类型安全的，因此，应该可在编译时进行检查。当这不可能时，要及早捕获运行期的错误。
- 不要浪费资源，如空间或时间。
- 将杂乱的构件封装在一个稳定的接口后面。

第3章

接　　口

Cippi 在装配组件

接口是服务的提供者和使用者之间的契约。根据 C++ Core Guidelines，接口“可能是代码组织中最重要的一个方面”。“接口”这一部分大约有 20 条规则。

有几条与接口有关的规则涉及契约，但也许要等到 C++23，契约才能进入 C++ 标准[1]。契约指定了函数的前置条件、后置条件和不变式，并可以在运行期进行检查。由于未来的不确定性，我略去了涉及契约的那几条规则。附录中提供了关于契约的简短介绍。

让我以很喜欢的一句来自 Scott Meyers 的话结束这段介绍：

让接口易于正确使用，难以错误使用。

I.2　避免非 const 的全局变量

当然，你应该避免非 const 的全局变量。但是为什么呢？为什么全局变量（尤其是当它不是常量时）会很糟糕？全局变量会在函数中注入隐藏的依赖，而该依赖并不是接口的一部分。下面的代码片段说明了我的观点：

1 译者注：作者还是乐观了。

```
int glob{2011};

int multiply(int fac) {
    glob *= glob;
    return glob * fac;
}
```

函数 multiply 的执行有一个副作用——会改变全局变量 glob 的值。因此，你无法对函数进行孤立测试或推理。当更多线程并发地使用 multiply 时，你就必须对变量 glob 加以保护。非 const 的全局变量还有更多其他弊端。如果函数 multiply 没有副作用，那你可以为了性能而将之前的结果存储到缓存中以进行复用。

3.1 非 const 全局变量的弊端

非 const 的全局变量有许多弊端。首先，非 const 的全局变量破坏了封装。这种对封装的破坏让你无法对函数/类（实体）进行孤立思考。下面列举非 const 全局变量的主要弊端。

- **可测试性**：你无法孤立地测试你的实体。如果单元不存在，那么单元测试也将不存在。你只能进行系统测试。实体的执行效果要依赖整个系统的状态。
- **重构**：因为你无法孤立地对代码进行推理，重构它会相当有挑战。
- **优化**：你无法轻易地重新安排函数的调用或者在不同的线程上进行函数调用，因为可能有隐藏的依赖。缓存之前函数调用的结果也极为危险。
- **并发**：产生数据竞争的必要条件是有共享而可变的状态。而非 const 全局变量正是共享而可变的。

I.3 避免单例

有时，全局变量伪装得很好。

```
// singleton.cpp

#include <iostream>

class MySingleton {

 public:
    MySingleton(const MySingleton&)= delete;
    MySingleton& operator = (const MySingleton&)= delete;

    static MySingleton* getInstance() {
```

```
      if ( !instance ){
        instance= new MySingleton();
      }
      return instance;
    }

 private:
    static MySingleton* instance;
    MySingleton()= default;
    ~MySingleton()= default;
};

MySingleton* MySingleton::instance= nullptr;


int main() {

  std::cout << MySingleton::getInstance() << "\n";
  std::cout << MySingleton::getInstance() << "\n";

}
```

单例就是全局变量，因此你应当尽可能**避免单例**。单例简单、直接地保证该类最多只有一个实例存在。作为全局变量，单例注入了一个依赖，而该依赖忽略了函数的接口。这是因为作为静态变量，单例通常会被直接调用，正如上面例子主函数中的两行所展示的那样：`Singleton::getInstance()`。而对单例的直接调用有一些严重的后果。你无法对有单例的函数进行**单元测试**，因为单元不存在。此外，你也不能创建单例的伪对象并在运行期替换，因为单例并不是函数接口的一部分。简而言之，单例破坏了代码的可测试性。

实现单例看似小事一桩，但其实不然。你将面对几个挑战：

- 谁来负责单例的销毁？
- 是否应该允许从单例派生？
- 如何以线程安全的方式初始化单例？
- 当单例互相依赖并属于不同的翻译单元时，应该以何种顺序初始化这些单例？这里要吓唬吓唬你了。这一难题被称为**静态初始化顺序问题**。

单例的坏名声还尤其来自另外一个事实：单例已被严重滥用。我见过完全由单例所组成的程序。里面没有对象，因为开发人员希望证明他们运用了设计模式。

3.2 运用依赖注入化解

当某个对象使用单例的时候，隐藏的依赖就被注入对象中。而借助依赖注入技术，这个依赖可以变成接口的一部分，并且服务是从外界注入的。这样，客户代码和注入的服务之间就没有依赖了。依赖注入的典型方式是构造函数、设置函数（setter）成员或模板参数。

下面的程序展示了如何使用依赖注入替换一个日志记录器：

```
// dependencyInjection.cpp

#include <chrono>
#include <iostream>
#include <memory>

class Logger {
public:
    virtual void write(const std::string&) = 0;
    virtual ~Logger() = default;
};

class SimpleLogger: public Logger {
    void write(const std::string& mess) override {
        std::cout << mess << std::endl;
    }
};

class TimeLogger: public Logger {
    using MySecondTick = std::chrono::duration<long double>;
    long double timeSinceEpoch() {
        auto timeNow = std::chrono::system_clock::now();
        auto duration = timeNow.time_since_epoch();
        MySecondTick sec(duration);
        return sec.count();
    }
    void write(const std::string& mess) override {
        std::cout << std::fixed;
        std::cout << "Time since epoch: " << timeSinceEpoch()
                  << ": " << mess << std::endl;
    }

};

class Client {
public:
    Client(std::shared_ptr<Logger> log): logger(log) {}
    void doSomething() {
        logger->write("Message");
```

```
    }
    void setLogger(std::shared_ptr<Logger> log) {
        logger = log;
    }
private:
    std::shared_ptr<Logger> logger;
};


int main() {

    std::cout << std::endl;

    Client cl(std::make_shared<SimpleLogger>());    // (1)
    cl.doSomething();
    cl.setLogger(std::make_shared<TimeLogger>());   // (2)
    cl.doSomething();
    cl.doSomething();

    std::cout << std::endl;

}
```

客户代码 `cl` 支持用构造函数 (1) 和成员函数 `setLogger` (2) 来注入日志记录服务。与 `SimpleLogger` 相比，`TimeLogger` 还在它的信息中包含了自 UNIX 纪元[1]以来的时间（见图 3.1）。

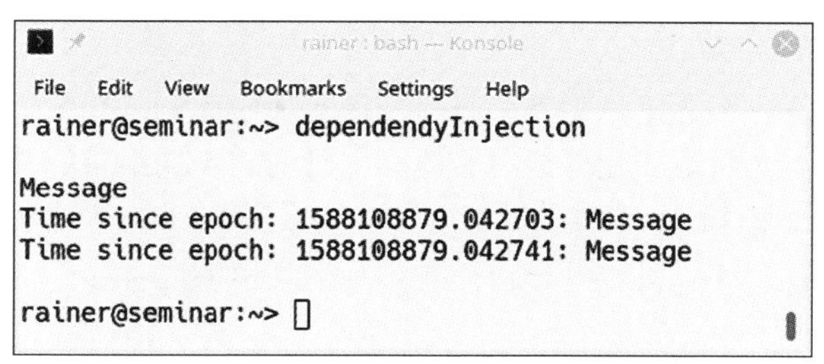

图 3.1 依赖注入

3.3 构建良好的接口

函数应该通过接口（而不是全局变量）进行沟通。现在我们来到了本章的核心。按照 C++ Core Guidelines，下面是关于接口的建议。接口应当遵循以下规则：

- 接口明确（I.1）

1 译者注：即协调世界时 1970 年 1 月 1 日 0 时 0 分 0 秒。

- 接口精确并具有强类型（I.4）
- 保持较低的参数数目（I.23）
- 避免相同类型却不相关的参数相邻（I.24）

下面的第一个函数 showRectangle 违反了刚提及的接口的所有规则：

```
void showRectangle(double a, double b, double c, double d) {
    a = floor(a);
    b = ceil(b);

    ...
}

void showRectangle(Point top_left, Point bottom_right);
```

尽管函数 showRectangle 本来应当只显示一个矩形，但修改了它的参数。实质上它有两个目的，因此，它的名字有误导性（I.1）[1]。另外，函数的签名没有提供关于参数应该是什么的任何信息，也没有关于应该以什么顺序提供参数的信息（I.23 和 I.24）。此外，参数是没有取值范围约束的双精度浮点数。因此，这种约束必须在函数体中确立（I.4）。对比而言，第二个 showRectangle 函数接受两个具体的点对象（Point）。检查 Point 是否有合法值是 Point 构造函数的工作。这种检查工作本来就不是函数 showRectangle 的职责。

我想进一步阐述规则 **I.23** 和 **I.24** 以及标准模板库（STL）中的函数 **std::transform_reduce**。首先，我需要定义术语“可调用”（callable）。可调用实体是在行为上像函数的东西。它可以是函数，也可以是函数对象，或者是 lambda 表达式。如果可调用实体接受一个参数，它就是一元可调用实体；如果它接受两个参数，则称为二元可调用实体。

std::transform_reduce 先将一元可调用实体应用到一个范围或将二元可调用实体应用到两个范围，然后将二元可调用实体应用到前一步的结果的范围上。当你使用一个一元 lambda 表达式调用 std::transform_reduce 时，这种调用易于正确使用。

```
std::vector<std::string> strVec{"Only", "for", "testing", "purpose"};

std::size_t res = std::transform_reduce(
        std::execution::par,
        strVec.begin(), strVec.end(),
        std::size_t{0},
        [](std::size_t a, std::size_t b) { return a + b; },
        [](std::string s) { return s.size(); }
    );
```

1 译者注：注意，这个函数并没有修改外部调用者持有的数值。不过，作者认为它修改了顶点来输出，这显然与函数名 showRectangle 有不符之处。

函数 `std::transform_reduce` 将每个字符串变换为它的长度 `[](const std::string s) { return s.size(); }`，并且将二元可调用实体 `[](std::size_t a, std::size_t b) { return a + b; }` 应用到结果的范围上。求和的初始值是 0。整个计算是并行进行的：`std::execution::par`。

当你使用以下接受两个二元可调用实体的重载版本时，函数的声明会变得相当复杂且易错。这违反了规则 I.23 和 I.24。

```
template<class ExecutionPolicy,
         class ForwardIt1, class ForwardIt2, class T,
         class BinaryOp1, class BinaryOp2>
T transform_reduce(ExecutionPolicy&& policy,
                   ForwardIt1 first1, ForwardIt1 last1,
                   ForwardIt2 first2,
                   T init, BinaryOp1 binary_op1, BinaryOp2 binary_op2);
```

调用这个重载时将需要 6 个模板参数和 7 个函数参数。按正确顺序使用两个二元可调用实体，可能也是个挑战。

函数 `std::transform_reduce` 复杂的原因在于两个函数被合并成了一个。更好的选择应该是分别定义函数 `transform` 和 `reduce`，并支持通过管道运算符将它们组合起来：`transform | reduce`。

I.13 不要用单个指针来传递数组

“不要用单个指针来传递数组”是一条特殊的规则。我可以根据经验告诉你，这条规则的出现正是为了解决一些未定义行为。例如，下面的函数 `copy_n` 相当容易出错。

```
template <typename T>
void copy_n(const T* p, T* q, int n); // 从 [p:p+n) 拷贝到 [q:q+n)

...

int a[100] = {0, };
int b[100] = {0, };

copy_n(a, b, 101);
```

也许你某天累得筋疲力尽，就数错了一个。结果会引发一个元素的越界错误，进而造成未定义行为。补救方法也简单，使用 STL 中的容器，如 `std::vector`，并在函数体中检查容器的大小。C++20 提供的 `std::span` 能更优雅地解决这个问题。`std::span` 是个对象，它可以指代连续存储的一串对象。`std::span` 永远不是所有者。而这段连续内存可以是数组，或是带有大小的指针，或是 `std::vector`。

```
template <typename T>
void copy(std::span<const T> src, std::span<T> des);
```

```
int arr1[] = {1, 2, 3};
int arr2[] = {3, 4, 5};

...

copy(arr1, arr2);
```

copy 不需要元素的数目。一种常见的错误来源就这样被 std::span<T> 消除了。

I.27 为了库 ABI 的稳定，考虑使用 PImpl 惯用法

应用程序二进制接口（ABI）是两个二进制程序模块间的接口。

借助 PImpl 惯用法，可以隔离类的用户和实现，从而避免重复编译。PImpl 是 pointer to implementation（指向实现的指针）的缩写，它指的是 C++ 中的一种编程技巧：将实现细节放在另一个类中，从而将其从类中移除。而这个包含实现细节的类是通过一个指针来访问的。这么做是因为私有数据成员会参与类的内存布局，而私有函数成员会参与重载决策。这些依赖意味着对成员实现细节的修改会导致所有类的用户都需要重新编译。持有指向实现的指针（PImpl）的类可将用户隔离在类实现的变化之外，而代价则是多了一次间接。

C++ Core Guidelines 展示了一个典型的实现。

- 接口：Widget.h

```
class Widget {
    class impl;
    std::unique_ptr<impl> pimpl;
 public:
    void draw();  // 公开的 API 将被转发给实现
    Widget(int);  // 定义在实现文件中
    ~Widget();    // 定义在实现文件中，其中 impl 是完整的类型
    Widget(Widget&&) = default;
    Widget(const Widget&) = delete;
    Widget& operator = (Widget&&);  // 定义在实现文件中
    Widget& operator = (const Widget&) = delete;
};
```

- 实现：Widget.cpp

```
class Widget::impl {
    int n; // 私有数据
 public:
    void draw(const Widget& w) { /* ... */ }
    impl(int n) : n(n) {}
```

```
};
void Widget::draw() { pimpl->draw(*this); }
Widget::Widget(int n) : pimpl{std::make_unique<impl>(n)} {}
Widget::~Widget() = default;
Widget& Widget::operator = (Widget&&) = default;
```

cppreference.com 提供了关于 PImpl 惯用法的更多信息。此外，规则“C.129：在设计类的层次结构时，要区分实现继承和接口继承”展示了如何在双重继承中应用 PImpl 惯用法。

3.4　相关规则

我将在第 11 章中介绍规则“I.10：使用异常来表明函数无法执行其需要完成的任务”，在第 4 章中介绍规则“I.11：永远不要用原始指针（`T*`）或引用（`T&`）来转移所有权”，在第 8 章中介绍规则“I.22：避免复杂的全局对象初始化”，在第 5 章中介绍规则“I.25：优先以抽象类而非类层次结构作为接口”。

本章精华

重要

- 不要使用全局变量。它们会引入隐藏的依赖。
- 单例就是变相的全局变量。
- 接口，尤其是函数，应该表达出意图。
- 接口应当是强类型的，而且应该只有几个不容易弄混的参数。
- 不要按指针接收 C 数组，而应使用 `std::span`。
- 如果你想要将类的使用和实现分开，请使用 PImpl 惯用法。

第 4 章

函　数

Cippi 使用函数解决难题

软件开发人员通过将复杂的任务划分为较小的单元来掌控复杂性。在处理完小单元后，他们把小单元放在一起来掌控复杂的任务。函数是一种典型的单元，也是程序的基本构件。函数是"大多数接口中最关键的部分……"（C++ Core Guidelines 对函数的表述）。

C++ Core Guidelines 中有大约 40 条关于函数的规则。它们提供了关于函数的宝贵信息，其中包括函数的定义、如何传递参数（例如是按拷贝还是按引用）以及这对所有权语义又意味着什么。它们还说明了关于返回值语义和其他函数（如 lambda 表达式）的规则。让我们一起来深入了解它们。

4.1 函数定义

大致想来，好软件的最重要原则是好名字。这一原则经常被忽视，但对函数而言它尤其适用。

好名字

C++ Core Guidelines 用了前三条规则专门讨论好的名字：“F.1：将有意义的操作‘打包’成精心命名的函数”“F.2：一个函数应该执行单一的逻辑操作”“F.3：使函数保持简短”。

让我从一则轶事开始。几年前，一位软件开发者问我：“我应该如何称呼我的函数？”我告诉他给函数起一个如 `verbObject`（动词加对象）这样的名字。如果是成员函数，可能用 `verb` 就可以了，因为该函数已经对一个对象执行了操作。动词代表了对对象执行的操作。那位软件开发者反驳说这是不可能的；该函数必须被称为 `getTimeAndAddToPhonebook` 或 `processData`，因为这些函数执行不止一项工作（单一责任原则）。当你无法为函数找到一个有意义的名称（F.1）时，这充分说明你的函数执行不止一项逻辑操作（F.2），而且你的函数并不简短（F.3）。如果一个函数放不进一屏，那就是太长了。一屏意味着大约 60 行，每行 140 个字符，但你的衡量标准可能有所不同。这时，你就应该识别出函数的操作，并将这些操作打包成精心命名的函数。

C++ Core Guidelines 展示了一个不好的函数的例子：

```
void read_and_print() {// 不好
    int x;
    std::cin >> x;
    // 检查错误
    std::cout << x << '\n';
}
```

由于许多原因，函数 `read_and_print` 不好。该函数与特定的输入和输出捆绑在一起，不能在不同的上下文中使用。将该函数重构为两个函数，可以解决这些问题，使其更易于测试和维护。

```
int read(std::istream& is) {  // 更好
    int x;
    is >> x;
    // 检查错误
    return x;
}

void print(std::ostream& os, int x) {
    os << x << '\n';
}
```

F.4 如果函数有可能需要在编译期求值，就把它声明为 constexpr

`constexpr` 函数是可能在编译期运行的函数。当你在常量表达式中调用 `constexpr` 函数时，或者当你要用一个 `constexpr` 变量来获取 `constexpr` 函数的结果时，它会在编译期运行。也可以用只能在运行期求值的参数来调用 constexpr 函数。constexpr 函数是隐含内联的。

编译期求值的 constexpr 的结果通常会被系统标记为只读。性能是 constexpr 函数的第一大好处；它的第二大好处是，能在编译期求值的 constexpr 函数是纯函数，因此是线程安全的。

最后，计算结果会在运行期作为只读存储区域中的常量来提供。

```
// constexpr.cpp

constexpr auto gcd(int a, int b) {
    while (b != 0){
        auto t = b;
        b = a % b;
        a = t;
    }
    return a;
}

int main() {

    constexpr int i = gcd(11, 121);  // (1)

    int a = 11;
    int b = 121;
    int j = gcd(a, b);               // (2)

}
```

图 4.1 展示了 Compiler Explorer 的输出，并显示了编译器为函数 gcd 生成的汇编代码。我用的是微软 Visual Studio Compiler 19.22，没有开优化。

```
32  main    PROC
33  $LN3:
34          sub     rsp, 56                              ; 00000038H
35          mov     DWORD PTR i$[rsp], 11
36          mov     DWORD PTR a$[rsp], 11
37          mov     DWORD PTR b$[rsp], 121                       ; 00000079H
38          mov     edx, DWORD PTR b$[rsp]
39          mov     ecx, DWORD PTR a$[rsp]
40          call    int gcd(int,int)                     ; gcd
41          mov     DWORD PTR j$[rsp], eax
42          xor     eax, eax
43          add     rsp, 56                              ; 00000038H
44          ret     0
45  main    ENDP
```

图 4.1　constexpr.cpp 生成的汇编指令

根据颜色，你可以看出源代码中的 (1) 对应于汇编指令中的第 35 行，而源代码中的 (2) 对应于汇编指令中的第 38～41 行。调用 `constexpr int i = gcd(11, 121);` 会变成值 11，但调用 `int j = gcd(a, b);` 却会产生一个函数调用。

F.6 如果你的函数必定不抛异常，就把它声明为 noexcept

通过将函数声明为 `noexcept`，你减少了备选控制路径的数量；因此，`noexcept` 对优化器来说是一个有价值的提示。即使你的函数可以抛出异常，`noexcept` 往往也合理。`noexcept` 在这种情况下意味着：我不在乎异常。其原因可能是，你无法对异常做出反应。这种情况下，系统处理异常的唯一办法是调用 `std::terminate()`。这个 `noexcept` 声明也为代码的读者提供了有价值的信息。

下面的函数会在内存耗尽时崩溃。

```
std::vector<std::string> collect(std::istream& is) noexcept {
    std::vector<std::string> res;
    for (std::string s; is >> s;) {
        res.push_back(s);
    }
    return res;
}
```

以下类型的函数永远不应该抛异常：析构函数（见第 5 章中“失败的析构函数”一节）、`swap` 函数、移动操作和默认构造函数。

F.8 优先使用纯函数

纯函数是指在给定相同参数时总返回相同结果的函数。这个属性也被称为引用透明性。纯函数的行为就像无限大的查找表。

函数模板 `square` 就是纯函数：

```
template<class T>
auto square(T t) {
    return t * t;
}
```

而非纯函数是指 `random()` 或 `time()` 这样的函数，它们会在不同的调用中返回不同的结果。换句话说，与函数体之外的状态交互的函数是不纯的。

纯函数有一些非常有趣的属性。因此，如果可能，你应当优先使用纯函数。

纯函数可以：

- 孤立地测试
- 孤立地验证或重构
- 缓存其结果

- 被自动重排或在其他线程上执行

纯函数也常被称为数学函数。C++ 中的函数默认情况下不是像纯函数式编程语言 Haskell 中那样的纯函数。在 C++ 中使用纯函数时要基于程序员的素养。constexpr 函数在编译期求值时是纯的。模板元编程是一种嵌在命令式语言 C++ 中的纯函数式语言。第 13 章将简单介绍编译期编程，其中包括模板元编程。

4.2　参数传递：入与出

C++ Core Guidelines 有若干条规则表达了在函数中传入和传出参数的各种方式。

F.15　优先采用简单而约定俗成的信息传递方式

第一条规则展示了大局。首先，它提供了一个概览，介绍了在函数中传入和传出信息的各种方式（见表 4.1）。

表 4.1　普通的参数传递

<table>
<tr><th></th><th>拷贝开销低或不可能拷贝</th><th>移动开销低到中，或者未知</th><th>移动开销高</th></tr>
<tr><td>入</td><td rowspan="2">func(X)</td><td rowspan="2" colspan="2">func(const X&)</td></tr>
<tr><td>入并保留“拷贝”</td></tr>
<tr><td>入/出</td><td colspan="3">func(X&)</td></tr>
<tr><td>出</td><td colspan="2">X func()</td><td>func(X&)</td></tr>
</table>

表 4.1 很简洁：表头描述了数据在拷贝和移动开销方面的特征，而各行则表明了参数传递的方向。

- 数据的类型
  - **拷贝开销低或不可能拷贝**：int 或 std::unique_ptr
  - **移动开销低**：std::vector<T> 或 std::string
  - **移动开销中**：std::array<std::vector> 或者 BigPOD（POD 代表 Plain Old Data“简旧数据”，意为一般的传统数据——没有析构函数、构造函数以及虚成员函数的类）
  - **移动开销未知**：模板
  - **移动开销高**：BigPOD[] 或者 std::array<BigPOD>
- 参数传递的方向
  - **入**：输入参数
  - **入并保留“拷贝”**：被调用者保留一份数据
  - **入/出**：参数会被修改
  - **出**：输出参数

对几个 `int` 大小的数据的操作是低开销的；在不进行内存分配的前提下，1000 字节左右的操作属于中等开销。

这些普通的参数传递规则应当是你的首选。不过，也有高级的参数传递规则（见表 4.2）。实质上，就是加入了“入并移入”的语义。

表 4.2 高级的参数传递

<table>
<tr><th></th><th>拷贝开销低或不可能拷贝</th><th>移动开销低到中，或者未知</th><th>移动开销高</th></tr>
<tr><td>入</td><td rowspan="2">func(X)</td><td rowspan="2" colspan="2">func(const X&)</td></tr>
<tr><td>入并保留“拷贝”</td></tr>
<tr><td>入并移入</td><td colspan="3">func(X&&)</td></tr>
<tr><td>入/出</td><td colspan="3">func(X&)</td></tr>
<tr><td>出</td><td colspan="2">X func()</td><td>func(X&)</td></tr>
</table>

在“入并移入”调用后，参数处在所谓的被移动状态。被移动状态意味着它处于合法但未指定的状态。基本上，你在重新使用被移动的对象前必须对它进行初始化。

其余的参数传递规则为以上这些表格提供了必要的背景信息。

F.16 对于“入”参，拷贝开销低的类型按值传递，其他类型则以 const 引用来传递

这条规则执行起来直截了当。默认情况下，输入值可以拷贝就拷贝。如果拷贝开销不低，就通过 `const` 引用来传入。C++ Core Guidelines 给出了回答以下问题的经验法则：哪些对象拷贝开销低？哪些对象拷贝开销高？

- 如果 `sizeof(par) <= 2 * sizeof(void*)`，则按值传递参数 `par`。
- 如果 `sizeof(par) > 2 * sizeof(void*)`，则按 `const` 引用传递 `par`。

```
void f1(const std::string& s);  // 可以：按 const 的引用传递；
                                // 总是低开销

void f2(std::string s);         // 差劲：潜在的高昂开销

void f3(int x);                 // 可以：无可匹敌

void f4(const int& x);          // 差劲：在 f4() 里面访问时有额外开销
```

F.19 对于“转发”参数，要用 TP&& 来传递，并且只 std::forward 该参数

这条规则代表了一种特殊的输入值。有时你想转发参数 `par`。这意味着你希望保持左值的左值性，以及右值的右值性，这样才能“完美”地转发参数，使它的语义不发生变化。

转发参数的典型用例是工厂函数，工厂函数通过调用某个用户指定对象的构造函数创建出该对象。你不知道参数是不是右值，也不知道构造函数需要多少个参数。

```
// forwarding.cpp

#include <string>
#include <utility>

template <typename T, typename ... T1>      // (1)
T create(T1&& ... t1) {
    return T(std::forward<T1>(t1)...);
}

struct MyType {
    MyType(int, double, bool) {}
};

int main() {

    // 左值
    int five=5;
    int myFive= create<int>(five);

    // 右值
    int myFive2= create<int>(5);

    // 无参数
    int myZero= create<int>();

    // 三个参数；（左值，右值，右值）
    MyType myType = create<MyType>(myZero, 5.5, true);

}
```

函数 `create`(1) 中的3个点（省略号）表示形参包。我们将使用形参包的模板称为变参模板。

形参包的打包和解包

当省略号在类型参数 `T1` 的左边时，参数包被打包；当省略号在右边时，参数包被解包。返回语句 `T(std::forward<T1>(t1)...)` 中的这种解包实质上意味着表达式 `std::forward<T1>(t1)` 被不断重复，直到形参包的所有参数都被消耗掉，并且会在每个子表达式之间加一个逗号。对于好奇的读者，C++ Insights 可以展示这个解包过程。

转发与变参模板的结合是 C++ 中典型的创建模式。下面是 std::make_unique<T> 的一种可能的实现。

```
template<typename T, typename... Args>
std::unique_ptr<T> make_unique(Args&&... args) {
    return std::unique_ptr<T>(new T(std::forward<Args>(args)...));
}
```

函数 std::make_unique<T> 可以创建出 std::unique_ptr<T>。

F.17 对于“入-出”参数，使用非 const 的引用来传递

这条规则把函数的设计意图传达给了调用方：该函数会修改它的参数。

```
std::vector<int> myVec{1, 2, 3, 4, 5};

void modifyVector(std::vector<int>& vec) {
    vec.push_back(6);
    vec.insert(vec.end(), {7, 8, 9, 10});
}
```

F.20 对于“出”的输出值，优先使用返回值而非输出参数

这条规则很简单。用返回值就好，但别用 const，因为它不但没有附加价值，而且会干扰移动语义。也许你认为值的复制操作开销巨大，这既对也不对。原因在于编译器会应用 RVO（return value optimization，返回值优化）或 NRVO（named return value optimization，具名返回值优化）。RVO 意味着编译器可以消除不必要的复制操作。到了 C++17，原本只是可能会做的优化成了一种保证。

```
MyType func() {
    return MyType{};         // C++17 中不会拷贝
}
MyType myType = func();     // C++17 中不会拷贝
```

这几行中可能会发生两次不必要的拷贝操作：第一次在返回调用中，第二次在函数调用中。C++17 中则不会有拷贝操作发生。如果返回值有个名字，我们就称这种优化为 NRVO。你大概也已经猜到了。

```
MyType func() {
    MyType myValue;
    return myValue;          // 允许拷贝一次
}
MyType myType = func();     // 在 C++17 中不会拷贝
```

这里有个细微的区别：按照 C++17，编译器仍然可以在返回语句中拷贝值 `myValue`，但在函数调用的地方则不会发生拷贝。

函数往往必须返回多于一个值。于是，规则 F.21 来了。

F.21 要返回多个“出”值，优先考虑返回结构体或者多元组

当你向 `std::set` 中插入一个值时，成员函数 `insert` 的重载会返回一个 `std::pair`，它由两部分组成：一个指向所插入元素的迭代器；还有一个 `bool`，如果插入成功，它会被设置为 `true`。C++11 中的 `std::tie` 和 C++17 中的结构化绑定是将两个值绑定到某变量的两种优雅方式。

```
// returnPair.cpp; C++17

#include <iostream>
#include <set>
#include <tuple>

int main() {

    std::cout << '\n';

    std::set<int> mySet;

    std::set<int>::iterator iter;
    bool inserted = false;
    std::tie(iter, inserted) = mySet.insert(2011); // (1)
    if (inserted) std::cout << "2011 was inserted successfully\n";

    auto [iter2, inserted2] = mySet.insert(2017);  // (2)
    if (inserted2) std::cout << "2017 was inserted successfully\n";

    std::cout << '\n';

}
```

在 (1) 处，我们使用 `std::tie` 将插入操作的返回值解包到 `iter` 和 `inserted` 中。而在 (2) 处，我们使用结构化绑定将插入操作的返回值解包到 `iter2` 和 `inserted2` 中。与结构化绑定相比，`std::tie` 还需要预先声明的变量，参见图 4.2。

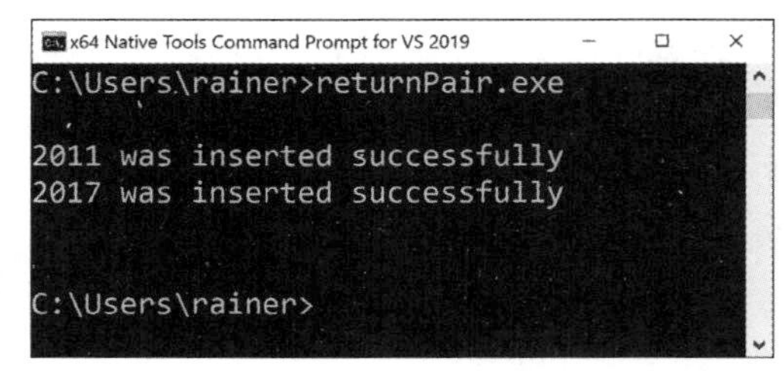

图 4.2 返回 std::pair

4.3 参数传递：所有权语义

上一节探讨参数的流向：哪些参数是入，哪些是入/出或出。但对参数来说，除了流动的方向，还有其他需要考虑的问题。传递参数也事关所有权语义。本节会介绍 5 种典型的参数传递方式：通过拷贝、通过指针、通过引用、通过 std::unique_ptr 和通过 std::shared_ptr。只有通过智能指针传参的相关规则是在本节内新出现的。通过拷贝传参的规则是 4.2 节“参数传递：入与出”的一部分。而通过指针和引用传参的规则是第 3 章的一部分。

表 4.3 提供了概览。

表 4.3 参数传递的所有权语义

例子	所有权	规则
func(value)	func 是资源的单独所有者	F.16
func(pointer*)	func 借用了资源	I.11 和 F.7
func(reference&)	func 借用了资源	I.11 和 F.7
func(std::unique_ptr)	func 是资源的独占所有者	F.26
func(std::shared_ptr)	func 是资源的共享所有者	F.27

更多的细节如下。

- func(value)：函数 func 自己有一份 value 的拷贝并且就是其所有者。func 会自动释放该资源。
- func(pointer*)：func 借用了资源，所以无权删除该资源。func 在每次使用前都必须检查该指针是否为空指针。
- func(reference&)：func 借用了资源。与指针不同，引用的值总是合法的。
- func(std::unique_ptr)：func 是资源的新所有者。func 的调用方显式地把资源的所有权传给了被调用方。func 会自动释放该资源。
- func(std::shared_ptr)：func 是资源的额外所有者。func 会延长资源的生存期。在 func 结束时，它也会结束对资源的所有权。如果 func 是资源的最后一个所有者，那么它的结束会导致资源的释放。

谁是所有者

务必明确表示出所有权。试想一下，你的程序是用传统 C++ 编写的，只能使用原始指针来表达指针、引用、`std::unique_ptr` 或 `std::shared_ptr` 这四种传参方式的所有权语义。传统 C++ 的关键问题是，谁是所有者？

下面的代码片段说明了我的观点：

```
void func(double* ptr) {
    ...
}

double* ptr = new double[5];
func(ptr);
```

关键问题是，谁是资源的所有者？是使用该数组的 `func` 中的被调用方，还是创建该数组的 `func` 的调用方？如果 `func` 是所有者，那么它必须释放该资源。如果不是，则 `func` 不可以释放资源。这种情况不能令人满意。如果 `func` 不释放资源，可能会发生内存泄漏。如果 `func` 释放了资源，可能会导致未定义行为。

因此，所有权需要记录在文档中。使用现代 C++ 中的类型系统来定义所有权的契约是朝正确方向迈出的一大步，可以消除文档的模糊性。

在应用层面使用 `std::move` 的意图并不在于移动。在应用层面使用 `std::move` 的目的是所有权的转移——举例来说，若对 `std::unique_ptr` 应用 `std::move`，会将内存的所有权转移到另一个 `std::unique_ptr`。智能指针 `uniquePtr1` 是原来的所有者，而 `uniquePtr2` 将成为新的所有者。

```
auto uniquePtr1 = std::make_unique<int>(2011);
std::unique_ptr<int> uniquePtr2{ std::move(uniquePtr1) };
```

下面就是所有权语义在实践中的五种变体：

```
 1 // ownershipSemantic.cpp
 2
 3 #include <iostream>
 4 #include <memory>
 5 #include <utility>
 6
 7 class MyInt {
 8 public:
 9     explicit MyInt(int val): myInt(val){}
10     ~MyInt() {
11         std::cout << myInt << '\n';
12     }
13 private:
14     int myInt;
15 };
```

```
16
17 void funcCopy(MyInt myInt) {}
18 void funcPtr(MyInt* myInt) {}
19 void funcRef(MyInt& myInt) {}
20 void funcUniqPtr(std::unique_ptr<MyInt> myInt) {}
21 void funcSharedPtr(std::shared_ptr<MyInt> myInt) {}
22
23 int main() {
24
25     std::cout << '\n';
26
27     std::cout << "=== Begin" << '\n';
28
29     MyInt myInt{1998};
30     MyInt* myIntPtr = &myInt;
31     MyInt& myIntRef = myInt;
32     auto uniqPtr = std::make_unique<MyInt>(2011);
33     auto sharedPtr = std::make_shared<MyInt>(2014);
34
35     funcCopy(myInt);
36     funcPtr(myIntPtr);
37     funcRef(myIntRef);
38     funcUniqPtr(std::move(uniqPtr));
39     funcSharedPtr(sharedPtr);
40
41     std::cout << "==== End" << '\n';
42
43     std::cout << '\n';
44
45 }
```

`MyInt` 类型在其析构函数（第 10～12 行）中显示了 `myInt` 的值（第 14 行）。第 17～21 行的五个函数分别实现了一种所有权语义。第 29～33 行给出了相应的值，参见图 4.3。

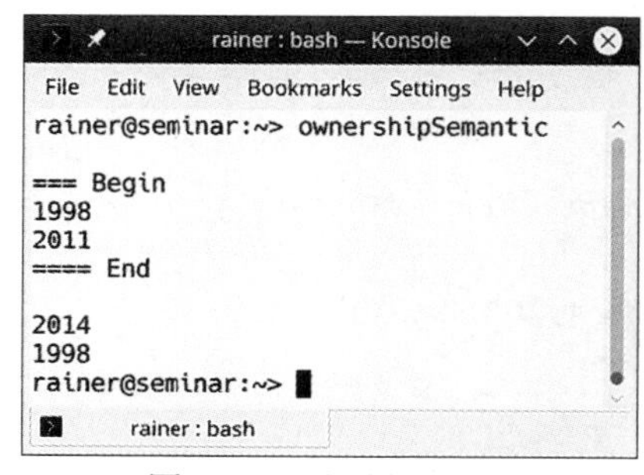

图 4.3 五种所有权语义

图 4.3 显示，有两个析构函数在 main 函数结束之前被调用，还有两个析构函数在 main 函数结束的地方被调用。被拷贝的 myInt（第 35 行）和被移动的 uniquePtr（第 38 行）的析构函数在 main 结束之前被调用。在以上两种情况下，funcCopy 及 funcUniqPtr 成为资源的所有者。这些函数的生存期在 main 的生存期前结束。而这样的结束对于原来的 myInt（第 29 行）和 sharedPtr（第 33 行）来说还没有来临。它们的生存期和 main 一起结束，因此，析构函数在 main 函数的结尾处被调用。

4.4 值返回语义

本节中的 7 条规则与前面提到的规则“F.20：对于‘出’的输出值，优先使用返回值而非输出参数”相一致。这一节的规则还与一些特殊用例和不建议的做法相关。

什么时候返回指针（T*）或左值引用（T&）

正如我们在 4.3 节“参数传递：所有权语义”中所知道的，指针或引用永远不应该转移所有权。

F.42 返回 T*（仅仅）用于表示位置

指针仅用于表示位置。这正是函数 find 的作用。

```
Node* find(Node* t, const string& s) {
    if (!t || t->name == s) return t;
    if ((auto p = find(t->left, s))) return p;
    if ((auto p = find(t->right, s))) return p;
    return nullptr;
}
```

这里指针表示名字与 s 相匹配的 Node 的位置。

F.44 当不希望发生拷贝，也不需要表达“没有返回对象”时，应返回 T&

当不存在“没有返回对象”这种可能性的时候，就可以返回引用而非指针了。

有时你想进行链式操作，但不想为不必要的临时对象进行拷贝和析构。典型的用例是输入和输出流或赋值运算符（“F.47：从赋值运算符返回 T&”）。在下面的代码片段中，通过 T& 返回和通过 T 返回有什么微妙的区别？

```
A& operator = (const A& rhs) { ... };
A operator = (const A& rhs) { ... };

A a1, a2, a3;
```

```
a1 = a2 = a3;
```

返回拷贝（`A`）的拷贝赋值运算符会触发两个额外的 `A` 类型临时对象的创建。

局部对象的引用

返回局部对象的引用（指针）是未定义行为。

未定义行为本质上意味着，不要假想程序的行为。先修复未定义行为。程序 `lambdaFunctionCapture.cpp` 返回了局部对象的引用。

```cpp
// lambdaFunctionCapture.cpp

#include <functional>
#include <iostream>
#include <string>

auto makeLambda() {
  const std::string val = "on stack created";
  return [&val]{return val;};    // (2)
}

int main() {

  auto bad = makeLambda();       // (1)
  std::cout << bad();            // (3)

}
```

`main` 函数调用函数 `makeLambda()` (1)。该函数返回一个 lambda 表达式，它具有对局部变量 `val` (2) 的引用。

调用 `bad()` (3) 导致了未定义行为，因为 lambda 表达式使用了局部变量 `val` 的引用。由于它是局部变量，它的生存期随着 `makeLambda()` 的作用域结束而结束。

执行该程序时会得到无法预知的结果。有时我得到整个字符串，有时得到字符串的一部分，有时只得到 0。作为示例，以下是该程序的两次运行结果。

在第一次运行中，一些乱七八糟的字符被显示出来，直到字符串的终止符（`\0`）结束字符串（见图 4.4）。

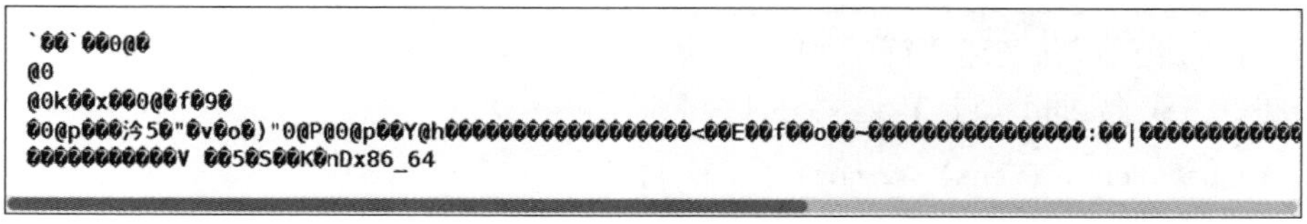

```
`��`��0@�
@0
@0k��x��0@�f�9�
�0@p���泠5�"�v�o�)"0@P@0@p��Y@h��������������������<��E��f��o��~�����������������:��|������������
������������V ��5�S��K�nDx86_64
```

图 4.4　显示随机字符

在第二次运行时，程序导致了核心转储（见图 4.5）。

```
File  Edit  View  Bookmarks  Settings  Help
rainer@linux:~> undefinedBehaviour
Segmentation fault (core dumped)
rainer@linux:~> undefinedBehaviour
Segmentation fault (core dumped)
rainer@linux:~> undefinedBehaviour
*** Error in `undefinedBehaviour': free(): invalid pointer: 0x00007ffc56f14f98 ***
======= Backtrace: =========
/lib64/libc.so.6(+0x740ef)[0x7f8163fc30ef]
/lib64/libc.so.6(+0x79646)[0x7f8163fc8646]
/lib64/libc.so.6(+0x7a393)[0x7f8163fc9393]
/usr/lib64/libstdc++.so.6(_ZNSsD2Ev+0x3e)[0x7f81648e7b6e]
undefinedBehaviour[0x400bd5]
/lib64/libc.so.6(__libc_start_main+0xf5)[0x7f8163f6f725]
undefinedBehaviour[0x4009f9]
======= Memory map: ========
00400000-00402000 r-xp 00000000 08:13 6907                   /home/rainer/undefinedBehaviour
00601000-00602000 r--p 00001000 08:13 6907                   /home/rainer/undefinedBehaviour
00602000-00603000 rw-p 00002000 08:13 6907                   /home/rainer/undefinedBehaviour
00f0e000-00f40000 rw-p 00000000 00:00 0                      [heap]
7f815c000000-7f815c021000 rw-p 00000000 00:00 0
7f815c021000-7f8160000000 ---p 00000000 00:00 0
7f8163f4f000-7f81640ea000 r-xp 00000000 00:27 1415842        /lib64/libc-2.22.so
7f81640ea000-7f81642ea000 ---p 0019b000 00:27 1415842        /lib64/libc-2.22.so
7f81642ea000-7f81642ee000 r--p 0019b000 00:27 1415842        /lib64/libc-2.22.so
7f81642ee000-7f81642f0000 rw-p 0019f000 00:27 1415842        /lib64/libc-2.22.so
7f81642f0000-7f81642f4000 rw-p 00000000 00:00 0
7f81642f7000-7f816430e000 r-xp 00000000 00:27 1359149        /lib64/libgcc_s.so.1
7f816430e000-7f816450d000 ---p 00017000 00:27 1359149        /lib64/libgcc_s.so.1
7f816450d000-7f816450e000 r--p 00016000 00:27 1359149        /lib64/libgcc_s.so.1
7f816450e000-7f816450f000 rw-p 00017000 00:27 1359149        /lib64/libgcc_s.so.1
7f816450f000-7f816460a000 r-xp 00000000 00:27 1415850        /lib64/libm-2.22.so
7f816460a000-7f816480a000 ---p 000fb000 00:27 1415850        /lib64/libm-2.22.so
7f816480a000-7f816480b000 r--p 000fb000 00:27 1415850        /lib64/libm-2.22.so
7f816480b000-7f816480c000 rw-p 000fc000 00:27 1415850        /lib64/libm-2.22.so
7f816480f000-7f816498a000 r-xp 00000000 00:27 1359277        /usr/lib64/libstdc++.so.6.0.25
7f816498a000-7f8164b8a000 ---p 0017b000 00:27 1359277        /usr/lib64/libstdc++.so.6.0.25
7f8164b8a000-7f8164b94000 r--p 0017b000 00:27 1359277        /usr/lib64/libstdc++.so.6.0.25
7f8164b94000-7f8164b96000 rw-p 00185000 00:27 1359277        /usr/lib64/libstdc++.so.6.0.25
7f8164b96000-7f8164b99000 rw-p 00000000 00:00 0
7f8164b9f000-7f8164bc0000 r-xp 00000000 00:27 1415834        /lib64/ld-2.22.so
7f8164d8c000-7f8164d8f000 rw-p 00000000 00:00 0
7f8164dbe000-7f8164dc0000 rw-p 00000000 00:00 0
7f8164dc0000-7f8164dc1000 r--p 00021000 00:27 1415834        /lib64/ld-2.22.so
7f8164dc1000-7f8164dc2000 rw-p 00022000 00:27 1415834        /lib64/ld-2.22.so
7f8164dc2000-7f8164dc4000 rw-p 00000000 00:00 0
7f8164dc4000-7f8164dc5000 rw-p 00000000 00:00 0
7ffc56ef7000-7ffc56f18000 rw-p 00000000 00:00 0              [stack]
7ffc56fb7000-7ffc56fba000 r--p 00000000 00:00 0              [vvar]
7ffc56fba000-7ffc56fbc000 r-xp 00000000 00:00 0              [vdso]
ffffffffff600000-ffffffffff601000 r-xp 00000000 00:00 0      [vsyscall]
Aborted (core dumped)
rainer@linux:~>
rainer : bash
```

图 4.5 导致核心转储

F.45 不要返回 T&&

以及

F.48 不要返回 std::move(本地变量)

两条规则都非常严格。

T&&

不应当以 T&& 作为返回类型。下面的小例子展示了这个问题。

```
// returnRvalueReference.cpp

int&& returnRvalueReference() {
    return int{};
}

int main() {

    auto myInt = returnRvalueReference();

}
```

在编译时，GCC 编译器会立即抱怨对临时对象的引用（见图 4.6）。准确地说，临时对象的生存期随着整个表达式 `auto myInt = returnRvalueReference();` 的结束而结束。

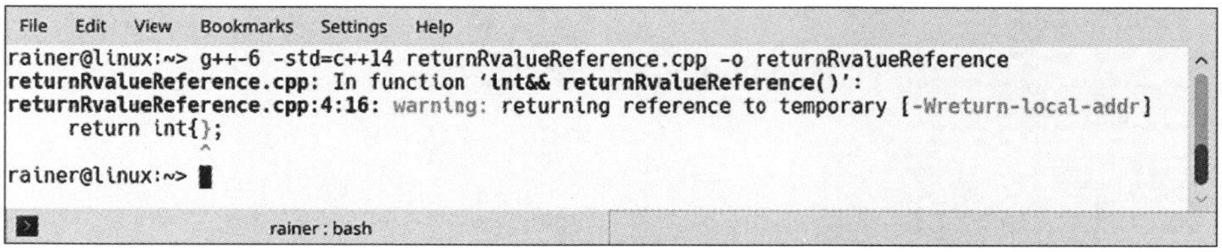

```
File  Edit  View  Bookmarks  Settings  Help
rainer@linux:~> g++-6 -std=c++14 returnRvalueReference.cpp -o returnRvalueReference
returnRvalueReference.cpp: In function 'int&& returnRvalueReference()':
returnRvalueReference.cpp:4:16: warning: returning reference to temporary [-Wreturn-local-addr]
     return int{};
                ^
rainer@linux:~> 
rainer : bash
```

图 4.6　返回临时对象的引用

std::move(本地变量)

由于 RVO 和 NRVO 的拷贝消除，`return std::move(本地变量)`的使用不是优化而是劣化。劣化意味着程序可能会变得更慢。

F.46	`main()` 的返回类型是 `int`

依照 C++ 标准，`main` 函数有两种变体：

```
int main() { ... }

int main(int argc, char** argv) { ... }
```

第二个版本等效于 `int main(int argc, char* argv[]) { ... }`。

`main` 函数并不需要返回语句。如果控制流到达 `main` 函数的末尾而没有碰到一条返回语句，其效果相当于执行 `return 0;`。`return 0` 意味着程序的成功执行。

4.5　其他函数

这一节的规则给出了使用 lambda 表达式的时机，并比较了 `va_arg` 和折叠表达式。

lambda 表达式

F.50	当函数不适用时（需要捕获局部变量，或编写一个局部函数），请使用 lambda 表达式

这条规则说明了 lambda 表达式的使用场合。这立即引出了问题：什么时候必须用 lambda 表达式？什么时候必须用普通函数？这里有两条明显的理由。

- 如果可调用实体必须捕获局部变量或者它是在局部作用域内声明的，你就必须使用 lambda 函数。
- 如果可调用实体需要支持重载，那么应使用普通函数。

现在我想亮出我对 lambda 表达式的关键论点，它们经常会被忽视。

表达力

“明确优于隐晦”这条来自 Python（PEP 20——《Python 之禅》）的元规则也适用于 C++。它意味着代码应该明确地表达其意图（见规则“P.1：在代码中直接表达思想”）。当然，这对 lambda 表达式来说尤其正确。

```
std::vector<std::string> myStrVec = {"523345", "4336893456", "7234",
                                     "564", "199", "433", "2435345"};

std::sort(myStrVec.begin(), myStrVec.end(),
          [](const std::string& f, const std::string& s) {
             return f.size() < s.size();
          }
);
```

请比较上面的 lambda 表达式和下面使用的函数 `lessLength`。

```
std::vector<std::string> myStrVec = {"523345", "4336893456", "7234",
                                     "564", "199", "433", "2435345"};

bool lessLength(const std::string& f, const std::string& s) {
   return f.size() < s.size();
}

std::sort(myStrVec.begin(), myStrVec.end(), lessLength);
```

lambda 表达式和函数都为排序算法提供了相同的顺序谓词。想象一下，你的同事将该函数命名为 `foo`。也就是说，你看不出来这个函数到底要做什么。因此，你得给这个函数加说明。

```
// 基于字符串长度并使用升序对 vector 排序
std::sort(myStrVec.begin(), myStrVec.end(), foo);
```

此外，你不得不寄希望于你同事的实现。如果你不相信他们，你就必须分析其实现。也许这并不可能，因为你只有函数的声明。有了 lambda 表达式，你的同事无法欺骗你。代码就是真相。让我更挑衅地说：**你的代码的表达力应该强到不需要文档。**

表达力与不要重复自己

“用 lambda 编写表达力丰富的代码”这条设计规则往往与另一条重要的设计规则相矛盾：不要重复自己（don’t repeat yourself，DRY）。DRY 意味着你不应该多次编写相同的代码。编写一个可重复使用的单元，如一个函数，并给它指定一个不言自明的名称，是对 DRY 的合适补救。最终，必须在具体的案例中决定是否把表达力看得比 DRY 更重要。

F.52 在局部使用（包括要传递给算法）的 lambda 表达式中，优先通过引用来捕获

以及

F.53 在非局部使用（包括要被返回、存储在堆上或要传给其他线程）的 lambda 表达式中，避免通过引用来捕获

这两条规则高度关联，它们可以归结为：lambda 表达式应该只对有效数据进行操作。当 lambda 通过拷贝捕获数据时，根据定义，数据总是有效的。当 lambda 通过引用捕获数据时，数据的生存期必须超过 lambda 的生存期。前面局部对象引用的例子就展示了 lambda 引用无效数据时的各种问题。

有时问题还不那么容易抓住。

```
int main() {

    std::string str{"C++11"};

    std::thread thr([&str]{ std::cout << str << '\n'; });
    thr.detach();

}
```

行吧，我听到你说：“这容易。”在新创建的线程 `thr` 中使用的 lambda 表达式通过引用捕获了变量 `str`。之后，`thr` 从其创建者（即主线程）的生存期中分离出来。因此，不能保证创建的线程 `thr` 使用的是有效的字符串 `str`，因为 `str` 的生存期与主线程的生存期绑定了。可以采用一个直截了当的方法来解决这个问题。通过拷贝捕获 `str`：

```
int main() {

    std::string str{"C++11"};

    std::thread thr([str]{ std::cout << str << '\n'; });
    thr.detach();

}
```

问题解决了吗？没有！关键的问题是，谁是 std::cout 的所有者？std::cout 的生存期与进程的生存期绑定。这意味着，在屏幕上打印出“C++11”之前，std::cout 对象可能已经消失了。解决这个问题的方法是汇合（join）线程 thr。这种情况下，创建者会等待，直到被创建者完成任务，因此，通过引用捕获也就可以了。

```
int main() {

    std::string str{"C++11"};

    std::thread thr([&str]{ std::cout << str << '\n'; });
    thr.join();

}
```

F.51 在有选择的情况下，优先采用默认参数而非重载

如果你需要用不同数量的参数来调用一个函数，尽可能优先采用默认参数而不是重载。这样你就遵循了 DRY（不要重复自己）原则。

```
void print(const string& s, format f = {});
```

若要用重载实现同样的功能，则需要两个函数：

```
void print(const string& s);  // 使用默认格式
void print(const string& s, format f);
```

F.55 不要使用 va_arg 参数

这条规则的标题太短了。当你的函数需要接受任意数量的参数时，要使用变参模板而不是 va_arg 参数。

变参数函数（variadic function）是像 std::printf 这样的函数，可以接受任意数量的参数。问题是，必须假设传递的类型是正确的。当然，这种假设非常容易出错，其正确性依赖于程序员的素养。

为了理解变参数函数的隐含危险，请看下面的小例子。

```
// vararg.cpp

#include <iostream>
#include <cstdarg>

int sum(int num, ... ) {

    int sum = 0;
```

```
    va_list argPointer;
    va_start(argPointer, num );
    for( int i = 0; i < num; i++ )
        sum += va_arg(argPointer, int );
    va_end(argPointer);

    return sum;
}

int main() {

    std::cout << "sum(1, 5): " << sum(1, 5) << '\n';
    std::cout << "sum(3, 1, 2, 3): " << sum(3, 1, 2, 3) << '\n';
    std::cout << "sum(3, 1, 2, 3, 4): "
              << sum(3, 1, 2, 3, 4)  << '\n';  // (1)
    std::cout << "sum(3, 1, 2, 3.5): "
              << sum(3, 1, 2, 3.5) << '\n';    // (2)

}
```

sum 是一个变参数函数。它的第一个参数是需要被求和的参数个数。以下是关于 va_arg 宏的背景信息，有助于理解该代码。

- **va_list**：保存下列宏的必要信息。
- **va_start**：启用对变参数函数参数的访问。
- **va_arg**：访问下一个变参数函数的参数。
- **va_end**：结束对变参数函数参数的访问。

请阅读 cppreference.com 中关于变参数函数的部分来获取进一步的信息。

代码行 (1) 和 (2) 中出了些状况。(1) 中参数 num 的数量是错的；(2) 中我提供了一个 double 而不是一个 int。输出结果（见图 4.7）显示了这两个问题。(1) 中的最后一个元素丢失了，而 double 被解释为 int (2)。

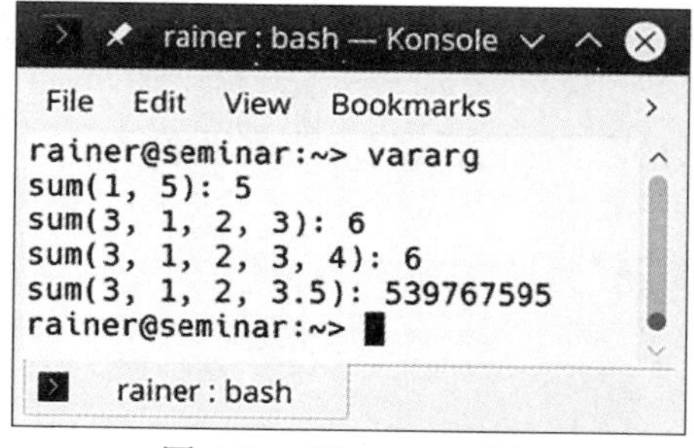

图 4.7 用 va_arg 求和

这些问题可以通过 C++17 的折叠表达式轻松解决。跟 va_arg 相比，折叠表达式会自动推导出其参数的数量和类型。

```
// foldExpressions.cpp

#include <iostream>

template<class ...Args>
auto sum(Args... args) {
    return (... + args);
}

int main() {

    std::cout << "sum(5): " << sum(5) << '\n';
    std::cout << "sum(1, 2, 3): " << sum(1, 2, 3) << '\n';
    std::cout << "sum(1, 2, 3, 4): " << sum(1, 2, 3, 4)  << '\n';
    std::cout << "sum(1, 2, 3.5): " << sum(1, 2, 3.5) << '\n';

}
```

函数 sum 可能看起来挺可怕。它需要至少一个参数，并使用 C++11 的变参模板。变参模板可以接受任意数量的参数。这些任意数量的参数由所谓的参数包持有，用省略号（...）表示。此外，在 C++17 中，可以用二元运算符直接对参数包进行归约。这一针对变参模板的增强被称为折叠表达式。在 sum 函数的例子中，应用了二元的 + 运算符 (... + args)。如果你想了解关于 C++17 中的折叠表达式的更多信息，可参阅 https://www.modernescpp.com/index.php/fold-expressions 以了解更多细节。

程序的输出（见图 4.8）正如预期。

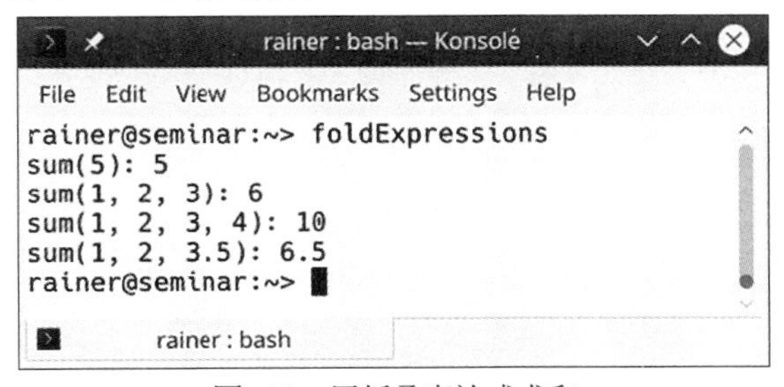

图 4.8　用折叠表达式求和

4.6　相关规则

关于 lambda 表达式的另一条规则在第 8 章中——“ES.28：使用 lambda 表达式进行复杂的初始化（尤其是对 const 变量）”。

我在本章中跳过了 C++20 特性 std::span。我会在第 7 章中提供关于 std::span 的基本信息。

本章精华

重要

- 一个函数应该执行一个操作，要简短，并有一个精心选择的名字。
- 要把可以在编译期运行的函数实现为 `constexpr`。
- 如果可能的话，将你的函数实现为纯函数。
- 区分一个函数的入、入/出和出参。对入参使用按值传递或按 `const` 引用传递，对入/出参使用按引用传递，对出参使用按值传递。
- 向函数传递参数涉及所有权语义的问题。按值传递使函数成为资源的独立所有者。按指针或引用传递意味着函数只是借用了该资源。`std::unique_ptr` 将所有权转移给函数，`std::shared_ptr` 则使函数成为共享的所有者。
- 当你的函数需要接受任意数量的参数时，要使用变参模板而不是 `va_arg` 参数。

第 5 章

类和类层次结构

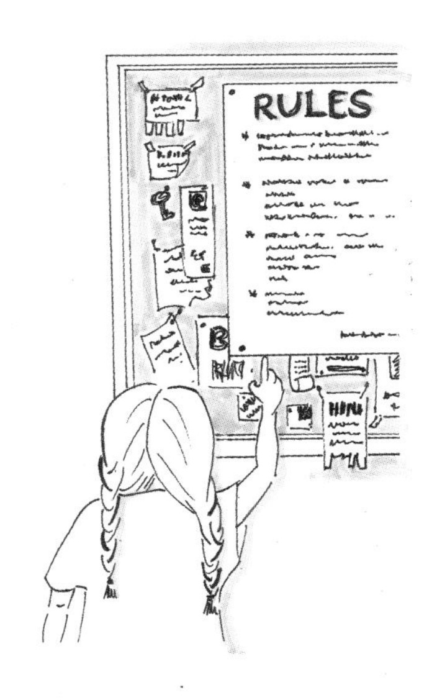

Cippi 在根据零、五、六法则进行推理

类是一种用户定义类型，程序员可以为其指定表示方法、操作和接口。类的层次结构被用来组织相关的结构。

C++ Core Guidelines 中有大约 100 条关于用户定义类型的规则。

Guidelines 先给出了一些概要规则，然后深入探讨了下面的特殊规则：

- 具体类型
- 构造函数、赋值和析构函数
- 类的层次结构
- 重载和运算符重载
- 联合体

下面的 8 条概要规则为特殊规则提供了背景。

5.1 概要规则

概要规则相当简短，没有涉及太多细节。它们对类概括提供了有价值的深刻见解。

class（类）和 struct（结构体）之间的语法差异

本节经常提到类和结构体之间的语义区别。首先。语法上的差异是什么？差异很小，但很重要：在结构体中，所有成员默认为 public（公开）；在类中，所有成员默认为 private（私有）。继承的情况也是如此。结构体的基类默认为 public，类的基类默认为 private。

C.1 把相关的数据组织到结构（struct 或 class）中

如何改进 draw 的接口？

```
void draw(int fromX, int fromY, int toX, int toY);
```

不明显的是，这些 int 代表了什么。因此，调用函数的时候参数顺序可能出错。可以对比一下上面的 draw 和下面的新函数：

```
void draw(Point from, Point to);
```

通过将相关元素放在结构体中，函数签名变得可以自我描述，因此，比起之前的函数，新函数更不容易出错。

C.2 当类具有不变式时使用 class；如果数据成员可以独立变化，则使用 struct

类的不变式是用于约束类的实例的不变式。成员函数必须使这个不变式保持成立。不变式约束了类的实例的可能取值。

这是 C++ 中一个常见的问题：什么时候该使用 class，什么时候该用 struct？C++ Core Guidelines 给出了以下建议。如果类有不变式，就使用 class。一个可能的类的不变式是，(y, m, d) 可表示一个有效的日期。

```
struct Pair {  // 成员可以独立变化
    string name;
    int volume;
};

class Date {
  public:
    // 校验 {yy, mm, dd} 是不是合法的日期并进行初始化
```

```
    Date(int yy, Month mm, char dd);
    // ...
  private:
    int y;
    Month m;
    char d;    // 日
};
```

类的不变式在构造函数中被初始化和检查。数据类型 Pair 没有不变式，因为名称（name）和体积（volume）的所有值都是有效的。Pair 是简单的数据持有者，不需要显式提供构造函数。

C.3 在类中体现出接口和实现之间的区别

类的公开成员函数是类的接口，私有部分则是实现。

```
class Date {
  public:
    Date();
    // 校验 {yy, mm, dd} 是不是合法的日期并进行初始化
    Date(int yy, Month mm, char dd);
    int day() const;
    Month month() const;
    // ...
  private:
    // ... 具体的内部表示
};
```

从可维护性的角度看，可以修改 Date 类的实现，而毫不影响该类的使用者。

C.4 仅当函数需要直接访问类的内部表示时，才把它变成成员

如果一个函数不需要访问类的内部结构，它就不应该是成员。这样的话，你会得到松耦合，而且类的内部结构的改变不会影响辅助函数。

```
class Date {
    // ... 相对小的接口 ...
};

// 辅助函数：
Date next_weekday(Date);
bool operator == (Date, Date);
```

运算符 =、()、[] 和 -> 必须是类的成员。

C.5 将辅助函数与它们支持的类放在同一个命名空间中

辅助函数应该在类的命名空间中，因为它是类的接口的一部分。与成员函数相反，辅助函数不需要直接访问类的内部表示。

```
namespace Chrono { // 在这里放置跟时间有关的服务

    class Date { /* ... */ };

    // 辅助函数：
    bool operator == (Date, Date);
    Date next_weekday(Date);
    // ...
}
...
if (date1 == date2) { ...          // (1)
```

由于有实参依赖查找（argument-dependent lookup，ADL），比较 `date1 == date2` 将额外查找 `Chrono` 命名空间中的相等运算符。ADL 对于重载的运算符尤其重要，如输出运算符`<<`。

C.7 不要在一条语句里定义类或枚举的同时声明该类型的变量

若在一条语句里定义类或枚举并同时声明其类型的变量，会引起混淆，因此应该避免。

```
// 不好
struct Data { /*...*/ } data { /*...*/ };

// 好
struct Data { /*...*/ };
Data data{ /*...*/ };
```

C.8 如有任何非公开成员，就使用 `class` 而不是 `struct`

当你的用户定义类型有非公开成员时，你可能想让它们的不变式不受外界的影响。建立不变式是构造函数的工作。因此，应该使用 `class` 而不是 `struct`。

C.9 尽量减少成员的暴露

数据隐藏和封装是面向对象类设计的基石之一：你将类中的成员封装起来，只允许通过公共成员函数进行访问。你的类可能有两种接口：一种是用于外部的 `public` 接口，一种是用于派生类的 `protected` 接口。其余成员都应该属于 `private`。

5.2 具体类型

本节只有两条规则，但引入了具体类型和规范类型这两个术语。

根据 C++ Core Guidelines，具体类型是“最简单的一种类”。它常常被称作值类型，不属于某个类型层次结构的一部分。

规范类型是一种“行为类似于 `int`”的类型，因此，它必须支持拷贝和赋值、相等比较，以及可交换。更正式的说法是，一个规范类型 `X` 行为上像 `int`，支持下列操作。

- 默认构造：`X()`
- 拷贝构造：`X(const X&)`
- 拷贝赋值：`operator = (const X&)`
- 移动构造：`X(X&&)`
- 移动赋值：`operator = (X&&)`
- 析构：`~X()`
- 交换操作：`swap(X&, X&)`
- 相等运算符：`operator ==(const X&, const X&)`

C.10 优先使用具体类型而不是类层次结构

如果没有需要类层次结构的用例，就使用具体类型。具体的类型更容易实现，更小，且更快。不必担心继承、虚性、引用或指针，包括内存分配和释放。不会有虚派发，因此也没有运行期的开销。

长话短说：应用 KISS 原则（“keep it simple, stupid”原则，保持简单，让傻瓜都能理解）。你的类型行为像普通数值一样。

C.11 让具体类型规范化

规范类型（如 `int`）易于理解，它们本身就很直观。这意味着，如果你有一个具体类型，可以考虑将它升级为规范类型。

内置类型（如 `int` 或 `double`）是规范类型，而用户定义类型（如 `std::string`）或容器（如 `std::vector` 或 `std::unordered_map`）也是如此。

C++20 支持 `regular`（规范）概念。

5.3 构造函数、赋值运算符和析构函数

这一节讨论构造函数、赋值运算符和析构函数，在本章范围内，此类规则的数量是目前为止最多的。它们控制着对象的生命周期：创建、拷贝、移动和销毁。简而言之，我们把它们称为“六大”。下面是这六个特殊的成员函数。

- 默认构造函数：`X()`
- 拷贝构造函数：`X(const X&)`
- 拷贝赋值运算符：`operator = (const X&)`
- 移动构造函数：`X(X&&)`
- 移动赋值运算符：`operator = (X&&)`
- 析构函数：`~X()`

编译器可以为这“六大”生成默认实现。本节从有关默认操作的规则开始；接着是有关构造函数、拷贝和移动操作以及析构函数的规则；最后是不属于前四类的其他默认操作的规则。

根据默认构造函数的声明，你可能有这样的印象：默认构造函数不需要参数。这是不对的。默认构造函数可以在没有参数的情况下被调用，但它可能每个参数都有默认值。

5.3.1 预置操作

默认情况下，如果需要，编译器可以生成“六大”。可以定义这六个特殊的成员函数，但也可明确用 `= default`（预置）来要求编译器提供它们，或者用 `= delete`（弃置）来删除它们。

C.20 如果能避免定义默认操作，那就这么做

这一规则也被称为“零法则”。这意味着你可以通过使用有合适的拷贝/移动语义的类型，来避免自行编写构造函数、拷贝/移动构造函数、赋值运算符或析构函数。有合适的拷贝/移动语义的类型包括规范类型，如内置类型 `bool` 或 `double`，也包括标准模板库（STL）的容器，如 `std::vector` 或 `std::string`。

```
class Named_map {
public:
    // ... 没有声明任何默认操作 ...
private:
    std::string name;
    std::map<int, int> rep;
};

Named_map nm;          // 默认构造
Named_map nm2 {nm};    // 拷贝构造
```

默认构造和拷贝构造之所以有效，是因为 `std::string` 和 `std::map` 已经定义了相应的操作。当编译器为一个类自动生成拷贝构造函数时，它调用该类的所有成员和所有基类的拷贝构造函数。

C.21 如果定义或 =delete 了任何默认操作，就对所有默认操作都进行定义或 =delete

“六大”是紧密相关的。由于这种关系，你应该对所有特殊成员函数进行定义或 `=delete`。因此，这条规则被称为“六法则”。有时你会听到“五法则”，这是因为默认构造函数很特殊，有时会被排除在外[1]。

特殊成员函数之间的依赖关系

Howard Hinnant 在 ACCU 2014 会议的演讲中给出了一张自动生成的特殊成员函数的概览表（见图 5.1）。

Howard 的表格需要进一步解释一下。

用户声明 \ 编译器隐式声明	默认构造函数	析构函数	拷贝构造函数	拷贝赋值	移动构造函数	移动赋值
全部不声明	预置	预置	预置	预置	预置	预置
任意构造函数	不声明	预置	预置	预置	预置	预置
默认构造函数	用户声明	预置	预置	预置	预置	预置
析构函数	预置	用户声明	预置	预置	不声明	不声明
拷贝构造函数	不声明	预置	用户声明	预置	不声明	不声明
拷贝赋值	预置	预置	预置	用户声明	不声明	不声明
移动构造函数	不声明	预置	弃置	弃置	用户声明	不声明
移动赋值	预置	预置	弃置	弃置	不声明	用户声明

图 5.1 自动生成的特殊成员函数

首先，“用户声明”是指对于这六个特殊成员函数中的某一个，你明确地给出了定义，或者用 `=default` 请求编译器给出预置定义。用 `=delete` 删除特殊成员函数的操作也被认为进行了定义。从本质上讲，当你只是使用名字，比如默认构造函数的名字时，这也算作用户声明。

当你定义任何构造函数时，默认构造函数就没有了。默认构造函数是可以在没有参数的情况下调用的构造函数。

当你用 `=default` 或 `=delete` 定义或删除默认构造函数时，其他特殊成员函数都不受影响。

---

1 译者注：在当前版本的 C++ Core Guidelines 里，C.21 已经把“默认操作”改成了“拷贝、移动、析构函数”，明确剔除了默认构造函数。

当你用 =default 或 =delete 定义或删除析构函数、拷贝构造函数或拷贝赋值操作符时，编译器不会生成移动构造函数和移动赋值运算符。这意味着移动构造或移动赋值这样的移动操作会退回到拷贝构造或拷贝赋值。这种回退的自动操作在表格中以深色标出。

当用 =default 或 =delete 定义或删除移动构造函数或移动赋值运算符时，只能得到定义的 =default 或 =delete 的移动构造函数或移动赋值运算符。后果是，拷贝构造函数和拷贝赋值运算符被设为 =delete。因此，调用一个拷贝操作，如拷贝构造或拷贝赋值，将导致编译错误。

当你不遵循这条规则时，你会得到非常不直观的对象。下面是 Guidelines 中的一个不直观的例子。

```
// doubleFree.cpp

#include <cstddef>

class BigArray {

 public:
   BigArray(std::size_t len): len_(len), data_(new int[len]) {}

   ~BigArray(){
       delete[] data_;
   }

 private:
  size_t len_;
  int* data_;
};

int main(){

   BigArray bigArray1(1000);

   BigArray bigArray2(1000);

   bigArray2 = bigArray1;    // (1)

}                            // (2)
```

为什么这个程序有未定义行为？例子中默认的拷贝赋值操作 bigArray2 = bigArray1 (1) 拷贝了 bigArray2 的所有成员。拷贝意味着，在目前的情况下，被拷贝的是 data 指针，而不是其指向的数据。因此，bigArray1 和 bigArray2 的析构函数被调用 (2)，由于重复释放，我们得到了未定义行为。

这个例子中不直观的行为是，编译器生成的 `BigArray` 的拷贝赋值操作符对 `BigArray` 进行了浅拷贝，但是 `BigArray` 的显式实现的析构函数假设了数据的所有权。

AddressSanitizer（地址净化器）标示了这个未定义行为（见图 5.2）。

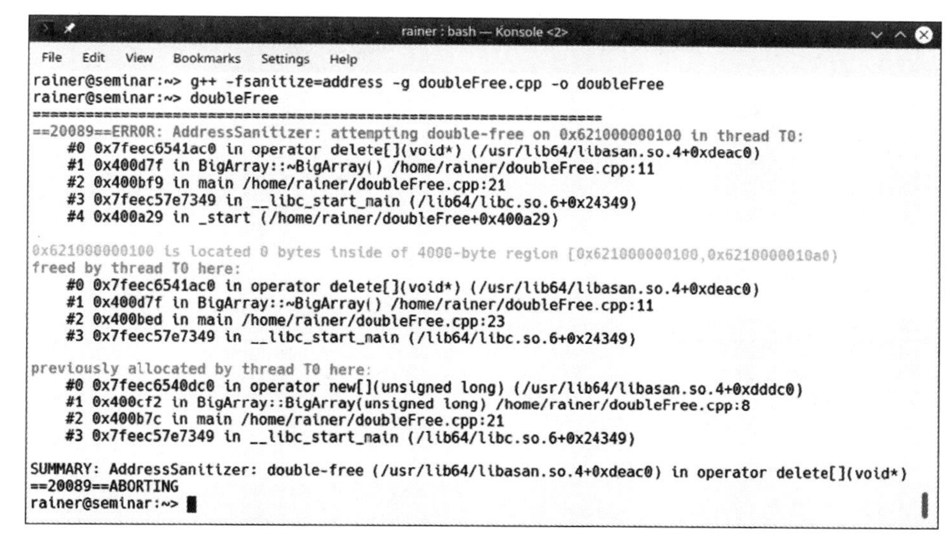

图 5.2　AddressSanitizer 检测到的重复释放

C.22　让默认操作保持一致

这条规则与前面的规则有关。如果你用不同的语义来实现默认操作，类的用户可能会变得非常困惑。对于成员函数，如果部分自己实现，部分通过 `=default` 请求预置实现，也可能出现这种奇怪的行为。不能假设编译器生成的特殊成员函数和你自己实现的具有相同的语义。

作为奇怪行为的例子，这里有个类 `Strange`。`Strange` 包含一个指向 `int` 的指针。

```
1 // strange.cpp
2
3 #include <iostream>
4
5 struct Strange {
6
7   Strange(): p(new int(2011)) {}
8
9   // 深拷贝
10  Strange(const Strange& a) : p(new int(*a.p)) {}
11
12  // 浅拷贝
```

```
13   // 等价于 Strange& operator = (const Strange&) = default;
14   Strange& operator = (const Strange& a) {
15       p = a.p;
16       return *this;
17   }
18
19   int* p;
20
21 };
22
23 int main() {
24
25   std::cout << '\n';
26
27   std::cout << "Deep copy" << '\n';
28
29   Strange s1;
30   Strange s2(s1);
31
32   std::cout << "s1.p: " << s1.p << "; *s1.p: " << *s1.p << '\n';
33   std::cout << "s2.p: " << s2.p << "; *s2.p: " << *s2.p << '\n';
34
35   std::cout <<  "*s2.p = 2017" << '\n';
36   *s2.p = 2017;
37
38   std::cout << "s1.p: " << s1.p << "; *s1.p: " << *s1.p << '\n';
39   std::cout << "s2.p: " << s2.p << "; *s2.p: " << *s2.p << '\n';
40
41   std::cout << '\n';
42
43   std::cout << "Shallow copy" << '\n';
44
45   Strange s3;
46   s3 = s1;
47
48   std::cout << "s1.p: " << s1.p << "; *s1.p: " << *s1.p << '\n';
49   std::cout << "s3.p: " << s3.p << "; *s3.p: " << *s3.p << '\n';
50
51
52   std::cout <<  "*s3.p = 2017" << '\n';
53   *s3.p = 2017;
54
55   std::cout << "s1.p: " << s1.p << "; *s1.p: " << *s1.p << '\n';
56   std::cout << "s3.p: " << s3.p << "; *s3.p: " << *s3.p << '\n';
```

```
57
58    std::cout << '\n';
59
60    std::cout << "delete s1.p" << '\n';
61    delete s1.p;
62
63    std::cout << "s2.p: " << s2.p << "; *s2.p: " << *s2.p << '\n';
64    std::cout << "s3.p: " << s3.p << "; *s3.p: " << *s3.p << '\n';
65
66    std::cout << '\n';
67
68 }
```

Strange 类有拷贝构造函数（第 10 行）和拷贝赋值运算符（第 14 行）。拷贝构造函数使用深拷贝，而赋值运算符使用浅拷贝。顺便说一下，编译器生成的拷贝构造函数或拷贝赋值运算符也使用浅拷贝。大多数时候，你希望你的类型有深拷贝语义（值语义），但你可能永远不会希望这两个相关操作有不同的语义。深浅拷贝的区别在于，深拷贝语义创建了两个新的独立的存储空间 p(new int(*a.p))，而浅拷贝语义只是拷贝了指针 p = a.p。让我们来分析一下 Strange 类型。图 5.3 展示了该程序的输出。

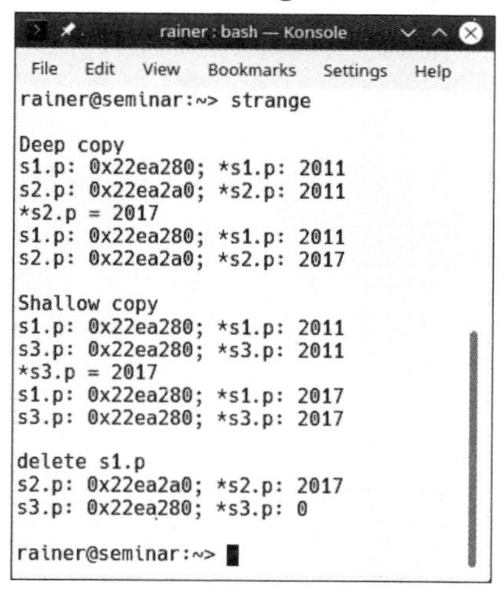

图 5.3　strange.cpp 的输出

第 30 行使用了拷贝构造函数来创建 s2。显示指针的地址和改变指针 s2.p 的值（第 36 行）表明 s1 和 s2 是两个不同的对象。而 s1 和 s3 的情况却不是这样的。第 46 行的拷贝赋值操作执行了一个浅拷贝。其结果是，若改变指针 s3.p（第 53 行），将会影响指针 s1.p，因为两个指针都指向同一个值。

如果删除指针 s1.p（第 61 行），有趣的事情就开始了。多亏有深拷贝，s2.p 没有出问题，但是 s3.p 的值变成了无效指针。确切说明一下：对无效指针解引用，如 *s3.p（第 64 行），是未定义行为。

5.3.2 构造函数

有 13 条规则涉及对象的构造。粗略来说，它们分为 5 类：

- 构造函数通用
- 默认构造函数
- 单参数构造函数
- 成员初始化
- 特殊构造函数，如继承或委托构造函数

最后，我需要警告一下。不要从构造函数中调用虚函数。在本章后面的“其他默认操作”一节中，我将在包括析构函数的更广泛的背景下提到这个警告。

构造函数通用

我跳过了规则“C.40：如果类有不变式，就定义构造函数”，因为我已经在“C.2：当类具有不变式时使用 `class`；如果数据成员可以独立变化，则使用 `struct`”这条规则中写到了相关内容。因此，还剩下两条密切相关的规则：“C.41：构造函数应当创建完全初始化的对象”和“C.42：如果构造函数无法构造出有效对象，则应抛出异常”。

C.41 构造函数应当创建完全初始化的对象

构造函数的职责就是创建完全初始化的对象。类不应有 `init`（初始化）成员函数，不然就是自找麻烦。

```
class DiskFile {          // 糟糕：默认构造函数功能不充分
    FILE* f;              // 需要在使用任何函数之前调用 init()
    // ...
public:
    DiskFile() = default;
    void init();          // 初始化 f
    void read();          // 从 f 读取
    // ...
};

int main() {
    DiskFile file;
    file.read();          // 崩溃，或错误读取！
    // ...
    file.init();          // 太晚了
    // ...
}
```

用户可能会错误地在 `init` 之前调用 `read`，或者只是忘了调用 `init`。将成员函数 `init` 设为私有，并从所有构造函数中调用它，这样做好一些，但仍不是最佳选择。当一个类的所有构造函数有共同的操作时，请使用委托构造函数。

C.42 如果构造函数无法构造出有效对象，则应抛出异常

根据前面的规则，如果不能构造有效的对象，那就该抛异常。没有太多可补充的东西。如果使用无效的对象，你就总得在使用之前检查对象的状态。这样非常烦琐、低效且容易出错。下面是 Guidelines 里给出的违反了本条规则的例子：

```
class DiskFile {      // 糟糕：构造之后对象处于非法状态
    FILE* f;
    bool valid;
    // ...
public:
    explicit DiskFile(const string& name)
        :f{fopen(name.c_str(), "r")}, valid{false} {
        if (f) valid = true;
        // ...
    }
    bool is_valid() const { return valid; }
    void read();      // 从 f 读取
    // ...
};

int main() {
    DiskFile file {"Heraclides"};
    file.read();      // 崩溃，或错误读取！
    // ...
    if (file.is_valid()) {
        file.read();
        // ...
    }
    else {
        // ... 处理错误 ...
    }
    // ...
}
```

默认构造函数

接下来的两条规则回答了这个问题：一个类什么时候需要默认构造函数，什么时候

不需要默认构造函数？

C.43 确保可拷贝的（值类型）类有默认构造函数

不正式地说，当类的实例缺少有意义的默认值时，该类就不需要默认构造函数。例如，“人”没有有意义的默认值，但是像“银行账户”这样的类型则有。银行账户的初始值可能是零。拥有默认的构造函数，可以使你的类型更容易使用。STL 容器的许多构造函数都要求你的类型有默认构造函数——例如，有序的关联容器（如 `std::map`）里的值。如果类的所有成员都有默认构造函数，编译器会尽可能为你的类生成默认构造函数（更多细节请阅读本章前面的“特殊成员函数之间的依赖关系”）。

现在说说不应该提供默认构造函数的情况。

C.45 不要定义仅初始化数据成员的默认构造函数，而应使用成员初始化器

代码常常胜过千言万语。

```
1 // classMemberInitializerWidget.cpp
2
3 #include <iostream>
4
5 class Widget {
6 public:
7   Widget(): width(640), height(480),
8            frame(false), visible(true) {}
9   explicit Widget(int w): width(w), height(getHeight(w)),
10                          frame(false), visible(true) {}
11   Widget(int w, int h): width(w), height(h),
12                        frame(false), visible(true) {}
13
14   void show() const {
15      std::cout << std::boolalpha << width << "x" << height
16         << ", frame: " << frame
17         << ", visible: " << visible << '\n';
18    }
19 private:
20   int getHeight(int w) { return w*3/4; }
21   int width;
22   int height;
23   bool frame;
24   bool visible;
25 };
26
```

```
27 class WidgetImpro {
28  public:
29    WidgetImpro() = default;
30    explicit WidgetImpro(int w): width(w), height(getHeight(w)) {}
31    WidgetImpro(int w, int h): width(w), height(h) {}
32
33    void show() const {
34        std::cout << std::boolalpha << width << "x" << height
35           << ", frame: " << frame
36           << ", visible: " << visible << '\n';
37    }
38
39  private:
40    int getHeight(int w) { return w * 3 / 4; }
41    int width{640};
42    int height{480};
43    bool frame{false};
44    bool visible{true};
45 };
46
47
48 int main() {
49
50   std::cout << '\n';
51
52   Widget wVGA;
53   Widget wSVGA(800);
54   Widget wHD(1280, 720);
55
56   wVGA.show();
57   wSVGA.show();
58   wHD.show();
59
60   std::cout << '\n';
61
62   WidgetImpro wImproVGA;
63   WidgetImpro wImproSVGA(800);
64   WidgetImpro wImproHD(1280, 720);
65
66   wImproVGA.show();
67   wImproSVGA.show();
68   wImproHD.show();
69
70   std::cout << '\n';
```

```
71
72 }
```

类 `Widget` 仅使用它的三个构造函数（第 7～12 行）来初始化其成员。重构后的 `WidgetImpro` 类直接在类内部初始化其成员（第 41～44 行），参见图 5.4。通过将初始化从构造函数中移进类的主体，三个构造函数（第 29～31 行）变得更容易理解，类也更容易维护。例如，当你在类中添加新成员时，你只需要在类的主体中添加初始化，而不必在所有的构造函数中添加。此外，你也不需要考虑将初始化器按正确的顺序放在构造函数中了。这样，当创建新对象时，也不可能发生对象只是部分初始化的情况了。

当然，这两个对象的行为是相同的。

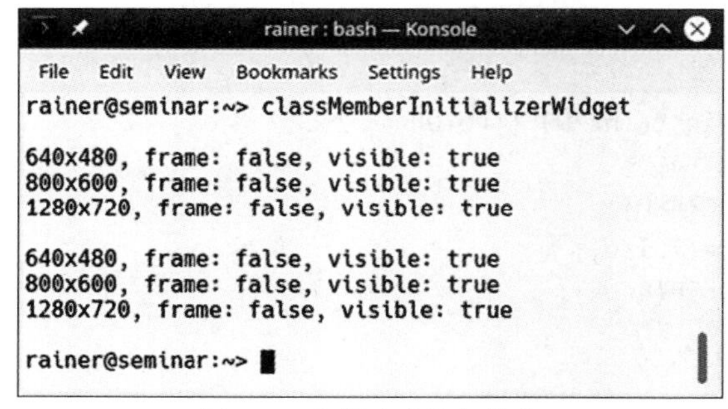

图 5.4　在类内直接初始化

我在设计新类时遵循的方法是，在类的主体中定义默认行为。明确定义的构造函数只用来改变默认行为。

你是否注意到前面那个只有一个参数的构造函数中的关键字 `explicit`？

C.46　默认情况下，把单参数的构造函数声明为 explicit

说得更明确一点，一个没有 `explicit` 的单参数构造函数是个转换构造函数。转换构造函数接受一个参数，并从该参数中生成该类的一个对象。这种行为会让人大吃一惊。

程序 `convertingConstructor.cpp` 使用了用户定义字面量。

```
// convertingConstructor.cpp

#include <iomanip>
#include <iostream>
#include <ostream>

namespace Distance {
  class MyDistance {
    public:
      MyDistance(double d):m(d) {}                         // (5)

      friend MyDistance operator + (const MyDistance& a,   // (2)
```

```
                                    const MyDistance& b) {
          return MyDistance(a.m + b.m);
        }
        friend std::ostream& operator << (std::ostream &out,     // (3)
                                        const MyDistance& myDist) {
          out << myDist.m << " m";
          return out;
        }
      private:
        double m;

    };

    namespace Unit{
      MyDistance operator "" _km(long double d) {                // (1)
        return MyDistance(1000*d);
      }
      MyDistance operator "" _m(long double m) {
        return MyDistance(m);
      }
      MyDistance operator "" _dm(long double d) {
        return MyDistance(d/10);
      }
      MyDistance operator "" _cm(long double c) {
        return MyDistance(c/100);
      }
    }
}

using namespace Distance::Unit;

int main() {

  std:: cout << std::setprecision(7) << "\n";

  std::cout << "1.0_km + 2.0_dm + 3.0_cm: "
            << 1.0_km + 2.0_dm + 3.0_cm << "\n";
  std::cout << "4.2_km + 5.5_dm + 10.0_m + 0.3_cm: "
            << 4.2_km + 5.5 + 10.0_m + 0.3_cm << "\n";           // (4)

  std::cout << "\n";

}
```

像 1.0_km 这样的调用会进入字面量运算符 operator "" _km(long double d) (1),

它会创建一个 `MyDistance(1000.0)` 对象，代表 1000.0 m。此外，`MyDistance` 还重载了 `+` 运算符 (2) 和输出运算符 (3)。用户定义字面量的主要目的是定义一种类型安全的算术，每个数字都带有单位，参见图 5.5。

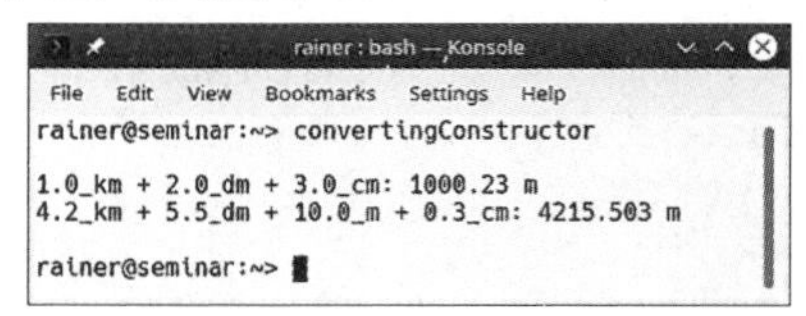

图 **5.5** 转换构造函数

行吗？不！我犯了一个错误，写了 `5.5` (4)，而不是 `5.5_dm`。转换构造函数把它变成了一个 `MyDistance` 对象。本应是分米（dm）的东西最后变成了米（m）。如果构造函数 (5) 被定义为 `explicit`，这种从 `double` 的隐式转换就不会发生了：`explicit MyDistance(double d);`。

成员的初始化

有三条规则讨论成员的初始化。第一条规则可能会让你大吃一惊。

C.47 按照成员声明的顺序定义和初始化成员变量

类成员是按照它们的声明顺序进行初始化的。如果你在成员初始化列表中以不同的顺序初始化它们，你可能会吃上一惊。

```
// memberDeclarationOrder.cpp
#include <iostream>

class Foo {
    int m1;
    int m2;
public:
    Foo(int x) :m2{x}, m1{++x} { // 糟糕：初始化的顺序会让人误解
        std::cout << "m1: " << m1 << '\n';
        std::cout << "m2: " << m2 << '\n';
    }
};

int main() {

    std::cout << '\n';
    Foo foo(1);
    std::cout << '\n';

}
```

许多人认为，首先是 m2 被初始化，然后是 m1。这样，m2 会得到 1，而 m1 会得到 2。

类的成员完全按照它们初始化的相反顺序被销毁（见图 5.6）。

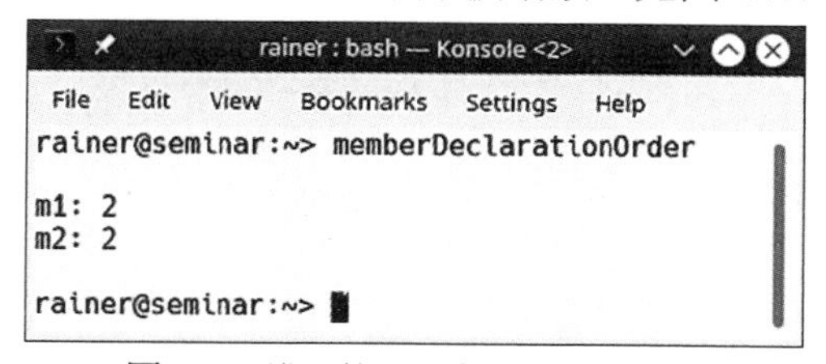

图 5.6　错误的成员变量初始化顺序

C.48　在使用常量来初始化时，优先选择类内初始化器，而不是构造函数的成员初始化

这条规则有点类似于之前的规则“C.45：不要定义仅初始化数据成员的默认构造函数，而应使用成员初始化器”。类内初始化器使你能更容易地定义构造函数。此外，你也不会忘记初始化某个成员了。

```
class X {                           // 不好
    int i;
    string s;
    int j;
public:
    X() :i{666}, s{"qqq"} {}         // j 没有初始化
    explicit X(int ii) :i{ii} {}    // s 是 ""，而 j 没有初始化
    // ...
};

class X2 {
    int i{0};
    std::string s{"qqq"};
    int j{0}
public:
    X2() = default;                  // 所有成员都被初始化成默认值
    explicit X2(int ii) :i{ii} {}   // s 和 j 被初始化为默认值
    // ...
};
```

虽然类内初始化规定了一个对象的默认行为，但构造函数可以改变这一默认行为。

C.49 在构造函数里优先使用初始化而不是赋值

初始化对赋值有两个最明显的优点：首先，你不会因为忘记赋值而使用未初始化的成员；其次，初始化可能更快，并且绝不会比赋值慢。下面的代码片段来自 Guidelines，并说明了原因。

```
class Bad {
    string s1;
public:
    Bad(const std::string& s2) { s1 = s2; }   // 不好：先默认初始化再赋值
    // ...
};
```

首先，std::string 的默认构造函数被调用，然后，构造函数中又进行了一次赋值。反过来，Good 类中的构造函数直接初始化了 std::string。

```
class Good {
    string s1;
public:
    Good(const std::string& s2): s1{s2} {}   // 好：初始化
    // ...
};
```

特殊构造函数

从 C++11 开始，一个构造函数可把它的工作委托给同一个类的另一个构造函数，并且构造函数可从父类继承。这两种技术都允许程序员编写更简洁、更有表达力的代码。

C.51 使用委托构造函数来表示类的所有构造函数的共同动作

一个构造函数可以把它的工作委托给同一个类的另一个构造函数。委托是 C++ 中把所有构造函数的共同动作放到一个构造函数中的现代方式。在 C++11 之前，必须使用一个特殊的初始化函数，它通常被称为 init。

```
class Degree {
 public:
    explicit Degree(int deg) {            // (1)
        degree = deg % 360;
        if (degree < 0) degree += 360;
    }

    Degree(): Degree(0) {}                // (2)
```

```
    explicit Degree(double deg):       // (3)
        Degree(static_cast<int>(std::ceil(deg))) {}

 private:
    int degree;
};
```

Degree 类的构造函数 (2) 和 (3) 将其初始化工作委托给构造函数 (1)，后者验证其参数。注意，递归调用构造函数是未定义行为。

一个简化的实现在类中初始化 Degree，并使用预置的默认构造函数。

```
class Degree {
 public:
    explicit Degree(int deg) {         // (1)
        degree = deg % 360;
        if (degree < 0) degree += 360;
    }

    Degree() = default;                // (2)

    explicit Degree(double deg):       // (3)
        Degree(static_cast<int>(std::ceil(deg))) {}

 private:
    int degree = 0;
};
```

C.52 使用继承构造函数将构造函数导入不需要进一步显式初始化的派生类中

如果可以的话，在派生类中重用基类的构造函数。当派生类没有成员时，这种重用的想法很合适。如果在可重用构造函数时不重用，你就违反了 DRY（不要重复自己）原则。继承的构造函数保留了它们在基类中定义的所有特性，如访问说明符，或属性 explicit 和 constexpr。

```
class Rec {
    // ... 数据和很多漂亮的构造函数 ...
};

class Oper : public Rec {
    using Rec::Rec;
    // ... 没有数据成员 ...
    // ... 很多漂亮的工具函数 ...
};
```

```
struct Rec2 : public Rec {
    int x;
    using Rec::Rec;
};

Rec2 r {"foo", 7};
int val = r.x; // 没有初始化
```

使用继承构造函数时会遇到一个危险。如果你的派生类（如 `Rec2`）有自己的成员，如 `int x`，它们不会被初始化，除非它们有类内初始化器（见“C.48：在使用常量来初始化时，优先选择类内初始化器，而不是构造函数的成员初始化”）。

5.3.3 拷贝和移动

尽管 C++ Core Guidelines 有八条关于拷贝和移动的规则，它们可以归结为三类规则：拷贝和移动赋值操作，拷贝和移动语义，还有臭名昭著的分片问题。

赋值

语法

“C.60：使拷贝赋值非 `virtual`，以 `const&` 传参，并返回非 `const` 的引用”和“C.63：使移动赋值非 `virtual`，以 `&&` 传参，并返回非 `const` 的引用”这两条规则明确说明了拷贝和移动赋值运算符的语法。`std::vector` 遵循建议的语法。下面是一个简化版本：

```
// 拷贝赋值
vector& operator = (const vector& other);

// 移动赋值
vector& operator = (vector&& other);                // C++17 前
vector& operator = (vector&& other) noexcept;       // C++17 起
```

这一小片段代码显示了，移动赋值运算符是 `noexcept`。在 C++17 中，这条规则非常明显——“C.66：使移动操作 `noexcept`”。移动操作包括移动构造函数和移动赋值运算符。一个 `noexcept` 声明的函数对编译器来说是个优化机会。下面的代码片段显示了 `std::vector` 的移动操作的声明。

```
vector(vector&& other) noexcept;                    // C++17 起
vector& operator = (vector&& other) noexcept;       // C++17 起
```

自赋值

“C.62：使拷贝赋值对自赋值安全”和“C.65：使移动赋值对自赋值安全”这两条规

则都涉及自赋值。自赋值安全意味着操作 `x = x` 不应该改变 `x` 的值。

对于 STL 容器、`std::string` 和内置类型，如 `int` 等，拷贝/移动赋值对于自赋值是安全的。自动生成的拷贝/移动赋值运算符对于自赋值也是安全的。使用自赋值安全的类型自动生成的拷贝/移动赋值运算符也是如此。

下面的类 `Foo` 行为正确，自赋值是安全的。

```
class Foo {
  std::string s;
  int i;
 public:
  Foo& Foo::operator = (const Foo& a) {
    s = a.s;
    i = a.i;
    return *this;
  }
  Foo& Foo::operator = (Foo&& a) noexcept {
    s = std::move(a.s);
    i = a.i;
    return *this;
  }
  // ....
};
```

这种情况下，任何多余、高开销的自赋值检查都会不必要地让性能变差。

```
class Foo {
  std::string s;
  int i;
 public:
  Foo& Foo::operator = (const Foo& a) {
    if (this == &a) return *this;     // 多余的自赋值检查
    s = a.s;
    i = a.i;
    return *this;
  }
  Foo& Foo::operator = (Foo&& a) noexcept {
    if (this == &a) return *this;     // 多余的自赋值检查
    s = std::move(a.s);
    i = a.i;
    return *this;
  }
  // ....
};
```

语义

本节的两条规则听起来很明显："C.61：拷贝操作应该进行拷贝"和"C.64：移动操作应该进行移动，并使源对象处于有效状态"。那是什么意思呢？

- 拷贝操作

  在拷贝之后（a = b），a 和 b 必须相同（a == b）。

  拷贝可深可浅。深拷贝意味着对象 a 和 b 之后是相互独立的（值语义）。

  浅拷贝意味着对象 a 和 b 之后共享一个对象（引用语义）。

- 移动操作

  C++ 标准要求被移动的对象之后必须处于一个未指定但有效的状态。通常情况下，这个被移动的状态是移动操作源对象的默认状态。

C.67 多态类应当抑制公开的拷贝/移动操作[1]

这条规则听起来无伤大雅，但往往是未定义行为的起因。首先，什么是多态类？

多态类是定义或继承了至少一个虚函数的类。

拷贝一个多态类的操作可能会以切片而告终。切片是 C++ 中最黑暗的部分之一。

切片

切片意味着你想在赋值或初始化过程中拷贝一个对象，但你只得到该对象的一部分。让我给出一个简单的例子：

```
// slice.cpp

struct Base {
  int base{1998};
};

struct Derived : Base {
  int derived{2011};
};

void needB(Base b) {
  // ...
};

int main() {

  Derived d;
```

1 译者注：本条款已参照最新的 C++ Core Guidelines 修改，因为作者写作时"多态类应当抑制拷贝操作"这个条款问题较大。

```
  Base b = d;          // (1)
  Base b2(d);          // (2)
  needB(d);            // (3)

}
```

表达式 (1)、(2)、(3) 效果都相同：`d` 的 `Derived` 部分被删掉了。我想这不是你的意图吧。

现在，它已经十分危险了。当你拷贝一个多态类时，切片就会发生。

```
 1 // sliceVirtuality.cpp
 2 
 3 #include <iostream>
 4 #include <string>
 5 
 6 struct Base {
 7     virtual std::string getName() const {
 8         return "Base";
 9     }
10 };
11 
12 struct Derived : Base {
13     std::string getName() const override {
14         return "Derived";
15     }
16 };
17 
18 int main() {
19 
20     std::cout << '\n';
21 
22     Base b;
23     std::cout << "b.getName(): " << b.getName() << '\n';
24 
25     Derived d;
26     std::cout << "d.getName(): " << d.getName() << '\n';
27 
28     Base b1 = d;
29     std::cout << "b1.getName():  " << b1.getName() << '\n';
30 
31     Base& b2 = d;
32     std::cout << "b2.getName():  " << b2.getName() << '\n';
33 
34     Base* b3 = new Derived;
```

```
35     std::cout << "b3->getName(): " << b3->getName() << '\n';
36
37     std::cout << '\n';
38
39 }
```

该程序有一个由 Base 和 Derived 类组成的小层次结构。这个类层次结构的每个对象都返回它的名字。成员 getName 是虚函数（第 7 行），Derived 类在第 13 行覆盖了它。类 Base 是一个多态类，这意味着可以通过引用（第 31 行）或指向基类对象的指针（第 34 行）使用派生对象来获得多态行为。在底层，该对象仍是 Derived 类型。

如果我把 Derived 对象 d 拷贝到 Base 对象 b1（第 28 行），这种行为就不成立了。这种情况下，切片发生作用，我在底下得到一个 Base 对象，参见图 5.7。在拷贝的情况下，编译器使用了声明的类型，即静态类型。如果你使用了间接手段，如引用或指针，那么当前类型，即动态类型，会被使用。

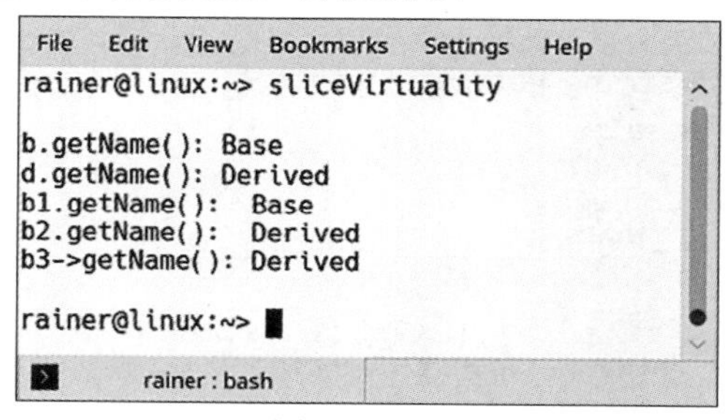

图 5.7　切片

如果你想进行深拷贝，最好使用虚 clone 函数。如果类里有数据成员的话，把拷贝/移动操作设为 protected；如果没有的话，可以直接用 =delete 删除拷贝/移动操作。请在“C.130：若要对多态类进行深拷贝，应使用虚函数 clone，而不是公开的拷贝构造/赋值”这一规则里阅读这一技巧的细节。

5.3.4　析构函数

我的类需要析构函数吗？我经常听到这个问题。大多数时候，答案是否定的，你用零法则就可以了。有时答案是肯定的，我们又回到了五/六法则。更准确地说，C++ Core Guidelines 为析构函数提供了七条规则。它们分为四类：何时需要析构函数，析构函数应如何处理指针和引用，基类析构函数应如何定义，以及为什么析构函数不应失败。

对析构函数的需要

对象的析构函数会在其生存期结束时被自动调用。更准确地说，对象的析构函数是在对象超出作用域时调用的。

C.30 如果一个类在对象销毁时需要明确的动作，那就定义析构函数

问题在于，在你的情况下，编译器生成的析构函数是否已经够用。如果必须在用户定义类型的生存期结束时执行额外的代码，就必须写析构函数。举例来说，你的用户定义类型想从某注册机制中注销。如果你定义了析构函数，五/六法则就会生效。

反过来说，如果类中没有成员需要额外的清理，就没必要定义析构函数，如下面来自 Guidelines 的代码片段：

```
class Foo {   // 不好；应该用默认的析构函数
public:
    // ...
    ~Foo() { s = ""; i = 0; vi.clear(); }  // 清理
private:
    string s;
    int i;
    vector<int> vi;
};
```

C.31 类获得的所有资源都必须在该类的析构函数中释放

这条规则听起来很明显，有助于防止资源泄漏。是不是？但是，必须考虑哪些类成员支持所有的默认操作。现在我们又一次回到了零法则或五/六法则。

在下面的例子中，虽然 `std::ifstream` 类有析构函数，但 `File*` 指针可没有，因此，如果 `MyClass` 的实例超出了作用域，我们就会出现内存泄漏。

```
class MyClass {
    std::ifstream fstream;        // 可能持有文件
    File* file_;                  // 可能持有文件
    ...
};
```

指针和引用

如果你的类有原始指针或引用，则必须回答一个关键问题：谁是所有者？

C.32 如果类里有原始指针（T*）或引用（T&），请考虑它是否有所有权

如果一个类有原始指针或引用，你必须明确所有权问题，因为指针既可以表示所有权，也可以表示借用。如果所有权不明确，你可能会删除你不拥有的一个对象的指针，

也可能会漏删你拥有的一个指针。在第一种情况下，由于双重删除，你会有未定义的行为；在第二种情况下，你会面临内存泄漏。相应的推理也适用于并发环境里的引用。

本主题已经在关于函数参数所有权语义的章节中得到了彻底的回答。请阅读第 4 章中“参数传递：所有权语义”一节中的详细内容。

C.33 如果类有具有所有权的指针成员，请定义析构函数

这条规则的原因很简单：如果类拥有一个对象，它就要负责销毁它。销毁是析构函数的工作。

诚然，对于一个拥有指针成员的类，还有很多东西要写。但你首先应该回答以下问题：该类是该指针的唯一所有者吗？答案可以是肯定的，也可以是否定的。要让类成为独占所有者，就要把指针放到 std::unique_ptr 里。否则，应把指针放进 std::shared_ptr，使该类成为共享所有者。将抽象级别从指针提高到智能指针，可以使所有权语义透明化，而且不容易出错。

与指针相比，智能指针的优势是什么？首先，智能指针的寿命由 C++ 运行时自动管理。其次，std::shared_ptr 支持六大特殊成员函数。这意味着若在一个类中使用 std::shared_ptr，并不会对该类施加任何限制。而反过来，若在类的定义中使用 std::unique_ptr，则会禁用拷贝语义。

```
// classWithUniquePtr.cpp
#include <memory>

struct MyClass {
    std::unique_ptr<int> uniPtr = std::make_unique<int>(2011);
};

int main() {

    MyClass myClass;
    MyClass myClass2(myClass);
    MyClass myClass3;
    myClass3 = myClass;

}
```

因为有 std::unique_ptr，MyClass 类型的对象不能被拷贝。拷贝构造函数（MyClass myClass2(myClass)）和拷贝赋值运算符（myClass3 = myClass）都无效，参见图 5.8。

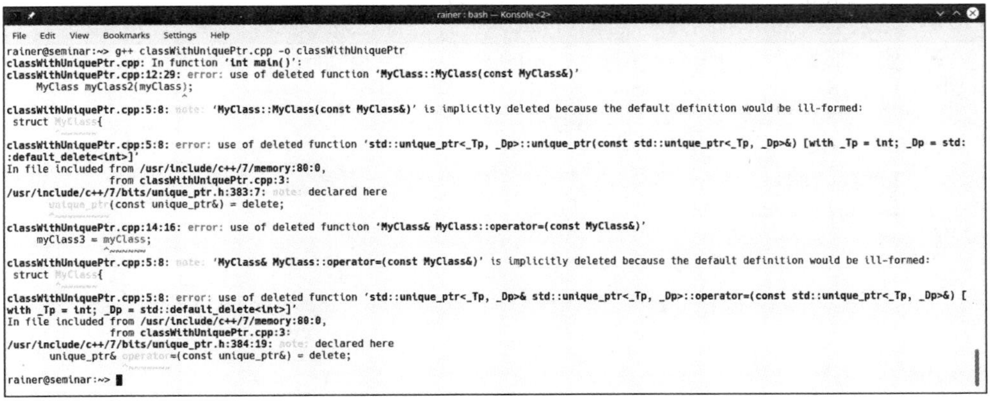

```
rainer@seminar:~> g++ classWithUniquePtr.cpp -o classWithUniquePtr
classWithUniquePtr.cpp: In function 'int main()':
classWithUniquePtr.cpp:12:29: error: use of deleted function 'MyClass::MyClass(const MyClass&)'
     MyClass myClass2(myClass);
                             ^
classWithUniquePtr.cpp:5:8: note: 'MyClass::MyClass(const MyClass&)' is implicitly deleted because the default definition would be ill-formed:
 struct MyClass{
        ^~~~~~~
classWithUniquePtr.cpp:5:8: error: use of deleted function 'std::unique_ptr<_Tp, _Dp>::unique_ptr(const std::unique_ptr<_Tp, _Dp>&) [with _Tp = int; _Dp = std:
:default_delete<int>]'
In file included from /usr/include/c++/7/memory:80:0,
                 from classWithUniquePtr.cpp:3:
/usr/include/c++/7/bits/unique_ptr.h:383:7: note: declared here
       unique_ptr(const unique_ptr&) = delete;
       ^~~~~~~~~~
classWithUniquePtr.cpp:14:16: error: use of deleted function 'MyClass& MyClass::operator=(const MyClass&)'
     myClass3 = myClass;
                ^~~~~~~
classWithUniquePtr.cpp:5:8: note: 'MyClass& MyClass::operator=(const MyClass&)' is implicitly deleted because the default definition would be ill-formed:
 struct MyClass{
        ^~~~~~~
classWithUniquePtr.cpp:5:8: error: use of deleted function 'std::unique_ptr<_Tp, _Dp>& std::unique_ptr<_Tp, _Dp>::operator=(const std::unique_ptr<_Tp, _Dp>&) [
with _Tp = int; _Dp = std::default_delete<int>]'
In file included from /usr/include/c++/7/memory:80:0,
                 from classWithUniquePtr.cpp:3:
/usr/include/c++/7/bits/unique_ptr.h:384:19: note: declared here
       unique_ptr& operator=(const unique_ptr&) = delete;
                   ^~~~~~~~
rainer@seminar:~>
```

图 5.8　一个带有 `std::unique_ptr` 的类

C.35　基类的析构函数应该要么是 public 且 virtual，要么是 protected 且非 virtual

从虚函数的角度来看，这一规则非常有趣。让我们把它分成两部分。

- **公开的虚析构函数**

如果基类有 `public` 且 `virtual` 的析构函数，你可以通过基类的指针来销毁派生类的实例。引用也是如此。

```
struct Base { // 没有虚析构函数
    virtual void f() {}
};

struct Derived : Base {
    std::string s {"a resource needing cleanup"};
    ~Derived() { /* ... 进行清理 ... */ }
};

...

Base* b = new Derived();
delete b;
```

编译器为 `Base` 生成了非虚析构函数，但是如果 `Base` 的析构函数不是虚函数，那么通过 `Base` 的指针删除 `Derived` 的实例就是未定义行为。

- **受保护的非虚析构函数**

这很容易理解。如果基类的析构函数是 `protected`，你就不能用基类的指针或引用来销毁派生对象；因此，析构函数不需要声明为 `virtual`。

下面是关于基类的析构函数的访问说明符的一些总结性意见：

- 如果基类的析构函数私有（private），你就无法从该类派生。
- 如果基类的析构函数受保护（protected），那么你能从该类派生出子类，然后只能使用子类。

```
struct Base {
    protected:
    ~Base() = default;
};

struct Derived: Base {};

int main() {
    Base b;   // 错误：Base::~Base 在当前上下文里受保护
    Derived d;
}
```

声明 `Base b;` 会产生错误，因为 `Base` 的析构函数不可访问。

失败的析构函数

有两条规则涉及失败的析构函数问题：“C.36：析构函数不能失败”和“C.37：使析构函数 `noexcept`”。

对“C.37：使析构函数 noexcept”的澄清

该规则的措辞有误导性。对于一个自定义的 `MyType` 类型，用户定义或隐式生成的析构函数默认为 `noexcept`。如果 `MyType` 的某个成员或基类拥有无 `noexcept` 保证的析构函数，则 `MyType` 的析构函数也没有 `noexcept` 保证。因此，如果你不确定是否所有的成员都有 `noexcept` 的析构函数，那么请把你的析构函数声明为 `noexcept`。

我想我应该对 `noexcept` 再补充一些说明。

noexcept

如果你把一个函数 `func`（比如析构函数）声明为 `noexcept`，那么 `func` 中抛出的异常就会调用 `std::terminate`。`std::terminate` 调用当前安装的 `std::terminate_handler`，默认为 `std::abort`，然后你的程序将会中止。通过声明函数 `void func() noexcept;` 加上 `noexcept`，你表达了：

- 我的函数不抛出任何异常。
- 如果我的函数抛出了异常，那么可以让程序中止。

应该明确地将析构函数声明为 `noexcept`，其原因很明显。如果析构函数可能失败，就没有一般的方法来编写无错误的代码。如果一个类的所有成员都有 `noexcept` 的析构函数，那么用户定义的或编译器生成的析构函数就隐含了 `noexcept`。

其他默认操作

其余与构造函数、赋值及析构函数有关的规则有更广泛的关注面。它们包括什么时候应该明确地使用 =default 和 =delete，以及为什么不应该从构造函数和析构函数中调用虚函数。其余的规则使规范类型的描述变得完整。首先是 swap 函数（swap(X&, X&)）的规则，然后是相等运算符（operator == (const X&)）。

对 =default 和 =delete 的明确使用

C.80　如果你需要明确使用默认语义，则使用 =default

你还记得"五法则"吗？它的意思是，如果你定义了五个特殊成员函数中的任何之一，你就必须把它们全都定义一下。这五个特殊成员函数是除默认构造函数外的其他所有特殊成员函数。

当定义析构函数时，比如在下面的例子中，必须定义拷贝和移动构造函数以及拷贝和移动赋值运算符。最简单的方法是通过 =default 来请求其余四个特殊成员函数。

```
class Tracer {
    std::string message;
 public:
    explicit Tracer(const std::string& m) : message{m} {
        std::cerr << "entering " << message << '\n';
    }
    ~Tracer() { std::cerr << "exiting " << message << '\n'; }

    Tracer(const Tracer&) = default;
    Tracer& operator = (const Tracer&) = default;
    Tracer(Tracer&&) = default;
    Tracer& operator = (Tracer&&) = default;
};
```

这很容易！对吗？提供自己的实现的做法很无聊，而且很容易出错。例如，在下面的例子中，用户定义的移动构造函数和移动赋值运算符就没有声明 noexcept。

```
class Tracer {
    std::string message;
 public:
    explicit Tracer(const std::string& m) : message{m} {
        std::cerr << "entering " << message << '\n';
    }
    ~Tracer() { std::cerr << "exiting " << message << '\n'; }

    Tracer(const Tracer& a) : message{a.message} {}
```

```
    Tracer& operator = (const Tracer& a) {
        message = a.message; return *this;
    }
    Tracer(Tracer&& a) : message{std::move(a.message)} {}
    Tracer& operator = (Tracer&& a) {
        message = std::move(a.message); return *this;
    }
};
```

C.81 当想要禁用默认行为（且不需要替代方法）时使用 =delete

有时，你想禁用默认操作。这时候，=delete 就发挥作用了。C++ 做到了“吃自家的狗粮”。几乎所有来自线程 API 的类型的拷贝构造函数都被设置为 delete。mutex（互斥量）、lock（锁）或 future（期值）等数据类型都是如此。

可以使用 delete 来创建奇怪的类型。下面，Immortal 的实例不能被析构。

```
// immortal.cpp

class Immortal {
public:
    ~Immortal() = delete;    // 不允许析构
};

int main() {
    Immortal im;              // (1)
    Immortal* pIm = new Immortal;

    delete pIm;               // (2)
}
```

对析构函数 (1) 的隐式调用或对析构函数 (2) 的显式调用都会导致编译期错误，参见图 5.9。

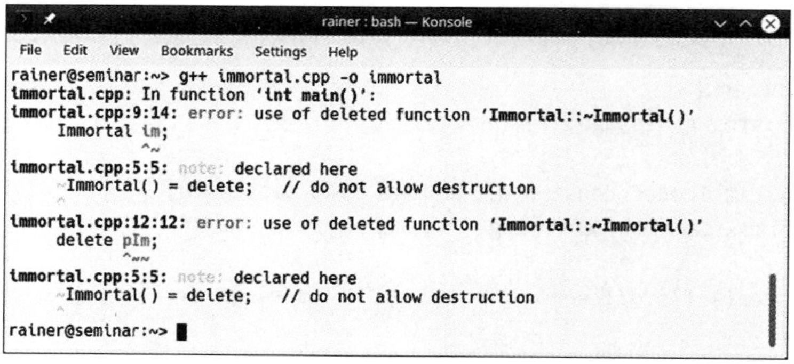

```
rainer@seminar:~> g++ immortal.cpp -o immortal
immortal.cpp: In function 'int main()':
immortal.cpp:9:14: error: use of deleted function 'Immortal::~Immortal()'
     Immortal im;
              ^~
immortal.cpp:5:5: note: declared here
     ~Immortal() = delete;   // do not allow destruction
     ^
immortal.cpp:12:12: error: use of deleted function 'Immortal::~Immortal()'
     delete pIm;
            ^~~
immortal.cpp:5:5: note: declared here
     ~Immortal() = delete;   // do not allow destruction
     ^
rainer@seminar:~>
```

图 5.9　delete 析构函数

C.82 不要在构造函数和析构函数中调用虚函数

从构造函数或析构函数中调用纯虚函数是未定义行为。从构造函数或析构函数中调用虚函数的行为不会像你期望的那样起作用。出于保护的原因，虚调用机制在构造函数或析构函数中被禁用，因而你会得到非虚的调用。

所以，在下面的例子中，虚函数 `f` 的 `Base` 版本将被调用。

```
// virtualCall.cpp

#include <iostream>

struct Base {
    Base() {
        f();
    }
    virtual void f() {
        std::cout << "Base called" << '\n';
    }
};

struct Derived: Base {
    void f() override {
        std::cout << "Derived called" << '\n';
    }
};

int main() {

    std::cout << '\n';

    Derived d;

    std::cout << '\n';

}
```

图 5.10 展示了这一令人惊讶的行为。

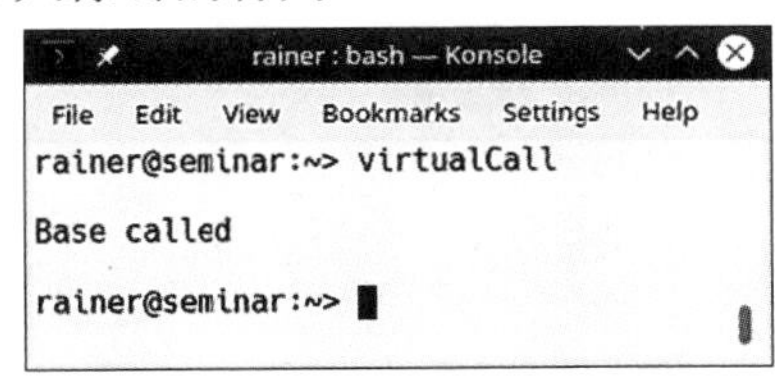

图 5.10　在构造函数中调用虚函数

swap 函数

一个类型要成为规范类型的话，就必须支持 swap（交换）函数。规范类型的一个不那么正式的叫法是“类值”类型，这就是第一条规则使用的措辞——“C.83：对于类值类型，考虑提供一个 noexcept 的交换函数”。根据第一条规则，swap 不应该失败（“C.84：swap 不可失败”），因此，应该被声明为 noexcept（“C.85：让 swap 函数 noexcept”）。

C++ Core Guidelines 中的数据类型 Foo 有 swap 函数。

```
class Foo {
public:
    void swap(Foo& rhs) noexcept
    {
        m1.swap(rhs.m1);
        std::swap(m2, rhs.m2);
    }
private:
    Bar m1;
    int m2;
};
```

为了方便起见，应考虑在已实现的 swap 成员函数的基础上支持非成员的 swap 函数。

```
void swap(Foo& a, Foo& b) noexcept {
    a.swap(b);
}
```

如果你不提供非成员的 swap 函数，那么需要交换的标准库算法（如 std::sort 和 std::rotate）将退回到 std::swap 模板，它是用移动构造和移动赋值来定义的。

```
template<typename T>
void std::swap(T& a, T& b) noexcept {
    T tmp(std::move(a));
    a = std::move(b);
    b = std::move(tmp);
}
```

C++ 标准里提供的 std::swap 的重载超过了 40 个。你可以将 swap 函数用作很多惯用法的构建基础，如拷贝赋值或移动赋值。swap 函数不应该失败；因此，你应该把它声明为 noexcept。

拷贝并交换惯用法

如果你使用拷贝并交换惯用法来实现拷贝赋值和移动赋值运算符，就必须定义你自己的 swap 函数——作为成员函数或者作为友元函数。我在 Cont 类中添加了 swap 函数，并在拷贝赋值和移动赋值运算符中进行使用。

```
class Cont {
public:
    // ...
    Cont& operator = (const Cont& rhs);
    Cont& operator = (Cont&& rhs) noexcept;
    friend void swap(Cont& lhs, Cont& rhs) noexcept {
        swap(lhs.size, rhs.size);
        swap(lhs.pdata, rhs.pdata);
    }
private:
    int* pData;
    std::size_t size;
};

Cont& Cont::operator = (const Cont& rhs) {
    Cont tmp(rhs);
    swap(*this, tmp);
    return *this;
}

Cont& Cont::operator = (Cont&& rhs) {
    Cont tmp(std::move(rhs));
    swap(*this, tmp);
    return *this;
}
```

这两个赋值运算符都对源对象做了一个临时拷贝 tmp，然后对其进行 swap。

当 swap 函数基于拷贝语义而不是移动语义时，它可能会因为内存耗尽而失败。下面的实现与已经提到的规则“C.84: swap 不可失败”相矛盾。这是 std::swap 在 C++98 里的实现。

```
template<typename T>
void std::swap(T& a, T& b) {
    T tmp = a;
    a = b;
    b = tmp;
}
```

这种情况下，内存耗尽会导致 std::bad_alloc 异常。

相等运算符

要成为规范类型，数据类型还必须支持相等运算符。

C.86 使 == 对操作数的类型对称，并使其 noexcept

如果你不想让用户吃惊，就应该让相等运算符对称。
下面的代码片段显示了一个不直观的相等运算符，它被定义在类内部。

```
class MyInt {          // 不好：不对称的 ==
  int num;
public:
  MyInt(int n): num(n) {};
  bool operator == (const MyInt& rhs) const noexcept {
    return num == rhs.num;
  }
};

int main() {
  MyInt(5) == 5;       // 可以
  5 == MyInt(5);       // 出错
}
```

调用 MyInt(5) == 5 是有效的，因为构造函数将 int 转换为 MyInt 的实例。最后一行（5 == MyInt(5)）会报错。一个 int 类型的对象不能与一个 MyInt 对象进行比较，也不存在可以从 MyInt 到 int 的转换。

解决这种不对称性的优雅方法是在 MyInt 类中声明一个友元运算符 ==。下面是 MyInt 的改进版本。

```
class MyInt {
  int num;
public:
  MyInt(int n): num(n) {};
  friend bool operator == (const MyInt& lhs, const MyInt& rhs) noexcept {
    return lhs.num == rhs.num;
  }
};

int main() {
  MyInt(5) == 5;       // 可以
  5 == MyInt(5);       // 可以
}
```

如果你仔细阅读了本书，你可能还记得，带一个参数的构造函数应该是显式的（“C.46：默认情况下，把单参数的构造函数声明为 explicit”）。老实说，你是对的。

```
class MyInt {
  int num;
public:
  explicit MyInt(int n): num(n) {};
  friend bool operator == (const MyInt& lhs, const MyInt& rhs) noexcept {
    return lhs.num == rhs.num;
  }
};

int main() {
  MyInt(5) == 5;     // 出错
  5 == MyInt(5);     // 出错
}
```

若将构造函数声明为 explicit，会破坏从 int 到 MyInt 的隐式转换。可通过提供两个额外的重载来解决这个问题。其中一个重载将 int 作为左参数，另一个将 int 作为右参数。

```
// equalityOperator.cpp

class MyInt {
  int num;
public:
  explicit MyInt(int n): num(n) {};
  friend bool operator==(const MyInt& lhs, const MyInt& rhs) noexcept {
    return lhs.num == rhs.num;
  }
  friend bool operator==(int lhs, const MyInt& rhs) noexcept {
    return lhs == rhs.num;
  }
  friend bool operator==(const MyInt& lhs, int rhs) noexcept {
    return lhs.num == rhs;
  }
};

int main() {
  MyInt(5) == 5;     // 可以
  5 == MyInt(5);     // 可以
}
```

相等运算符还有让人吃惊的地方。

C.87 当心基类上的 ==

要为一个类层次结构写出一个万无一失的相等运算符，将非常困难。Guidelines 给出了一个很好的例子来说明其中的复杂性。类层次是这样子的。

```
// equalityOperatorHierarchy.cpp

#include <string>

struct Base {
    std::string name;
    int number;
    virtual bool operator == (const Base& a) const {
        return name == a.name && number == a.number;
    }
};

struct Derived: Base {
    char character;
    virtual bool operator == (const Derived& a) const {
        return name == a.name &&
               number == a.number &&
               character == a.character;
    }
};

int main() {

    Base b;
    Base& base = b;
    Derived d;
    Derived& derived = d;

    base == derived;          // 比较 name 和 number，但               (1)
                              // 忽略了 derived 的 character
    derived == base;          // 错误：没有定义 ==                    (2)
    Derived derived2;
    derived == derived2;      // 比较 name、number 和 character
    Base& base2 = derived2;
    base2 == derived;         // 比较 name 和 number，但               (3)
                              // 忽略了 derived2 和 derived 的 character

}
```

比较 Base 的实例或 Derived 的实例是可行的。但是，混合 Base 和 Derived 的实例并不像预期的那样工作。使用 Base 的 == 运算符忽略了 Derived 里的 character (1)。使用 Derived 的运算符对 Base 的实例不起作用 (2)。这一行会导致编译错误。最后一行 (3) 相当棘手，它使用了 Base 的相等运算符。为什么？Derived 的 == 运算符应该覆盖了 Base 的 == 运算符。不是这样！这两个运算符的签名不同。一个运算符需要 Base 的一个实例，另一个运算符需要 Derived 的一个实例。Derived 的版本并没有覆盖 Base 的版本。

这些结果也适用于其他五个比较运算符：`!=`、`<`、`<=`、`>` 和 `>=`。这种错误行为是切片问题的另一个方面——“C.67：多态类应当抑制公开的拷贝/移动操作”。

5.4 类层次结构

C++ Core Guidelines 中共有大约 30 条规则涉及类的层次结构。

但首先，什么是类的层次结构？C++ Core Guidelines 给出了明确的答案。让我重新表述一下。一个类的层次结构代表了一组分层组织的概念。基类通常有两种用途。一种通常被称为接口继承，另一种是实现继承。

接口继承使用公共继承。它把用户和实现分开，允许派生类增加或改变基类的功能而不影响基类的用户。

例如，如果你从 Ball（球）类公共派生出 Handball（手球）类，那么可以使用 Handball 来代替 Ball。一个 Handball 也是一个 Ball。这一原则被称为 Liskov 替换原则。

实现继承经常使用私有继承。在典型情况下，派生类通过调整基类的功能来提供其功能。

实现继承的一个突出例子是适配器模式，因为你可以用多重继承来实现。适配器模式的想法是将现有的接口改编成一个新的接口。适配器使用了对实现的私有继承和对新接口的公共继承。新的接口使用现有的实现来为用户提供服务。

类层次结构的前三条规则的重点在一般性上。它们为设计类以及访问类层次中的对象的更详细的规则提供了一种概要说明。

5.4.1 一般性规则

开端的规则描述了何时使用类的层次结构，并介绍了抽象类的概念。

C.120 （仅）使用类的层次结构来表达具有内在层次结构的概念

这一规则使软件系统变得直观而容易理解。如果你在代码中建模的东西具有内在的层次结构，那就应该使用层次结构。很多情况下，如果你的代码和世界能够自然匹配的话，那就可以非常容易地对代码进行理解和推演了。

举例来说，作为软件架构师，你需要为复杂的系统建模，如除颤器。这个系统由许多子系统组成，假设其中一个子系统是用户界面。除颤器的要求是，不同的输入设备，像键盘、触摸屏或按钮，都可以作为用户界面来使用。这个由用户界面之类的各种子系统组成的系统，本质上就是分层的，因此，应该分层建模。这样做的最大的好处是，现在这个复杂的系统很容易以自上而下的方式来进行解释，因为真实的硬件和软件之间存在着自然的匹配。

当然，使用层次结构的经典例子在图形用户界面（GUI）的设计中。下面是 C++ Core Guidelines 里使用的例子。

```
class DrawableUIElement {
public:
    virtual void render() const = 0;
// ...
};

class AbstractButton : public DrawableUIElement {
public:
    virtual void onClick() = 0;
// ...
};

class PushButton : public AbstractButton {
    void render() const override;
    void onClick() override;
// ...
};

class Checkbox : public AbstractButton {
// ...
};
```

如果某样东西本质上不是分层的，你就不应以分层的方式对其进行建模。请看这里。

```
template<typename T>
class Container {
public:
    // list 的操作：
    virtual T& get() = 0;
    virtual void put(T&) = 0;
    virtual void insert(Position) = 0;
    // ...
    // vector 的操作：
    virtual T& operator[](int) = 0;
    virtual void sort() = 0;
```

```
    // ...
    // 树的操作:
    virtual void balance() = 0;
    // ...
};
```

为什么这个例子里的代码很糟糕？请看一下注释！类模板 Container 由一堆纯虚函数组成，用于效仿 list、vector 和树。这意味着如果你以 Container 作为接口，就必须实现三个不相干的概念。

接口隔离原则

类模板 Container 打破了接口隔离原则（interface segregation principle，ISP），这一术语是由软件工程师兼讲师 Robert C. Martin（俗称为“Bob 大叔”）创造的。接口隔离原则指出，任何客户端（如派生类）都不应该被迫依赖于它不使用的成员函数。在类模板 Container 这个具体案例中，每个实现接口的类都必须实现所有的抽象方法。

接口隔离原则将那些太大、由太多成员函数组成的接口分割成更小、更具体的接口。

C.121 如果基类被当作接口使用，那就把它变成抽象类

抽象类是至少有一个纯虚函数的类。纯虚函数（virtual void function() = 0）是必须由派生类实现的函数（除非派生类也是抽象类）。一个抽象类不能被实例化。

为了完整起见，我想补充一下：抽象类可为纯虚函数提供一个实现。这样，派生类也可以使用这个实现。

接口通常应该由公共的纯虚函数组成，没有数据成员，并且有默认/空的虚析构函数（virtual ~My_interface() = default）。

C.122 当需要完全分离接口和实现时，以抽象类作为接口

抽象类的目的就是分离接口和实现。如果类的客户（比如某个应用程序）只依赖于接口 Device，它就可以在运行时使用不同的实现。此外，对实现的修改不一定会影响接口，因而也可以不影响应用程序。

```
struct Device {
    virtual ~Device() = default;
    virtual void write(span<const char> outbuf) = 0;
    virtual void read(span<char> inbuf) = 0;
};

class Mouse : public Device {
// ... 数据 ...
    void write(span<const char> outbuf) override;
```

```
    void read(span<char> inbuf) override;
};

class TouchScreen : public Device {
// ... 不同的数据 ...
    void write(span<const char> outbuf) override;
    void read(span<char> inbuf) override;
};
```

5.4.2 类的设计

设计类的 12 条规则针对以下主题：抽象类的构造函数、虚函数、数据成员的访问说明符、多重继承和典型陷阱。

C.126 抽象类通常不需要构造函数

让我把已经提到的规则“C.2：当类具有不变式时使用 `class`；如果数据成员可以独立变化，则使用 `struct`”和“C.41：构造函数应当创建完全初始化的对象”结合起来，以获得实际的规则。不变式是必须由构造函数建立的类的数据成员的条件。反过来，抽象基类没有任何数据，因此不需要声明构造函数。

虚函数

在设计类的层次结构时，应该牢记虚函数的一些规则。

C.128 虚函数应该指定 virtual、override 或 final 三者之一

从 C++11 开始，我们有三个关键字来控制覆盖。

- **virtual**：声明虚函数会在派生类中被覆盖。
- **override**：证实函数是虚函数，并覆盖基类里的虚函数。
- **final**：证实函数是虚函数，且不能再被派生类中的成员函数所覆盖。

根据 Guidelines，这三个关键词的使用规则很简单：“只在声明一个新的虚函数时使用 `virtual`。只在声明一个覆盖函数时使用 `override`。只在声明最终覆盖函数时使用 `final`。”

```
struct Base{
    virtual void testGood() {}
    virtual void testBad() {}
};

struct Derived: Base{
```

```
    void testGood() final {}
    virtual void testBad() final override {}
};

int main() {
    Derived d;
}
```

Derived 类中的成员函数 testBad() 提供了很多冗余的信息。

- 只有在函数已经是虚函数时，你才应该使用 final 或 override。所以不要写 virtual：void testBad() final override {}。
- 只有在函数已经是虚函数时，才能有效使用没有 virtual 关键字的 final。因此，该函数必须覆盖基类的一个虚函数。所以不要写 override：void testBad() final {}。

C.130 若要对多态类进行深拷贝，应使用虚函数 clone，而不是公开的拷贝构造/赋值[1]

这一规则是“C.67：多态类应当抑制公开的拷贝/移动操作”的延续。规则 C.67 明确指出，拷贝一个多态类可能会导致切片问题。为了解决这个问题，应覆盖一个虚 clone 函数，让它根据实际类型进行复制并返回一个到新对象的有所有权的指针（std::unique_ptr）。在派生类里，通过使用所谓的协变返回类型来返回派生类型。

协变返回类型：允许覆盖成员函数返回被覆盖成员函数的返回类型的派生类型。

让我用一个例子来说明这个建议。

```
// cloneFunction.cpp
#include <iostream>
#include <memory>
#include <string>

struct Base { // 好：基类抑制了公开拷贝
    Base() = default;
    virtual ~Base() = default;
    virtual std::unique_ptr<Base> clone() {
        return std::unique_ptr<Base>{new Base(*this)};
    }
    virtual std::string getName() const { return "Base"; }
protected:
    Base(const Base&) = default;
    Base& operator=(const Base&) = default;
};
```

1 译者注：跟 C.67 类似，本条款已根据最新的 C++ Core Guidelines 进行更新。

```
struct Derived : public Base {
    Derived() = default;
    std::unique_ptr<Base> clone() override {
        return std::unique_ptr<Derived>{new Derived(*this)};
    }
    std::string getName() const override { return "Derived"; }
protected:
    Derived(const Derived&) = default;
    Derived& operator=(const Derived&) = default;
};

int main() {

    std::cout << '\n';

    auto base1 = std::make_unique<Base>();
    auto base2 = base1->clone();
    std::cout << "base1->getName(): " << base1->getName() << '\n';
    std::cout << "base2->getName(): " << base2->getName() << '\n';

    auto derived1 = std::make_unique<Derived>();
    auto derived2 = derived1->clone();
    std::cout << "derived1->getName(): " << derived1->getName() << '\n';
    std::cout << "derived2->getName(): " << derived2->getName() << '\n';

    std::cout << '\n';

}
```

`clone` 成员函数以 `std::unique_ptr` 的形式返回新创建的对象。因此，新创建的对象的所有权归调用者。现在虚派发就和预期一样地发生了，参见图 5.11。

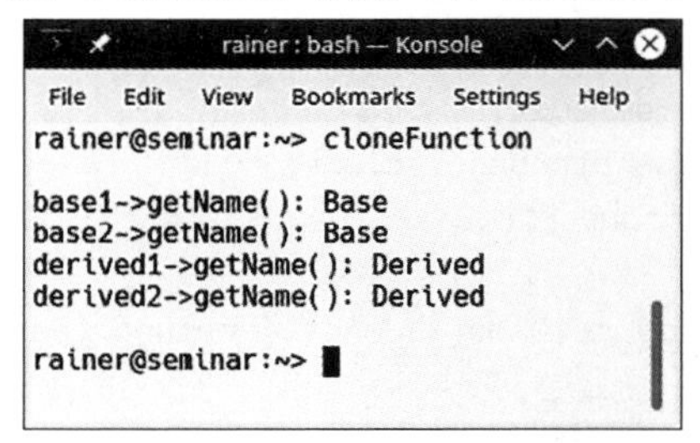

图 5.11　虚 clone 成员函数

对于协变返回类型，`Derived::clone` 成员函数的返回类型必须是 `std::unique_ptr<Base>`，而不是 `std::unique_ptr<Derived>`。当我把 `Derived::clone`

的返回类型改为 `std::unique_ptr<Derived>` 时，编译会失败（见图 5.12）[1]。

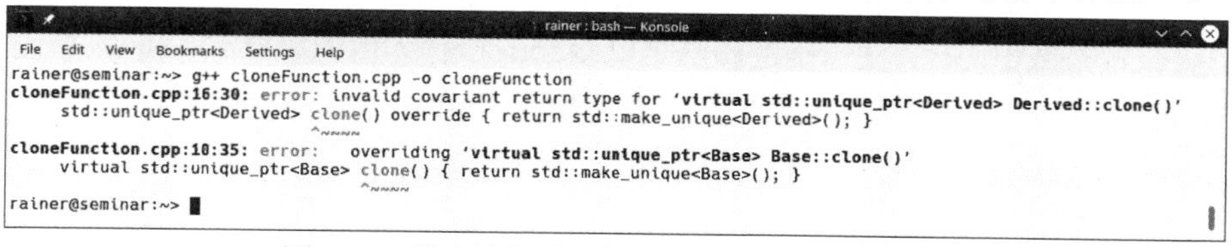

```
rainer : bash — Konsole
File  Edit  View  Bookmarks  Settings  Help
rainer@seminar:~> g++ cloneFunction.cpp -o cloneFunction
cloneFunction.cpp:16:30: error: invalid covariant return type for 'virtual std::unique_ptr<Derived> Derived::clone()'
     std::unique_ptr<Derived> clone() override { return std::make_unique<Derived>(); }
                              ^~~~~
cloneFunction.cpp:10:35: error:   overriding 'virtual std::unique_ptr<Base> Base::clone()'
     virtual std::unique_ptr<Base> clone() { return std::make_unique<Base>(); }
                                   ^~~~~
rainer@seminar:~>
```

图 5.12　没有协变返回类型的虚 `clone` 成员函数

C.132　不要无缘无故地把函数变成 `virtual`

虚函数不是一个无代价的特性。

虚函数：

- 增加了运行时间和对象代码的大小。
- 因为它可以在派生类中被覆盖，它更容易出问题。

数据成员的访问说明符

通常情况下，一个类的所有数据成员的访问说明符都相同：所有数据成员要么全部属于 `public`，要么全部属于 `private`。

- 如果数据成员上面没有不变式，则用 `public`。使用 `struct` 关键字。
- 如果数据成员上有不变式，则用 `private`。使用 `class` 关键字。

C.131　避免无价值的取值和设值函数

如果取值和设值函数没有对数据成员提供额外的语义，它们就没有价值。这里有两个来自 C++ Core Guidelines 的无价值的取值和设值函数的例子：

```
class Point {   // 不好：啰嗦
public:
    Point(int xx, int yy) : x{xx}, y{yy} { }
    int get_x() const { return x; }
    void set_x(int xx) { x = xx; }
    int get_y() const { return y; }
    void set_y(int yy) { y = yy; }
    // 缺少有行为的成员函数
private:
    int x;
    int y;
};
```

1 译者注：这算是智能指针相比于原始指针的一个限制了。如果使用原始指针的话，一个虚函数确实可以在基类里返回 `Base*`，在派生类里返回 `Derived*`。但比起智能指针的好处，这个小限制仍不值一提。

x 和 y 可以取任意值。这意味着 Point 的实例并没有对 x 和 y 维持一个不变式。x 和 y 仅仅是数值而已。更合适的做法是以 struct 作为值的集合，x 和 y 自然就应该变成 public。

```
struct Point {
    int x{0};
    int y{0};
};
```

C.133 避免 protected 数据

protected 数据使程序变得复杂且容易出错。如果把 protected 数据放到基类里，你就不能单独考虑派生类，因而破坏了封装。你会不得不针对类的整个层次结构进行思考。

这意味着你至少要回答以下三个问题。

- 我必须实现一个构造函数来初始化 protected 数据吗？
- 如果我使用 protected 数据，它们的实际价值是什么？
- 如果我修改 protected 数据，谁会受到影响？

在类层次结构变得越来越复杂的时候，这些问题也变得越来越难以回答。

换句话说，protected 数据是类层次结构范围内的一种全局数据。而你知道非 const 的全局数据不好。

C.134 确保所有的非 const 数据成员都具有相同的访问级别

前一条规则（C.133）指出你应该避免受保护的数据。因此，你所有的非 const 数据成员都应该属于 public 或 private。一个对象的数据成员不一定表示该对象的不变式。不表示对象的不变式的非 const 数据成员应该声明为 public。反过来，非 const 的 private 数据成员用于对象的不变式。提醒一下，一个具有不变式的数据成员不能使用底层类型的所有值。

基于这一结论，同时考虑到你不应该在一个类中混合使用表示及不表示不变式的数据成员，你所有的非静态数据成员应该要么属于 public，要么属于 private。想象一下，你有一个类，里面同时有 public 和 private 的数据成员，并且它们都不是 const（因此是可变的）。现在你的数据类型就很让人困惑了。你的数据类型到底会保持一个不变式，还是仅仅是一个不相关的值的集合？

多重继承

多重继承有两个典型的使用场景：将接口继承与实现继承分开，以及实现多个不同的接口。

C.129　在设计类的层次结构时，要区分实现继承和接口继承

接口继承关注的是接口和实现的分离，这样派生类的修改就可以不影响基类的用户；实现继承则使用继承来扩展现有的功能，从而支持新功能。

纯接口继承是指你的基类只有纯虚函数。相反，如果你的基类有数据成员，或者已经有函数实现，那就是实现继承了。因此，你破坏了之前的规则“C.121：如果基类被当作接口使用，那就把它变成抽象类”。C++ Core Guidelines 给出了一个混合两种概念的例子。

```
class Shape {   // 不好，混合了接口和实现
public:
    Shape();
    Shape(Point ce = {0, 0}, Color co = none):
        cent{ce}, col {co} {
        /* ... */
    }

    Point center() const { return cent; }
    Color color() const { return col; }

    virtual void rotate(int) = 0;
    virtual void move(Point p) { cent = p; redraw(); }

    virtual void redraw();

    // ...
private:
    Point cent;
    Color col;
};

class Circle : public Shape {
public:
    Circle(Point c, int r) : Shape{c}, rad{r} { /* ... */ }

    // ...
private:
    int rad;
};

class Triangle : public Shape {
public:
```

```
    Triangle(Point p1, Point p2, Point p3); // 计算中心点
    // ...
};
```

不应把接口继承和实现继承的概念混在一起。为什么呢？

- 随着 Shape 类的发展，各种构造函数的维护可能会变得越来越困难，越来越容易出错。
- Shape 类的成员函数可能永远不会被使用。
- 如果你向 Shape 类添加数据，很可能会需要重新编译。

我们如何才能两者兼顾：用接口分层的稳定接口，还有实现继承的代码重用？一个可能的答案是双重继承，我下面就会进行实现。另一个答案是 PImpl 惯用法。PImpl 代表指向实现的指针（**p**ointer to **impl**ementation）。它把实现的细节放在一个单独的类里，并通过指针来访问。

让我们继续讨论双重继承。双重继承实现了一个相当复杂的解决方案。

1. **把类层次结构里的基类 Shape 定义成纯接口。**

```
class Shape {
public:
    virtual Point center() const = 0;
    virtual Color color() const = 0;

    virtual void rotate(int) = 0;
    virtual void move(Point p) = 0;

    virtual void redraw() const = 0;

    // ...
};
```

2. **从 Shape 派生出纯接口 Circle。**

```
class Circle : public virtual Shape {
public:
    virtual int radius() = 0;
    // ...
};
```

3. **提供实现类 Impl::Shape。**

```
class Impl::Shape : public virtual ::Shape {
public:
    // 构造函数，析构函数
    // ...
    Point center() const override { /* ... */ }
    Color color() const override { /* ... */ }
```

```
    void rotate(int) override { /* ... */ }
    void move(Point p) override { /* ... */ }

    void redraw() const override { /* ... */ }

    // ...
};
```

4. **通过同时继承接口和实现，来实现类 `Impl::Circle`。**

```
class Impl::Circle : public virtual ::Circle, public Impl::Shape {
public:
    // 构造函数，析构函数

    int radius() override { /* ... */ }
    // ...
};
```

5. **如果你想扩展类层次结构，则必须同时从接口和实现进行派生。**

```
class Smiley : public virtual ::Circle {
public:
    // ...
};

                        // 实现
class Impl::Smiley : public virtual ::Smiley, public Impl::Circle {
public:
    // 构造函数，析构函数
    // ...
};
```

这是两个层次结构的大图景。

- 接口：`Smiley → Circle → Shape`
- 实现：`Impl::Smiley → Impl::Circle → Impl::Shape`

阅读最后几行时，也许你有似曾相识的感觉。你是对的。这种多重继承的技术类似于适配器模式，用多重继承实现。适配器模式来自著名的四人组（Gang of Four，GoF）的大作《设计模式：可复用面向对象软件的基础》，作者是 Erich Gamma、Richard Helm、Ralph Johnson 和 John Vlissides。

C.135 使用多重继承来表示多个不同的接口

你的接口只支持你设计的某一方面，这是件好事情。什么意思呢？如果你提供了一个只由纯虚函数组成的纯接口，那么一个具体类必须实现所有的函数。如果接口过于宽泛，那么这个类必须实现它不需要的或者没有意义的功能。

两个不同的接口的例子是 C++ 的输入和输出流库中的 `istream` 和 `ostream`。

```
class iostream : public istream, public ostream { // 大大简化了
    // ...
};
```

典型陷阱

在设计类的层次结构时，有两个典型的陷阱。

C.138 使用 using 为派生类及其基类创建重载集

这一规则对虚函数和非虚函数都适用。如果你不使用 `using` 声明，派生类中的成员函数会隐藏整个重载集。这个过程也常常被称为“遮蔽（shadowing）”（见图 5.13）。遮蔽是一种与许多 C++ 开发者的直觉相矛盾的行为，因为它会导致你选择一个看起来并不是最佳匹配的重载。

```
// overloadSet.cpp

#include <iostream>

class Base {
public:
    void func(int i) { std::cout << "Base::func(int) \n"; }
    void func(double d) { std::cout << "Base::func(double) \n"; }
};

class Derived: public Base {   // 不好：遮蔽了 Base 里的 func
public:
    void func(int i) { std::cout << "Derived::func(int) \n"; }
};

int main() {

    std::cout << '\n';
```

```
    Derived der;
    der.func(2011);
    der.func(2020.5);

    std::cout << '\n';

}
```

der.func(2020.5) 那一行调用时使用了 double 参数，但实际使用的仍然是 Derived 类的 int 重载。因此，发生了从 double 到 int 的窄化转换。这在大多数情况下不是你想要的行为。

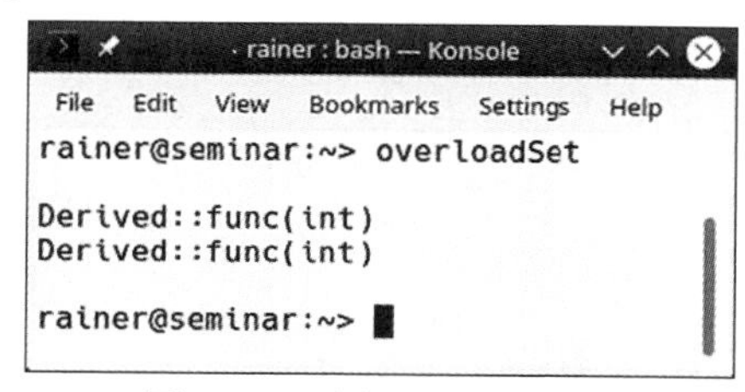

图 5.13　对成员函数的遮蔽

为了使用 Base 类的 double 重载，必须在派生类的作用域中导入它。

```
class Derived: public Base {      // 好：导入了 Base::func
public:
    void func(int i) { std::cout << "f(int) \n"; }
    using Base::func;             // 暴露出 func(double)
};
```

C.140　不要为虚函数和它的覆盖函数提供不同的默认参数

如果你为虚函数和覆盖函数提供不同的默认参数，你的类可能会引发很多混乱。

```
// overrider.cpp

#include <iostream>

class Base {
public:
    virtual int multiply(int value, int factor = 2) = 0;
};

class Derived : public Base {  // 不好：虚函数有不同的默认值
public:
    int multiply(int value, int factor = 10) override {
        return factor * value;
```

```
    }
};

int main() {

    std::cout << '\n';

    Derived d;
    Base& b = d;

    std::cout << "b.multiply(10): " << b.multiply(10) << '\n';
    std::cout << "d.multiply(10): " << d.multiply(10) << '\n';

    std::cout << '\n';

}
```

图 5.14 显示了程序的惊人输出。

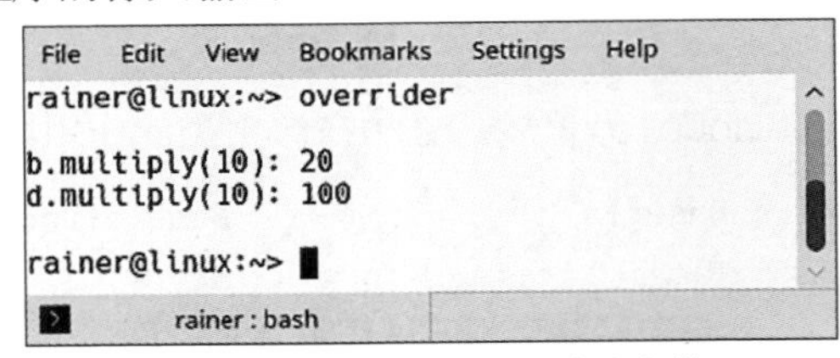

图 5.14 虚函数的不同默认参数

发生了什么？对象 b 和 d 都调用同一个函数。这是个虚函数，因此，发生了延迟绑定。延迟绑定适用于成员函数，但不适用于类的数据成员，包括默认参数。它们是静态绑定的，因此这一部分会早期绑定。

5.4.3 访问对象

虽然这一节有九条规则，但我只讨论其中四条，原因有二。首先，规则“C.145：通过指针和引用访问多态对象”没有对规则“C.67：多态类应当抑制公开的拷贝/移动操作”添加新的内容。其次，C++ Core Guidelines 用了整整一节来讨论智能指针。关于资源管理的那节提供了完整的细节。

剩下要讨论的就只有 `dynamic_cast`，以及对派生类对象数组的错误赋值。

dynamic_cast

在我写 `dynamic_cast` 之前，让我强调一下，所有的强制类型转换，包括 `dynamic_cast`，都被用得太频繁了。根据 cppreference.com，`dynamic_cast` 的职责说明是：“沿继承层级向上、向下及侧向，安全地转换到其他类的指针和引用。”

先来看看 `dynamic_cast` 的使用场景。

C.146 在穿越类层次不可避免时，应使用 dynamic_cast

dynamic_cast 的职责就是在类层次中穿越。

```
struct Base {   // 接口
    virtual void f();
    virtual void g();
};

struct Derived : Base {   // 更广的接口
    void f() override;
    virtual void h();
};

void user(Base* pb)
{
    if (Derived* pd = dynamic_cast<Derived*>(pb)) {
        // ... 使用 Derived 的接口 ...
    }
    else {
        // ... 凑合使用 Base 的接口 ...
    }
}
```

为了在运行时检测出 pb 的正确类型，必须进行 dynamic_cast：dynamic_cast<Derived*>(pb)。如果转型失败，你会得到一个空指针。

也可以用 static_cast 进行向下转型，这样就避免了运行时检查的开销。只有当对象肯定是 Derived 时 static_cast 才是安全的。

下面的规则是你对 dynamic_cast 的两种选项。

C.147 当“找不到所需的类”被视为错误时，须对引用类型使用 dynamic_cast

以及

C.148 当“找不到所需的类”被视为有效选择时，须对指针类型使用 dynamic_cast

简而言之，你可以对一个指针或引用使用 dynamic_cast。如果 dynamic_cast 失败了，对于指针，你会得到一个空指针，对于引用，则会出现 std::bad_cast 异常。因此，如果失败是一种有效选择，请对指针使用 dynamic_cast；如果失败不是一个有效的选择，那就使用引用。

程序 badCast.cpp 展示了这两种情况。

```
// badCast.cpp

struct Base {
    virtual void f() {}
};
struct Derived : Base {};

int main() {

    Base a;

    Derived* b1 = dynamic_cast<Derived*>(&a);  // nullptr
    Derived& b2 = dynamic_cast<Derived&>(a);   // std::bad_cast

}
```

g++ 编译器在编译时会对这两个 dynamic_cast 进行抱怨。在运行时，程序会对引用抛出预期的异常 std::bad_cast（见图 5.15）。

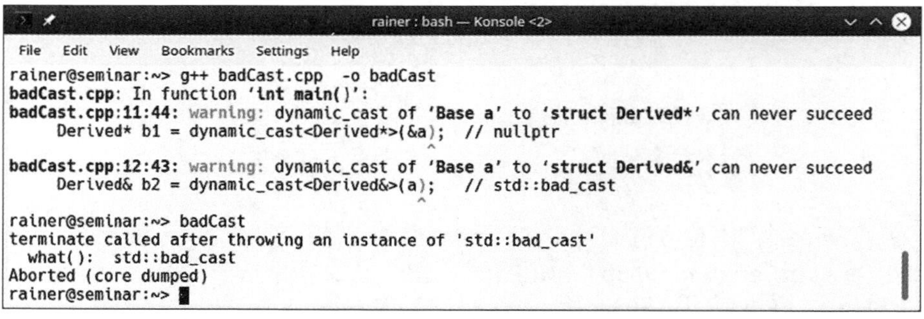

图 5.15　dynamic_cast 引发了 std::bad_cast 异常

C.152　永远不要把指向派生类对象数组的指针赋值给指向基类的指针

这可能不会经常发生，但一旦发生，后果会极其糟糕。其结果可能是无效对象访问或内存破坏。下面的代码片段展示了无效对象访问。

```
struct Base { int x; };
struct Derived : Base { int y; };

Derived a[] = {{1, 2}, {3, 4}, {5, 6}};
Base* p = a; // 不好：a 退化为 &a[0]，然后被转换成了 Base*
p[1].x = 7;  // 改写了 Derived[0].y
```

最后一次赋值应该更新第二个数组元素的 Base 成员 x，但是由于指针算术，它指向了 p[0].x 之后的第二个 int，这恰好是 a[0].y 的内存！原因是，Base* 被赋予了一个指向派生对象 Derived 数组的指针。在这个赋值（Base* p = a;）过程中，数组 a 退化为 &a[0]，然后被转换为 Base*。

退化是一种隐式转换的名称，它进行左值到右值、数组到指针以及函数到指针的转换，并去除 const 和 volatile 限定。这意味着你可以用一个 Derived 数组调用一个接受 Derived* 的函数。诸如 Derived 数组的长度等必要的信息会丢失。

在下面的代码片段中，函数 func 可以接受数组，并把它当作第一个元素的指针。

```
void func(Derived* d);
Derived d[] = {{1, 2}, {3, 4}, {5, 6}};

func(d);
```

数组到指针的退化在这个 func 的情况下是完全正常的，但在之前的 p[1].x 情况下会出现问题。

5.5 重载和运算符重载

你可以对函数、成员函数、模板函数和运算符进行重载。你不能重载函数对象，因此，你也不能重载 lambda 表达式。

重载和重载运算符的七条规则遵循一个关键思想：为用户构建直观的软件系统。让我用软件开发中一个著名的黄金法则来重新表述这个关键思想：遵循最小惊讶原则。最小惊讶原则本质上意味着系统的各个组成部分应该以大多数用户所期望的方式来运作。这条原则对于重载和重载运算符非常重要，因为权力越大，责任越大。

尽管这七条规则涉及重载和重载运算符的直观行为，但它们有不同的出发角度。它们涉及常规用法、运算符的隐式转换、重载操作的等价性，以及你应该在操作数所在的命名空间中重载运算符的思想。

常规用法

常规用法意味着，用户不应该对运算符的意外行为或神秘副作用感到惊讶。

C.167 应当对带有常规含义的操作使用运算符

常规含义暗示着，你应当使用合适的运算符。举例来说，以下是我们习惯了的一些运算符：

- ==、!=、<、<=、> 和 >=：比较操作
- +、-、*、/ 和 %：算术操作
- ->、一元 * 和 []：对象访问

- =：对象赋值
- <<、>>：输入和输出操作

C.161 对于对称的运算符，应采用非成员函数

常规含义还暗示着，如果你的数据类型效仿数字，那么它应该表现得像数字一样。这条规则是对“C.86：使 == 对操作数的类型对称，并使其 noexcept”的一种推广。

一般来说，在类内实现对称运算符（如 +）是不可能的。

假设你想实现一个类型 MyInt。MyInt 应该支持 MyInt 的加法，也应该支持和内置的 int 相加。让我们尝试一下。

```
// MyInt.cpp

struct MyInt {
    MyInt(int v):val(v) {};
    MyInt operator + (const MyInt& oth) const {
        return MyInt(val + oth.val);
    }
    int val;
};

int main() {

    MyInt myFive = MyInt(2) + MyInt(3);
    MyInt myFive2 = MyInt(3) + MyInt(2);

    MyInt myTen = myFive + 5;          // 可以
    MyInt myTen2 = 5 + myFive;         // 出错

}
```

由于有隐式转换构造函数（MyInt(int v):val(v)），表达式 myFive + 5 是有效的。接受一个参数的构造函数是转换构造函数，在这个具体例子里，构造函数接受一个 int 并返回一个 MyInt。反过来，最后一个表达式 5 + myFive 是无效的，因为 int 和 MyInt 的 + 运算符没有被重载（见图 5.16）。

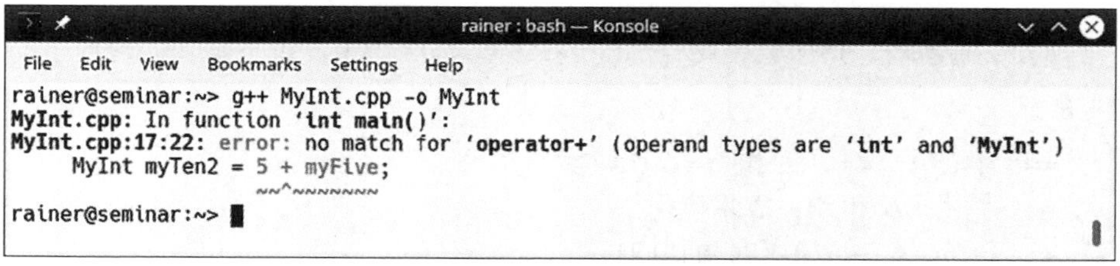

```
rainer : bash — Konsole
File  Edit  View  Bookmarks  Settings  Help
rainer@seminar:~> g++ MyInt.cpp -o MyInt
MyInt.cpp: In function ‘int main()’:
MyInt.cpp:17:22: error: no match for ‘operator+’ (operand types are ‘int’ and ‘MyInt’)
     MyInt myTen2 = 5 + myFive;
                    ~~^~~~~~~~
rainer@seminar:~>
```

图 5.16 int 和 MyInt 里缺少的重载

这个小小的程序有很多问题：

1. + 运算符不对称。
2. val 变量是公开的。
3. 转换构造函数是隐式的。

可以用非成员运算符 + 轻松地解决前两个问题，它在类中被声明为 friend。

```
// MyInt2.cpp

class MyInt2 {
public:
    MyInt2(int v):val(v) {};
    friend MyInt2 operator + (const MyInt2& fir, const MyInt2& sec) {
        return MyInt2(fir.val + sec.val);
    }
private:
    int val;
};

int main() {

    MyInt2 myFive = MyInt2(2) + MyInt2(3);
    MyInt2 myFive2 = MyInt2(3) + MyInt2(2);

    MyInt2 myTen = myFive + 5;          // 可以
    MyInt2 myTen2 = 5 + myFive;         // 可以

}
```

现在从 int 到 MyInt2 的隐式转换生效，而且变量 val 属于 private。由于隐式转换，最后一行的 5 变成了 MyInt2(5)。

根据规则“C.46：默认情况下，把单参数的构造函数声明为 explicit”，你不应该使用隐式转换构造函数。

MyInt3 就有一个显式转换构造函数。

```
// MyInt3.cpp

class MyInt3 {
public:
    explicit MyInt3(int v):val(v) {};
    friend MyInt3 operator + (const MyInt3& fir, const MyInt3& sec) {
        return MyInt3(fir.val + sec.val);
    }
private:
    int val;
```

```
};

int main() {

    MyInt3 myFive = MyInt3(2) + MyInt3(3);
    MyInt3 myFive2 = MyInt3(3) + MyInt3(2);

    MyInt3 myTen = myFive + 5;      // 出错
    MyInt3 myTen2 = 5 + myFive;     // 出错

}
```

若将转换构造函数变成 explicit，会让编译出问题（见图 5.17）。

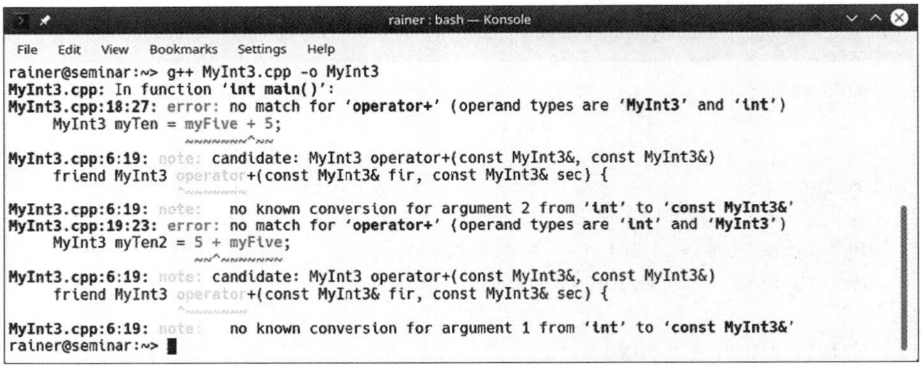

```
rainer : bash — Konsole
File  Edit  View  Bookmarks  Settings  Help
rainer@seminar:~> g++ MyInt3.cpp -o MyInt3
MyInt3.cpp: In function 'int main()':
MyInt3.cpp:18:27: error: no match for 'operator+' (operand types are 'MyInt3' and 'int')
     MyInt3 myTen = myFive + 5;
                    ~~~~~~~^~~
MyInt3.cpp:6:19: note: candidate: MyInt3 operator+(const MyInt3&, const MyInt3&)
     friend MyInt3 operator+(const MyInt3& fir, const MyInt3& sec) {
                   ^~~~~~~~
MyInt3.cpp:6:19: note:   no known conversion for argument 2 from 'int' to 'const MyInt3&'
MyInt3.cpp:19:23: error: no match for 'operator+' (operand types are 'int' and 'MyInt3')
     MyInt3 myTen2 = 5 + myFive;
                     ~~^~~~~~~~
MyInt3.cpp:6:19: note: candidate: MyInt3 operator+(const MyInt3&, const MyInt3&)
     friend MyInt3 operator+(const MyInt3& fir, const MyInt3& sec) {
                   ^~~~~~~~
MyInt3.cpp:6:19: note:   no known conversion for argument 1 from 'int' to 'const MyInt3&'
rainer@seminar:~>
```

图 5.17　使用 explicit 构造函数

解决这一难题的一般方法是为 MyInt4 实现两个额外的 + 运算符：一个接受 int 作为左边的参数，另一个接受 int 作为右边的参数。

```
// MyInt4.cpp

class MyInt4 {
public:
    explicit MyInt4(int v):val(v) {};
    friend MyInt4 operator + (const MyInt4& fir, const MyInt4& sec) {
        return MyInt4(fir.val + sec.val);
    }
    friend MyInt4 operator + (const MyInt4& fir, int sec) {
        return MyInt4(fir.val + sec);
    }
    friend MyInt4 operator + (int fir, const MyInt4& sec) {
        return MyInt4(fir + sec.val);
    }
private:
    int val;
```

```
};

int main() {

    MyInt4 myFive = MyInt4(2) + MyInt4(3);
    MyInt4 myFive2 = MyInt4(3) + MyInt4(2);

    MyInt4 myTen = myFive + 5;      // 可以
    MyInt4 myTen2 = 5 + myFive;     // 可以

}
```

应该把接受一个参数的构造函数标为 explicit。同样的理由也适用于转换运算符。

C.164 避免隐式转换运算符

如果你想找点乐子，可以重载运算符 bool 并且不要将其标为 explicit（显式）。让它不显式进行，意味着从 bool 到 int 的整型提升可以悄悄发生。

让我来设计一个数据类型 MyHouse，它可以被购买。我实现了运算符 bool，以便检查一个家庭是否已经买了房子。

```
1 // implicitConversion.cpp
2
3 #include <iostream>
4 #include <string>
5
6 struct MyHouse {
7     MyHouse() = default;
8     explicit MyHouse(const std::string& fam): family(fam) {}
9
10    operator bool(){ return not family.empty(); }
11    // explicit operator bool(){ return not family.empty(); }
12
13    std::string family = "";
14 };
15
16 int main() {
17
18    std::cout << std::boolalpha << '\n';
19
20    MyHouse firstHouse;
21    if (not firstHouse) {
22        std::cout << "firstHouse is not sold." << '\n';
23    }
```

```
24
25     MyHouse secondHouse("grimm");
26     if (secondHouse) {
27         std::cout << "Grimm bought secondHouse." << '\n';
28     }
29
30     std::cout << '\n';
31
32     int myNewHouse = firstHouse + secondHouse;
33     int myNewHouse2 = (20 * firstHouse - 10 * secondHouse)
34                       / secondHouse;
35
36     std::cout << "myNewHouse: " << myNewHouse << '\n';
37     std::cout << "myNewHouse2: " << myNewHouse2 << '\n';
38
39     std::cout << '\n';
40
41 }
```

现在我可以很容易地用 operator bool（第 10 行）来检查一栋房子是已经有家庭入住（第 21 行），还是没有家庭入住（第 26 行）。很好。由于有隐式的 operator bool（见图 5.18），我可以在算术表达式中使用 MyHouse 的对象（第 32 和 33 行）。支持算术表达式并不是我的本意。

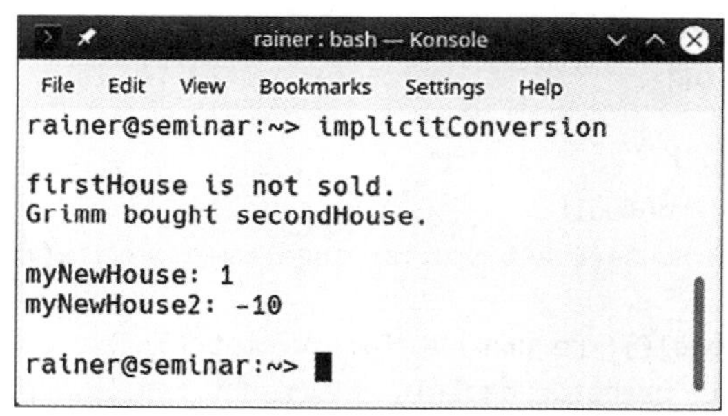

图 5.18 隐式的 operator bool

这也太奇怪了吧！

从 C++11 开始，你可以把一个转换运算符标为 explicit；因此，将不会发生到 int 的隐式转换。如果我使用 explicit operator bool（第 11 行），对房子的算术运算就不再可能了，但房子仍可用于逻辑表达式，参见图 5.19。

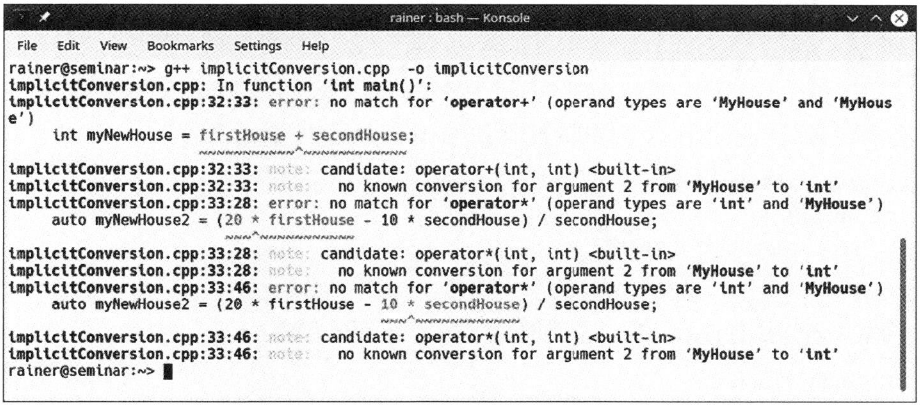

```
rainer : bash — Konsole
File  Edit  View  Bookmarks  Settings  Help
rainer@seminar:~> g++ implicitConversion.cpp  -o implicitConversion
implicitConversion.cpp: In function 'int main()':
implicitConversion.cpp:32:33: error: no match for 'operator+' (operand types are 'MyHouse' and 'MyHous
e')
     int myNewHouse = firstHouse + secondHouse;
                      ~~~~~~~~~~~^~~~~~~~~~~~~
implicitConversion.cpp:32:33: note: candidate: operator+(int, int) <built-in>
implicitConversion.cpp:32:33: note:   no known conversion for argument 2 from 'MyHouse' to 'int'
implicitConversion.cpp:33:28: error: no match for 'operator*' (operand types are 'int' and 'MyHouse')
     auto myNewHouse2 = (20 * firstHouse - 10 * secondHouse) / secondHouse;
                         ~~~^~~~~~~~~~~~
implicitConversion.cpp:33:28: note: candidate: operator*(int, int) <built-in>
implicitConversion.cpp:33:28: note:   no known conversion for argument 2 from 'MyHouse' to 'int'
implicitConversion.cpp:33:46: error: no match for 'operator*' (operand types are 'int' and 'MyHouse')
     auto myNewHouse2 = (20 * firstHouse - 10 * secondHouse) / secondHouse;
                                           ~~~^~~~~~~~~~~~~
implicitConversion.cpp:33:46: note: candidate: operator*(int, int) <built-in>
implicitConversion.cpp:33:46: note:   no known conversion for argument 2 from 'MyHouse' to 'int'
rainer@seminar:~>
```

图 5.19　显式的 operator bool

C.162　重载的操作应当大致等价

以及

C.163　仅对大致等价的操作进行重载

这两条规则是密切相关的。等价的操作应该有相同的名字。也可以反过来说，不等价的操作不应该有相同的名字。

下面是 C++ Core Guidelines 中的例子。

```
void print(int a);
void print(const string&);
...
print(5);
```

调用 print(5) 令人感觉像泛型编程。你并不需要关心使用的是哪个版本的 print。如果这些函数有不同的名字，这个结果就不成立了。

```
void print_int(int a);
void print_string(const string&);
...
print_int(5);
```

如果不等价的操作有相同的名字，那么说明名字起得太笼统了，或者根本就是起错了。这会让人糊涂，且容易出错。

```
std::string translate(const std::string& text);   // 翻译成英语
Code translate(const Code& code);                 // 编译代码
```

C.168 在操作数所在的命名空间中定义重载运算符

你有没有想过，为什么下面的程序可以工作并显示出 `Test`？

```
#include <iostream>
int main() {
    std::cout << "Test\n";
}
```

首先，当你执行该程序时，它本质上变成了下面的程序：

```
#include <iostream>
int main() {
    operator << (std::cout, "Test\n");
}
```

`std::cout << "Test\n"` 其实就是 `operator << (std::cout, "Test\n")`。在全局命名空间中并没有 `operator <<`，但实参依赖查找会检查 `std` 命名空间。`operator <<` 可以找到 `std::operator << (std::ostream&, const char*)`，因为 `std::cout` 在 `std::` 命名空间里。

实参依赖查找（ADL，也叫 Koenig 查找）意味着，对于无限定的（unqualified）函数调用，C++ 在编译时会把函数参数命名空间中的函数也考虑进去。

让我用操作数和运算符来重新表述一下 ADL 的定义。对于运算符，C++ 编译时也考虑操作数的命名空间。因此，应该在操作数的命名空间中定义重载运算符。

5.6 联合体

联合体是一种特殊的类类型，所有成员都从同一地址开始。一个联合体一次只能容纳一个类型；因此，你可以节约内存。一个带标签联合体（又称可辨识联合体）是一个可以跟踪其类型的联合体。`std::variant` 就是一个带标签联合体。

C++ Core Guidelines 指出，联合体的职责是节约内存。你不应该使用裸联合体，而应该使用 `std::variant` 这样的带标签联合体。

C.180 使用 union 来节约内存

一个联合体在某一时间点上只能容纳一个类型，所以你可以节约内存，因为联合体的元素共享同一片内存。联合体和最大的类型一样大。

```
union Value {
    int x;
    double d;
```

```
};

Value v = { 123 };      // 用 int 初始化第一个元素
cout << v.x << '\n';    // 输出 123
v.d = 987.654;          // 现在 v 持有一个 double
cout << v.d << '\n';    // 写下 987.654
```

Value 就是一个“裸”联合体。根据下一条规则，你不该使用它。

C.181 避免“裸”union

“裸”联合体非常容易出错，因为你必须跟踪底层类型。

```
// nakedUnion.cpp

#include <iostream>

union Value {
    int i;
    double d;
};

int main() {

    std::cout << '\n';

    Value v;
    v.d = 987.654;
    std::cout << "v.d: " << v.d << '\n';
    std::cout << "v.i: " << v.i << '\n';      // (1)

    std::cout << '\n';

    v.i = 123;
    std::cout << "v.i: " << v.i << '\n';
    std::cout << "v.d: " << v.d << '\n';     // (2)

    std::cout << '\n';

}
```

这个联合体在第一部分持有一个 double，在第二部分持有一个 int 值。如果你把一个 double 读成一个 int(1)，或者把一个 int 读成一个 double(2)，你会得到未定义行为（见图 5.20）。

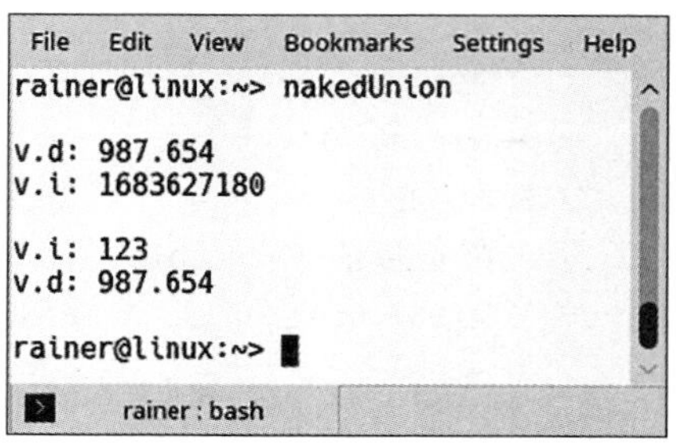

图 5.20 “裸”联合体的未定义行为

为了克服这种错误来源，应该使用带标签联合体。

C.182 使用匿名 union 来实现带标签联合体

带标签联合体的实现是相当复杂的。如果你感到好奇，可以看一下规则“C.182：使用匿名 union 来实现带标签联合体”。

为了简化下面的代码示例，我使用了带标签联合体 std::variant，它是 C++17 的一部分。

```
 1 // variant.cpp; C++17
 2
 3 #include <variant>
 4 #include <string>
 5
 6 int main() {
 7
 8     std::variant<int, float> v;
 9     std::variant<int, float> w;
10
11     int i = std::get<int>(v);              // i 为 0
12
13     v = 12;                                // v 包含 int
14     int j = std::get<int>(v);
15
16     w = std::get<int>(v);
17     w = std::get<0>(v);                    // 跟上一行效果相同
18     w = v;                                 // 跟上一行效果相同
19
20
21     //  std::get<double>(v);               // 错误：[int, float] 里没有 double
22     //  std::get<3>(v);                    // 错误：有效索引值只有 0 和 1
23
24     try{
```

```
25          std::get<float>(w);                  // w 包含 int 而非 float：会抛异常
26      }
27      catch (std::bad_variant_access&) {}
28
29      v = 5.5f;                                // 切换成 float
30      v = 5;                                   // 再切换回来
31
32      std::variant<std::string> v2("abc");     // 转换构造函数没有问题
                                                 // 只要没有二义性
33      v2 = "def";                              // 转换赋值在没有二义性时也可以工作
34
35 }
```

第 8 行和第 9 行定义了变体 v 和 w，两个变体都可以有 int 和 float 值。它们的初始值是 0（第 11 行）。第一个底层类型 int 的默认值是 0。v 在第 13 行得到的值是 12。通过 std::get<int>(v)，可以得到底层类型的值。第 16 行和接下来的两行显示了将变量 v 赋给变量 w 的三种可能性。但你必须记住一些规则。可以通过类型或索引来查询变体的值。类型必须是唯一的，索引必须是有效的（第 21 和 22 行）。如果不是，你会得到一个 std::bad_variant_access 异常。第 29 行和第 30 行将变量 v 切换为 float，然后又切换回 int。如果构造函数调用或赋值调用没有二义性，转换可以发生。这种转换使你可以用 C 字符串来构造 std::variant<std::string> 或将一个新的 C 字符串赋值给 variant（第 27 和 28 行）。

5.7　相关规则

我跳过了 C++ Core Guidelines 中类和类层次结构部分的两节。第一个是涉及容器和其他资源句柄的那节；第二个则是与函数对象和 lambda 表达式有关的那节。

我跳过了讨论容器和其他资源句柄的六条规则，因为它们缺乏内容。

关于函数对象和 lambda 表达式的四条规则已经是第 4 章和第 8 章的一部分。

与智能指针有关的规则在第 7 章中以更大的篇幅介绍。

本章精华

重要

- 尽量使用具体类型而不是类的层次结构。让你的具体类型成为规范类型。规范类型支持“六大”（默认构造函数、析构函数、拷贝和移动构造函数、拷贝和移动赋值运算符）、交换函数和相等运算符。

- 如果可能的话，就让编译器生成这“六大”。如果不能，就通过 `default` 请求所有这些特殊成员函数。如果这也不行，就明确地实现所有这些函数，并给它们一个一致的设计。拷贝构造函数或拷贝赋值运算符应该拷贝。移动构造函数或移动赋值运算符应该移动。
- 构造函数应该返回一个完全初始化的对象。使用构造函数来建立不变式。不要使用构造函数来设置成员的默认值。尽量使用类内初始化来减少重复。
- 如果你需要在对象销毁时进行清理动作，请实现析构函数。基类的析构函数应该要么是 `public` 且 `virtual`，要么是 `protected` 且不是虚函数。
- 只对具有内在层次的结构使用类的层次结构来进行建模。如果基类作为一个接口使用，就让基类成为抽象类，以便分离接口和实现。一个抽象类应该只有一个预置的默认构造函数。
- 区分接口继承和实现继承。接口继承的目的是将用户与实现分隔开；实现继承是为了重用现有的实现。不要在一个类中混合这两个概念。
- 在一个有虚函数的类里，析构函数应该要么是 `public` 加 `virtual`，要么是 `protected`。对于一个虚函数，要使用 `virtual`、`override` 或 `final` 中的一个，不多也不少。
- 一个类的数据成员应该要么全部 `public`，要么全部 `private`。如果类建立了一个不变式，就让它们全部 `private`，并使用 `class`。如果不是，就让它们 `public`，并使用 `struct`。
- 把单参数构造函数和转换运算符标为 `explicit`。
- 使用联合体来节约内存，但不要使用裸联合体；尽量使用带标签联合体，如 C++17 的 `std::variant`。

第 6 章

枚　　举

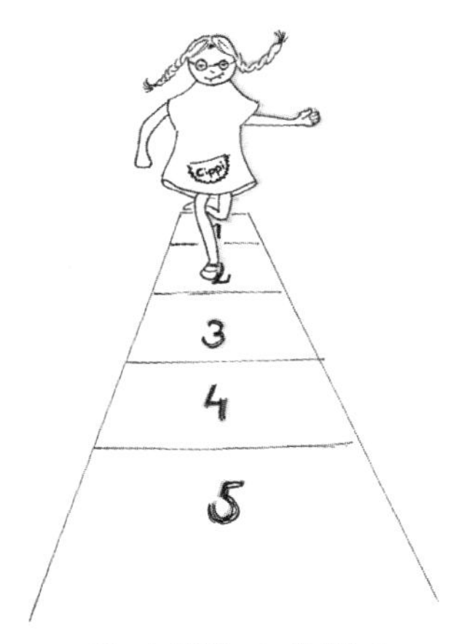

Cippi 正从 1 数到 5

枚举用来定义整数值的集合，也是这类集合的类型。在本章关于枚举的八条规则中，有一条规则至关重要。那就是，优先选择有作用域枚举（scoped enumeration），而不是传统的枚举。有作用域枚举也被称为强类型枚举或枚举类（`enum class`）。

6.1　通用规则

传统的枚举（C++11 之前）有很多缺陷。让我来明确地比较一下普通（无作用域）枚举和有作用域枚举，因为 C++ Core Guidelines 中并没有明确提到这两者的差异。

下面是个传统的枚举：

```
enum Color {
    red,
    blue,
    green
};
```

传统的枚举有什么缺陷？它的枚举项：

- 没有作用域。
- 会隐式转换为 int。
- 会污染全局命名空间。
- 类型未知。只要求该类型足够大且能容纳下所有枚举项。

通过使用关键字 class 或 struct，枚举就成了有作用域枚举。

```
enum class ColorScoped {
    red,
    blue,
    green
};
```

现在你必须使用作用域运算符（::）来访问枚举项：ColorScoped::red。ColorScoped::red 并不会隐式转换为 int，也不会污染全局命名空间。这就是它们经常被称为强类型的原因。

此外，它的底层类型（underlying type）默认为 int，但你可以选择使用不同的整数类型。

以上是相关的背景信息，接下来直接进入最重要的规则。

Enum.1 优先使用枚举而不是宏

宏没有作用域，且没有类型。这意味着可以覆写先前用来指定颜色的宏。

```
// webcolors.h
#define RED 0xFF0000

// productinfo.h
#define RED 0

int webcolor = RED;  // 应该是 0xFF0000
```

有了 ColorScoped，这种情况就不会发生，因为必须使用作用域运算符：

```
ColorScoped webcolor = ColorScoped::red;
```

Enum.2 使用枚举表示相关联的具名常量的集合

这条规则显而易见，因为枚举项创建了一个整数集，这是一个具名类型。

```
enum class Day {
    Mon,
    Tue,
    Wed,
```

```
    Thu,
    Fri,
    Sat,
    Sun
};
```

Enum.3 优先使用 enum class 而不是“普通”enum

有作用域枚举项（enum class）不会自动转型为 int。要访问它们，就必须使用作用域运算符。

```
// scopedEnum.cpp

#include <iostream>

enum class ColorScoped {
    red,
    blue,
    green
};

void useMe(ColorScoped color) {
    switch(color) {
    case ColorScoped::red:
        std::cout << "ColorScoped::red" << '\n';
        break;
    case ColorScoped::blue:
        std::cout << "ColorScoped::blue" << '\n';
        break;
    case ColorScoped::green:
        std::cout << "ColorScoped::green" << '\n';
        break;
    }
}

int main() {

    std::cout << static_cast<int>(ColorScoped::red) << '\n';   // 0
    std::cout << static_cast<int>(ColorScoped::green) << '\n'; // 2

    ColorScoped color{ColorScoped::red};
    useMe(color);                                 // ColorScoped::red

}
```

Enum.5 不要对枚举项使用 ALL_CAPS 命名方式

如果对枚举项使用 ALL_CAPS（全大写加下画线），你可能会与宏发生冲突，因为宏通常写成 ALL_CAPS 的方式。

```
enum class ColorScoped{ RED };

#define RED 0xFF0000
```

当然，这条规则不仅适用于枚举项，也适用于一般常量。

Enum.6 避免使用无名枚举

不是每个编译期常量都应该是 enum。C++ 还允许将编译期常量定义为 constexpr 变量。只在**相互关联的**常量集合（Enum.2）中使用 enum。

```
// 不好
enum { red = 0xFF0000, scale = 4, is_signed = 1 };

// 好
constexpr int red = 0xFF0000;
constexpr short scale = 4;
constexpr bool is_signed = true;
```

Enum.7 仅在必要时指定枚举的底层类型

从 C++11 开始，可以指定枚举的底层类型，以节省内存。默认情况下，有作用域 enum 的类型是 int，因此，可以前置声明 enum。

```
// typeEnum.cpp

#include <iostream>

enum class Color1 {
    red,
    blue,
    green
};

enum struct Color2: char {
    red,
    blue,
    green
```

```
};

int main() {

    std::cout << sizeof(Color1) << '\n'; // 4
    std::cout << sizeof(Color2) << '\n'; // 1
}
```

Enum.8 仅在必要时指定枚举项的值

通过指定枚举项的值，你可能会设定一个值两次。下面的枚举 `Col2` 就存在这个问题。

```
enum class Col1 { red, yellow, blue };
enum class Col2 { red = 1, yellow = 2, blue = 2 };    // 写错了
enum class Month { jan = 1, feb, mar,
                   apr, may, jun,
                   jul, aug, sep,
                   oct, nov, dec };                    // 1 是常规做法
```

枚举会在编译期检查其底层枚举项的值。

```
// enumChecksRange.cpp

enum struct Color: char {
    red = 127,
    blue,
    green
};

int main() {

    Color color{Color::green};

}
```

程序编译失败，这是因为枚举项过大，无法适配其底层类型（见图 6.1）。

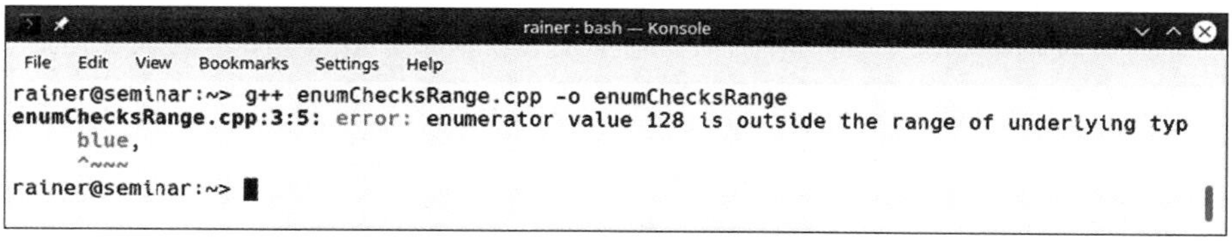

```
rainer : bash — Konsole
File  Edit  View  Bookmarks  Settings  Help
rainer@seminar:~> g++ enumChecksRange.cpp -o enumChecksRange
enumChecksRange.cpp:3:5: error: enumerator value 128 is outside the range of underlying typ
     blue,
     ^~~~
rainer@seminar:~>
```

图 6.1　枚举项对于底层类型来说过大

6.2 相关规则

第 8 章将会深入讨论 `constexpr` 值。

本章精华

重要

- 使用有作用域枚举而不是传统的枚举。顾名思义，有作用域枚举具有作用域，不会隐式地转换为 `int`，不会污染全局命名空间，默认情况下其底层类型是 `int`。
- 仅在必要时指定有作用域枚举的底层类型和枚举项的值。

第 7 章

资 源 管 理

Cippi 在养护花园

首先，资源是什么？资源就是你必须管理的东西。这意味着，你因为资源的有限而必须获取和释放它，或者你必须对它进行保护。你拥有的存储空间、套接字、进程或线程都是有限的；而在某个时间点上，只有一个进程可以写入共享文件，只有一个线程可以写入共享变量。如果不遵守协议，许多问题都有可能出现。

如果你考虑到资源管理，一切都可以归结为一个关键点：所有权。我特别喜欢现代 C++ 的一点是，我们可以在代码中直接表达对所有权的意图。

- **局部对象**：C++ 运行时作为所有者来自动管理这些资源的生存期。全局对象或类的成员也是如此。C++ Core Guidelines 中将它们称为有作用域的对象。
- **引用**：我不是所有者。我仅仅借用了不可以为空的资源。
- **原始指针**：我不是所有者。我仅仅借用了可能为空的资源。我不可以删除该资源。
- **`std::unique_ptr`**：我是资源的独占所有者。我可以显式地释放资源。
- **`std::shared_ptr`**：我跟其他的 `shared_ptr` 共享资源，并且当我是最后一名所有者时会释放资源。我可以显式地释放我的所有权份额。
- **`std::weak_ptr`**：我不是该资源的所有者，但我可以通过使用成员函数 `lock()` 暂时成为该资源的共享所有者。

7.1　通用规则

虽然这一节有六条规则，但其中只有 RAII 和作用域对象是本章特有的。下面两条已经是其他章节的一部分：

- R.2：在接口中，使用原始指针来表示单个对象（见 I.13：不要用单个指针来传递数组）。
- R.6：避免非 `const` 全局变量（见 I.2：避免非 `const` 的全局变量）。

其余四条则跟指针和引用的语义有关，是对现有规则的扩展。

第一条通用规则是 C++ 惯用法：RAII。RAII 代表 Resource Acquisition Is Initialization（资源获取即初始化）。C++ 标准库系统性地依赖于 RAII。

R.1　使用资源句柄和 RAII（资源获取即初始化）自动管理资源

RAII 的理念很简单，你为资源创建一种代理对象。代理的构造函数获取资源，而代理的析构函数释放资源。RAII 的中心思想是，这个代理作为**局部对象**，其所有者是 C++ 运行时，于是，它所代理的资源也归 C++ 运行时所有。当作为本地对象的代理对象离开作用域的时候，代理的析构函数会被自动调用。因此，我们在 C++ 中得到了确定性的析构行为。

RAII 在 C++ 生态系统中被大量使用。RAII 的例子有标准模板库（STL）的容器、智能指针和锁。容器管理元素，智能指针管理内存，而锁则管理互斥量。

下面的类 `ResourceGuard` 是 RAII 的一种典型做法：

```
 1 // raii.cpp
 2
 3 #include <iostream>
 4 #include <new>
 5 #include <string>
 6
 7 class ResourceGuard {
 8 public:
 9     explicit ResourceGuard(const std::string& res):resource(res){
10         std::cout << "Acquire the " << resource << "." <<  '\n';
11     }
12     ~ResourceGuard(){
13         std::cout << "Release the "<< resource << "." << '\n';
14     }
15 private:
16     std::string resource;
17 };
18
19 int main() {
```

```
20
21      std::cout << '\n';
22
23      ResourceGuard resGuard1{"memoryBlock1"};
24
25      std::cout << "\nBefore local scope" << '\n';
26      {
27          ResourceGuard resGuard2{"memoryBlock2"};
28      }
29      std::cout << "After local scope" << '\n';
30
31      std::cout << '\n';
32
33
34      std::cout << "\nBefore try-catch block" << '\n';
35      try {
36          ResourceGuard resGuard3{"memoryBlock3"};
37          throw std::bad_alloc();
38      }
39      catch (const std::bad_alloc& e) {
40          std::cout << e.what();
41      }
42      std::cout << "\nAfter try-catch block" << '\n';
43
44      std::cout << '\n';
45
46 }
```

ResourceGuard 是管理资源的看守。在本例中，资源是一个简单的字符串。ResourceGuard 在其构造函数中创建资源（第 9～11 行），在其析构函数中释放资源（第 12～14 行）。它非常可靠地完成了它的工作。资源的创建和释放只在构造函数和析构函数中表达出来。

C++ 运行时在 main 函数的末尾（第 46 行）准确地调用了 resGuard1 的析构函数（第 23 行）。resGuard2（第 27 行）的生存期在第 28 行已经结束，因此，C++ 运行时也会在那里调用析构函数。即使抛出异常 std::bad_alloc，也不会影响 resGuard3（第 36 行）的可靠性。它的析构函数在 try 块的最后被调用（第 35～38 行）。

图 7.1 展示了对象的生存期。

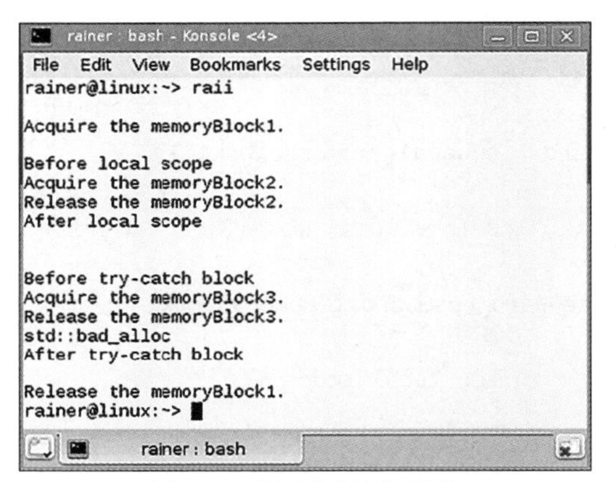

图 7.1 资源获取即初始化

R.3 原始指针（T*）不表示所有权

以及

R.4 原始引用（T&）不表示所有权

这两条规则都概括了向函数传递指针或引用时，以及要从函数返回指针（T*）或左值引用（T&）时所有权方面需要考量的规则。指针和引用的关键问题是，谁是资源的所有者？如果你不是所有者，只是借用了它，那你不得删除该资源。

R.5 优先使用有作用域的对象，不做非必要的堆上分配

要简单地做好资源管理，关于有作用域的对象的规则可能是最重要的一条规则。要尽可能使用有作用域的对象。

有作用域的对象是一个带有自己作用域的对象。它可能是个本地对象、全局对象，或者某个类的成员。C++ 运行时会管理好有作用域的对象。这不涉及内存分配和释放，也不会出现 `std::bad_alloc` 异常。

为什么下面的例子不好？

```
void f(int n) {
    auto* p = new Gadget{n};
    // ...
    delete p;
}
```

没有必要在堆上创建 `Gadget`。它既费时，又易错。你可能会忘记释放这部分内存，而在 delete 调用之前也可能发生异常，这最终会造成内存泄漏。使用一个本地对象即可，

它在设计上就是安全的。

```
void f(int n) {
    Gadget g{n};
    // ...
}
```

花括号的威力

一种好用的技巧是使用额外的花括号来定义一个人工作用域。由于人工作用域的存在，你可以显式地控制一个本地对象的生存期。

```
int main() {

    {
        std::vector<int> myVec(SIZE);
        measurePerformance(myVec, "std::vector<int>(SIZE)");
    }


    {
        std::deque<int> myDec(SIZE);
        measurePerformance(myDec, "std::deque<int>(SIZE)");
    }

    {
        std::list<int> myList(SIZE);
        measurePerformance(myList, "std::list<int>(SIZE)");
    }

    {
        std::forward_list<int> myForwardList(SIZE);
        measurePerformance(myForwardList,
                           "std::forward_list<int>(SIZE)");
    }

    {
        std::string myString(SIZE,' ');
        measurePerformance(myString, "std::string(SIZE,' ')");
    }
}
```

这段代码展示了某性能测试（`measurePerformance`）的一部分，其中包括大量的内存分配。每个人工作用域中临时创建的容器都相当大。如果不在每个人工作用域的末尾删除它们，你的计算机可能会耗尽内存，并且会出现 `std::bad_alloc` 异常。

7.2 内存分配和释放

也许你会有点困惑，C++ Core Guidelines 中为何只有四条关于内存分配和释放的规则？四条里有三条是关于智能指针的。说到底，本节的要点就是你应当使用智能指针，这也是下一节的主题。

在深入探讨这四条规则之前，让我为读者介绍一些理解这些规则所必需的背景知识。在 C++ 中使用 `new` 创建一个对象的操作包括两个步骤。

1. 为该对象分配内存。
2. 在分配好的内存上构造该对象。

`operator new` 或 `operator new []` 是第一步；构造函数是第二步。

同样的策略也适用于析构，不过得反过来。首先，调用析构函数（如果有），然后用 `operator delete` 或 `operator delete []` 释放内存。

R.10 避免 malloc() 和 free()

`new` 和 `malloc`，或 `delete` 和 `free` 之间有什么区别？C 函数 `malloc` 和 `free` 只做了一半的工作。`malloc` 分配内存，`free` 则释放内存。`malloc` 并不调用构造函数，而 `free` 也不调用析构函数。

这意味着，你如果使用一个仅仅通过 `malloc` 创建的对象，程序会有未定义行为。

```
// mallocVersusNew.cpp

#include <iostream>
#include <string>

struct Record {
    explicit Record(const std::string& na): name(na) {}
    std::string name;
};

int main() {

    Record* p1 = static_cast<Record*>(malloc(sizeof(Record)));  // (1)
    std::cout << p1->name << '\n';

    auto p2 = new Record("Record");                             // (2)
    std::cout << p2->name << '\n';

}
```

在 (1) 处，代码只为 `Record` 对象分配了内存。其结果是，下面一行中输出

p1->name 的调用是未定义行为。未定义行为意味着你不能对程序的行为做任何假设。在多次运行中，出现的结果有：“预期”的空字符串输出，以及核心转储（见图 7.2）。

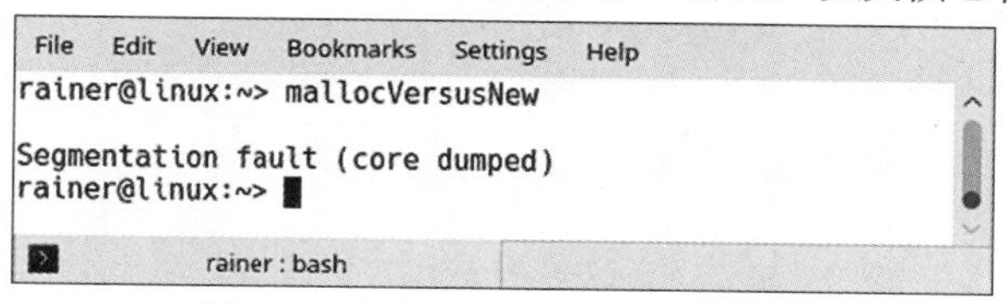

图 7.2 未定义行为导致的核心转储

而 (2) 处则调用了构造函数。

R.11 避免显式调用 new 和 delete

你应该牢记这条规则。这条规则的重点在于**显式**这个词，因为智能指针或 STL 容器会让你的对象**隐式**地使用 new 和 delete。

举例来说，下面是创建 std::unique_ptr 和 std::shared_ptr 的几种不同方法。

```
std::unique_ptr<int> uniq1(new int(2011));           // (1)
std::unique_ptr<int> uniq2 = std::make_unique<int>(2014);

std::shared_ptr<int> shar1(new int(2011));           // (1)
std::shared_ptr<int> share2 = std::make_shared<int>(2014);
```

如果你不知道应该选择哪个版本，“R.22：使用 make_shared() 创建 shared_ptr”和“R.23：使用 make_unique() 创建 unique_ptr”这两条规则会给你明确答案。

你不可能完全避免 (1) 那样的调用。当你想创建 std::unique_ptr 或 std::shared_ptr 而不希望它们使用底层类型的析构函数时，下面的语法就是必需的：

```
std::shared_ptr<int> shar1(new int(2011), MyIntDeleter());
```

R.12 立即将显式资源分配的结果交给一个管理者对象

C++ 语言社区喜欢首字母缩写词。这条内存分配规则有一个特殊的名字：NNN。NNN 是 No Naked New（不要裸的 New）的缩写，它意味着内存分配的结果应该交给一个管理者对象。这个管理者对象可以是 std::unique_ptr 或 std::shared_ptr。当然，这条规则有更广泛的背景。例如，STL 的容器自己知道如何管理它们的元素，而锁自己知道如何管理它们的互斥量。

当你不遵循这些规则时，就会有未定义行为的潜在危险。

```
// standaloneAllocation.cpp // 糟糕：因为有重复释放

#include <iostream>
#include <memory>
```

```
struct MyInt{
    explicit MyInt(int myInt):i(myInt) {}
    ~MyInt() {
        std::cout << "Goodbye from " << i << '\n';
    }
    int i;
};

int main() {

    std::cout << '\n';

    MyInt* myInt = new MyInt(2011);

    std::unique_ptr<MyInt> uniq1 = std::unique_ptr<MyInt>(myInt);

    std::unique_ptr<MyInt> uniq2 = std::unique_ptr<MyInt>(myInt);

    std::cout << '\n';

}
```

类 MyInt 在其析构函数中打印成员 i_ 的值。问题是从单独的内存分配（MyInt* myInt = new MyInt(2011)）开始的。uniq1 或 uniq2 都可以是 myInt 的所有者，但不能两者都是。由于有两个所有者，会发生两次内存释放，这是未定义行为，参见图 7.3。

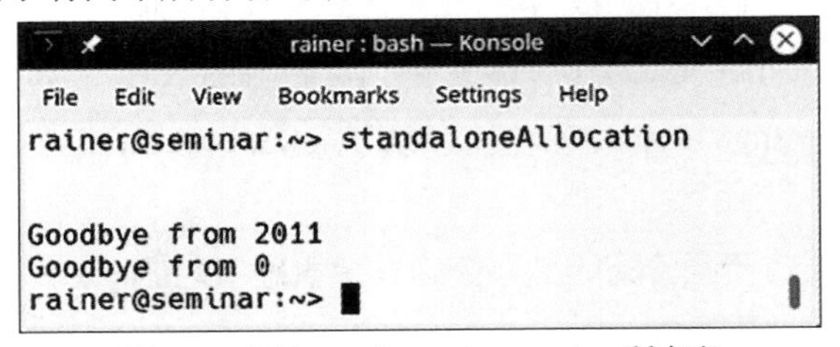

图 7.3　两个 std::unique_ptr 所有者

main 函数的结尾处发生了两次对 myInt 的释放。第一次通过句柄进行的释放没问题，**但第二次释放会导致未定义行为**。在第二次的情况下，成员属性 i_ 的值为 0。

当使用 std::make_unique 的时候，你就规避了重复释放的风险：

```
int main() {

    std::cout << '\n';

    std::unique_ptr<MyInt> uniq = std::make_unique<int>(2011);
```

```
    std::cout << '\n';

}
```

R.13 在一条表达式语句中最多进行一次显式资源分配

这条规则有点棘手。

```
void func(std::shared_ptr<Widget> sp1, std::shared_ptr<Widget> sp2) {
    ...
}

func(std::shared_ptr<Widget>(new Widget(1)),
     std::shared_ptr<Widget>(new Widget(2)));
```

这个函数调用不是异常安全的，因此，可能会导致内存泄漏。为什么呢？原因是必须执行以下四个操作来初始化两个共享指针。

- 为 `Widget(1)` 分配内存。
- 构造 `Widget(1)`。
- 为 `Widget(2)` 分配内存。
- 构造 `Widget(2)`。

到 C++14 为止，编译器可以自由决定先为 `Widget(1)` 和 `Widget(2)` 分配内存，然后构造这两个对象。从优化的角度来看，这是很合理的，因为一次分配两个 `Widget` 的内存很可能比两次分配单个 `Widget` 的内存要快。这意味着以下指令可能会发生。

- 为 `Widget(1)` 分配内存。
- 为 `Widget(2)` 分配内存。
- 构造 `Widget(1)`。
- 构造 `Widget(2)`。

如果其中一个构造函数抛出一个异常，另一个对象的内存就不会被自动释放，内存泄漏就会发生。

这个问题很容易克服，可以使用工厂函数 `std::make_shared` 来创建 `std::shared_ptr`。

```
func(std::make_shared<Widget>(1), std::make_shared<Widget>(2));
```

`std::make_shared` 保证如果有异常抛出，函数调用不会产生可察觉的副作用。用于创建 `std::unique_ptr` 的类似函数 `std::make_unique` 给出了同样的保证。

C++17 中有保证的求值顺序

由于 C++17 中保证了求值顺序，本规则中已经讨论过的代码片段将不再导致内存泄漏。

```
void func(std::shared_ptr<Widget> sp1, std::shared_ptr<Widget> sp2) {
```

```
    ...
}
func(std::shared_ptr<Widget>(new Widget(1)),
     std::shared_ptr<Widget>(new Widget(2)));
```

和 C++14 标准不同，C++17 标准保证，函数调用 func 里的子表达式会在一项求值完成后再进行下一项。不过，哪个先哪个后仍没有明确规定。

7.3 智能指针

从库的角度，智能指针是 C++11 标准中最重要的补充。C++ Core Guidelines 中有十多条规则都和 std::unique_ptr、std::shared_ptr 以及 std::weak_ptr 相关。智能指针的规则归结为两类：作为所有者的基本用法，以及作为函数参数的基本用法。

7.3.1 基本用法

我在本节中假定你对智能指针有基本了解。如果你想了解所有细节，请阅读 std::unique_ptr、std::shared_ptr 以及 std::weak_ptr 的文档。

R.20 用 unique_ptr 或 shared_ptr 表示所有权

为了全面，这条规则还包括 std::weak_ptr。现代 C++ 共有三种智能指针来表达三种不同的所有权。

- **std::unique_ptr**：独占所有者
- **std::shared_ptr**：共享所有者
- **std::weak_ptr**：对 std::shared 所管理资源的非占有的引用

std::unique_ptr 是其资源的独占所有者。它不可以被拷贝，只能被移动。

```
auto uniquePtr1 = std::make_unique<int>(1998);
auto uniquePtr2(std::move(uniquePtr1));
```

std::shared_ptr 则共享所有权。当你拷贝或者拷贝赋值某个共享指针，它的引用计数增加；当你删除或者重置某个共享指针，它的引用计数则减少。当引用计数变为 0 时，其底层资源将被删除。

```
auto sharedPtr1 = std::make_shared<int>(1998);    // 引用计数为 1
auto sharedPtr2(sharedPtr1);                      // 引用计数为 2
```

std::weak_ptr 并不是智能指针。它有一个引用，引用指向被 std::shared_ptr 所管理的对象。它的接口颇为有限，不可以透明地访问底层资源。通过对 std::weak_ptr 调用其成员函数 lock，可以从某个 std::weak_ptr 创建出一个 std::shared_ptr。

```
auto sharedPtr1 = std::make_shared<int>(1998);     // 引用计数为 1
std::weak_ptr<int> weakPtr1(sharedPtr1);           // 引用计数为 1
auto sharedPtr2 = weakPtr1.lock();                 // 引用计数为 2
```

R.21 除非需要共享所有权，否则能用 unique_ptr 就别用 shared_ptr

当你需要智能指针的时候，应该首选 std::unique_ptr。在设计上，std::unique_ptr 和原始指针一样快，且一样可以高效利用内存。

这一结论对于 std::shared_ptr 则不成立。std::shared_ptr 需要管理它的引用计数并且需要分配额外的内存来维护其控制块。为了管理被控制对象的生存期，控制块是必需的。在你需要共享所有权时 std::shared_ptr 就能大显身手了。这种情况下，只做一次共享资源的分配，反而可以节省内存和时间。

不要为了做拷贝而贪图方便地使用 std::shared_ptr。std::unique_ptr 不可以被拷贝，但仍可以被移动。

```
 1 // moveUniquePtr.cpp
 2 
 3 #include <algorithm>
 4 #include <iostream>
 5 #include <memory>
 6 #include <utility>
 7 #include <vector>
 8 
 9 void takeUniquePtr(std::unique_ptr<int> uniqPtr) {
10     std::cout << "*uniqPtr: " << *uniqPtr << '\n';
11 }
12 
13 int main() {
14 
15     std::cout << '\n';
16 
17     auto uniqPtr1 = std::make_unique<int>(2011);
18 
19     takeUniquePtr(std::move(uniqPtr1));
20 
21     auto uniqPtr2 = std::make_unique<int>(2014);
22     auto uniqPtr3 = std::make_unique<int>(2017);
23 
24     std::vector<std::unique_ptr<int>> vecUniqPtr {};
25     vecUniqPtr.push_back(std::move(uniqPtr2));
26     vecUniqPtr.push_back(std::move(uniqPtr3));
27     vecUniqPtr.push_back(std::make_unique<int>(2020));
```

```
28
29     std::cout << '\n';
30
31     std::for_each(vecUniqPtr.begin(), vecUniqPtr.end(),
32                   [](std::unique_ptr<int>& uniqPtr) {
33                       std::cout <<  *uniqPtr << '\n';
34                   });
35
36     std::cout << '\n';
37
38 }
```

函数 `takeUniquePtr`（第 9 行）按值来传递 `std::unique_ptr`。此处的要点是，你必须把 `std::unique_ptr` 移动到函数里面。这点同样适用于 `std::vector<std::unique_ptr<int>>`（第 24 行）。和所有标准模板库的容器一样，`std::vector` 使用拷贝语义。容器想拥有元素，但复制 `std::unique_ptr` 是不可能的。`std::move` 解决了这个问题（第 25 和 26 行）。也可以直接构造 `std::unique_ptr`（第 27 行）。如果内部没有发生拷贝，你可以在 `std::vector<std::unique_ptr<int>>` 上应用 `std::for_each` 这样的算法（第 31 行）。

图 7.4 展示了程序的输出结果。

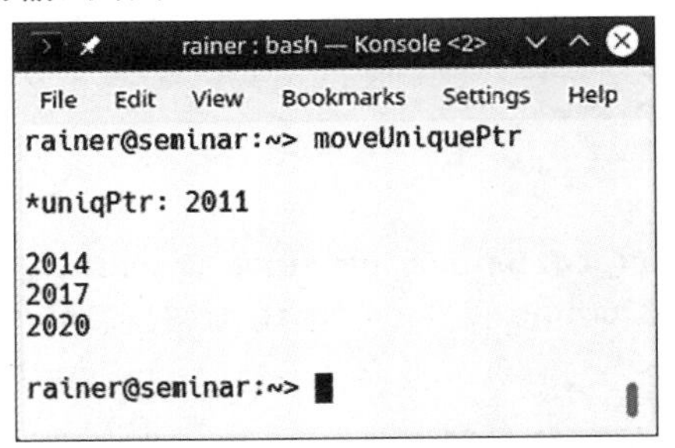

图 7.4 移动 `std::unique_ptr`

R.22 使用 make_shared()创建 shared_ptr

以及

R.23 使用 make_unique()创建 unique_ptr

要尽量使用 `std::make_unique` 来创建 `std::unique_ptr`，并使用 `std::make_shared` 来创建 `std::shared_ptr`，这有两个理由。

第一个理由是异常安全。详见前面的规则“R.13：在一条表达式语句中最多进行一次显式资源分配”。

第二个理由只对 std::shared_ptr 成立。

```
auto sharPtr1 = std::shared_ptr<int>(new int(1998));
auto sharPtr2 = std::make_shared<int>(1998);
```

当你调用 std::shared_ptr<int>(new int(1998)) 时，会发生两次内存分配：一次是针对 new int(1998)，还有一次是针对 std::shared_ptr 的控制块。内存分配代价较高，所以，你应当尽量避免。std::make_shared<int>(1998) 可将两次内存分配变成一次，因此更快。此外，分配出来的对象（new int(1998)）和控制块彼此相邻，所以访问也会更快。

R.24　使用 std::weak_ptr 来打破 shared_ptr 形成的环

如果 std::shared_ptr 互相引用，就会形成环状引用。例如，一个双向链表就会形成环。如果使用 std::shared_ptr 来实现链表，那引用计数永远不会为零，最终导致内存泄漏。以下是一个小例子。

图 7.5 中有两个环：首先，母女之间；其次，母子之间。然而，微妙的区别在于，母亲使用 std::weak_ptr 引用女儿。所以母子之间有一个 std::shared_ptr 形成的环让两个对象一起存活，而母女之间没有 std::shared_ptr 形成的环，这使得女儿对象可以被删除。

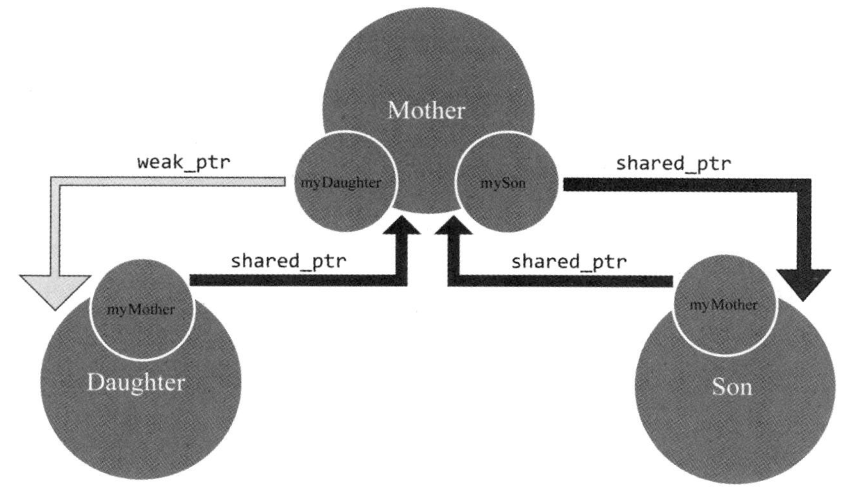

图 7.5　环状智能指针

如果你不喜欢图片，下面是相应的源码。

```
1 // cycle.cpp
2
3 #include <iostream>
4 #include <memory>
5
```

```
 6 struct Son;
 7 struct Daughter;
 8
 9 struct Mother {
10     ~Mother() {
11         std::cout << "Mother gone" << '\n';
12     }
13     void setSon(const std::shared_ptr<Son> s) {
14         mySon = s;
15     }
16     void setDaughter(const std::shared_ptr<Daughter> d) {
17         myDaughter = d;
18     }
19     std::shared_ptr<Son> mySon;
20     std::weak_ptr<Daughter> myDaughter;
21 };
22
23 struct Son {
24     explicit Son(std::shared_ptr<Mother> m): myMother(m) {}
25     ~Son() {
26         std::cout << "Son gone" << '\n';
27     }
28     std::shared_ptr<Mother> myMother;
29 };
30
31 struct Daughter {
32     explicit Daughter(std::shared_ptr<Mother> m): myMother(m) {}
33     ~Daughter() {
34         std::cout << "Daughter gone" << '\n';
35     }
36     std::shared_ptr<Mother> myMother;
37 };
38
39 int main() {
40
41     std::shared_ptr<Mother> m = std::make_shared<Mother>();
42     std::shared_ptr<Son> s = std::make_shared<Son>(m);
43     std::shared_ptr<Daughter> d = std::make_shared<Daughter>(m);
44     m->setSon(s);
45     m->setDaughter(d);
46
47 }
```

在 main 函数结束的时候，母亲、儿子和女儿的生存期也结束了。或者换个说法：

母亲、儿子和女儿离开了作用域，所以，类 Mother（10～12 行）、Son（25～27 行）以及 Daughter（33～35 行）的析构函数本应被自动调用。

之所以说“本应”，是因为只有女儿的析构函数被调用了，见图 7.6。

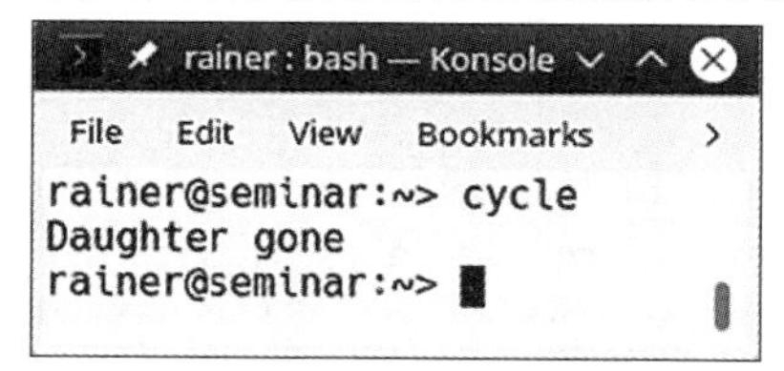

图 7.6 环状智能指针

因为母子之间的环状 std::shared_ptr，引用计数总是大于零，所以析构函数不会被自动调用。这一结论对母女不成立。如果女儿离开了作用域，她会被自动删除。

7.3.2 函数参数

本节的其余规则回答了这样几个问题：函数该如何接受智能指针作为参数？参数应该是 std::unique_ptr 还是 std::shared_ptr？参数应该以 const 还是以引用的方式获取？你应该将这些以智能指针作为函数参数的规则看作之前更一般的函数传参规则的细化。参见第 4 章中的“参数传递：入与出”以及“参数传递：所有权语义”。

在深入探讨这些规则前，首先用表 7.1 总体展示一下。

表 7.1 以智能指针作为函数参数

函数签名	语义	规则
func(std::unique_ptr<Widget>)	func 拿走所有权	R.32
func(std::unique_ptr<Widget>&)	func 要重装 Widget	R.33
func(std::shared_ptr<Widget>)	func 共享所有权	R.34
func(std::shared_ptr<Widget>&)	func 可能要重装 Widget	R.35
func(const std::shared_ptr<Widget>&)	func 可能保有一份引用计数	R.36

该表有五条规则，还有两条以智能指针作为参数的规则不在其中。首先，必须回答何时以智能指针作为函数参数。其次，如果函数通过引用来获取其参数，会带来危险。

让我们来回答第一个问题：什么时候应该以智能指针作为函数参数？

R.30 只在显式表达生存期语义时以智能指针作参数

如果你把智能指针作为参数传递给一个函数，而在这个函数中，你只使用智能指针的底层资源，你就做错了。在这种情况下，应该以原始指针或引用作为函数参数，因为你并不需要智能指针的生存期语义。

让我用示例来展示智能指针生存期管理的复杂情况。

```
1 // lifetimeSemantic.cpp
```

```
 2
 3 #include <iostream>
 4 #include <memory>
 5
 6 using std::cout;
 7
 8 void asSmartPointerGood(std::shared_ptr<int>& shr) {
 9     cout << "asSmartPointerGood \n";
10     cout << "    shr.use_count(): " << shr.use_count() << '\n';
11     shr.reset(new int(2011));
12     cout << "    shr.use_count(): " << shr.use_count() << '\n';
13     cout << "asSmartPointerGood \n";
14 }
15
16 void asSmartPointerBad(std::shared_ptr<int>& shr) {
17     cout << "asSmartPointerBad(sharedPtr2) \n";
18     *shr += 19;
19 }
20
21 int main() {
22
23     cout << '\n';
24
25     auto sharedPtr1 = std::make_shared<int>(1998);
26     auto sharedPtr2 = sharedPtr1;
27     cout << "sharedPtr1.use_count(): " << sharedPtr1.use_count()
28          << '\n';
29     cout << '\n';
30
31     asSmartPointerGood(sharedPtr1);
32
33     cout << '\n';
34
35     cout << "*sharedPtr1: " << *sharedPtr1 << '\n';
36     cout << "sharedPtr1.use_count(): " << sharedPtr1.use_count()
37          << '\n';
38     cout << '\n';
39
40     cout << "*sharedPtr2: " << *sharedPtr2 << '\n';
41     cout << "sharedPtr2.use_count(): " << sharedPtr2.use_count()
42          << '\n';
43     cout << '\n';
44
45     asSmartPointerBad(sharedPtr2);
```

```
46      cout << "*sharedPtr2: " << *sharedPtr2 << '\n';
47
48      cout << '\n';
49
50 }
```

让我从 `std::shared_ptr` 的正确示例开始。第 27 行的引用计数是 2，因为我用共享指针 `sharedPtr1` 来初始化 `sharedPtr2`。让我们仔细看一下函数 `asSmartPointerGood` 的调用（第 8 行）。在第 10 行，`shr` 的引用计数是 2，然后在第 12 行变成 1。在第 11 行发生了什么？ `shr` 被重置后指向了新的资源：`new int(2011)`。因此，共享指针 `sharedPtr1` 和 `sharedPtr2` 都立即成为不同资源的所有者。你可以在图 7.7 中观察到这一行为。

图 7.7　智能指针的生存期语义

当你在某个共享指针 `sharedPtr` 上调用 `reset` 时，复杂的工作流程会在幕后发生：

- 如果你在 `sharedPtr` 上调用 `reset` 而不带参数，引用计数会减 1。之后，`sharedPtr` 不再是资源所有者。
- 如果你在调用 `reset` 时带了个参数，并且引用计数至少是 2，你会得到两个独立的共享指针，它们拥有不同的资源。
- 如果你在调用 `reset` 时引用计数变为 0，那么无论是否带参数，其资源均会被释放。

`asSmartPointerBad(std::shared_ptr<int>& shr)` 参数的语义表明，你可能会在函数中重装智能指针[1]，但是函数没有任何这样做的意图。

这样，你的方法的用户就会被引导到错误的方向上。

如果你只对共享指针的底层资源感兴趣，这种魔法就是多余的；因此，原始指针或

1 译者注：“重装”（reseat）是 Herb Sutter 引入的术语，表示函数会修改引用参数的智能指针的内容，来指向一个不同的对象。

引用才是函数 asSmartPointerBad（第 16 行）的正确参数。

std::unique_ptr

有两条关于 std::unique_ptr 参数的规则。

- R.32：接受 unique_ptr<Widget> 参数以表达函数获取对 Widget 的所有权。
- R.33：接受 unique_ptr<Widget>& 参数以表达函数会重装 Widget。

以下就是相应的函数签名：

```
void sink(std::unique_ptr<Widget>)
void reseat(std::unique_ptr<Widget>&)
```

std::unique_ptr<Widget>

当函数要获取 Widget 的所有权时，你应当按值来接受相应的 std::unique_ptr<Widget>。因此调用方必须移动 std::unique_ptr<Widget>。

```
// uniqPtrMove.cpp

#include <memory>
#include <utility>

struct Widget {
    explicit Widget(int) {}
};

void sink(std::unique_ptr<Widget> uniqPtr) {
    // 使用 uniqPtr 干些什么，然后丢弃它

}

int main() {

    auto uniqPtr = std::make_unique<Widget>(1998);

    sink(std::move(uniqPtr));        // 可以
    sink(uniqPtr);                   // 错误

}
```

调用 sink(std::move(uniqPtr)) 是可以的，但是调用 sink(uniqPtr) 就不行，因为你不能拷贝 std::unique_ptr。当你的函数只是想使用 Widget 时，使用指针或引用即可，参照之前的规则“R.30：只在显式表达生存期语义时以智能指针作参数”。

std::unique_ptr<Widget>&

有时函数想要重装 Widget。在这种情况下，应当按非 const 引用来传入

std::unique_ptr<Widget>。

```
// uniqPtrReference.cpp

#include <memory>
#include <utility>

struct Widget{
   Widget(int) {}
};

void reseat(std::unique_ptr<Widget>& uniqPtr) {
   uniqPtr.reset(new Widget(2003));
   // 使用 uniqPtr 干些什么
}

int main() {

   auto uniqPtr = std::make_unique<Widget>(1998);

   reseat(std::move(uniqPtr));        // 错误
   reseat(uniqPtr);                   // 可以

}
```

现在调用 reseat(std::move(uniqPtr)) 会失败，因为你不能将右值绑定到非 const 的左值引用。这个错误在下面一行的调用中不成立：reseat(uniqPtr)。左值可以被绑定到一个左值引用。此外，uniqPtr.reset(new Widget(2003)) 产生了一个新的 Widget(2003)，并析构了旧的 Widget(1998)。

std::shared_ptr 的三条规则中有两条是重复的；所以，我不再赘述细节。

std::shared_ptr

关于类型为 std::shared_ptr 的参数，有三条规则。

- R.34：接受 shared_ptr<widget> 参数以表达函数是共享的所有者。
- R.35：接受 shared_ptr<widget>& 参数以表达函数可能会重装共享指针。
- R.36：接受 const shared_ptr<widget>& 参数以表达函数可能保有指向对象的一份引用计数。

下面是相关的 std::shared_ptr 的函数签名：

```
void share(std::shared_ptr<Widget>);
void reseat(std::shared_ptr<Widget>&);
void mayShare(const std::shared_ptr<Widget>&);
```

让我们单独看下每个函数签名。从函数的视角看它们意味着什么？

- **void share(std::shared_ptr<Widget>)**：在函数的生存期内，我是这个 Widget 的共享所有者。在函数开始时，我增加引用计数；在函数结束时，我减少引用计数；因此，只要我在用 Widget，它就一直活着。
- **void reseat(std::shared_ptr<Widget>&)**：我不是 Widget 的共享所有者，因为我没有改变引用计数。我不能保证 Widget 在函数的执行过程中存活，但我可以重装资源。
- **void mayShare(const std::shared_ptr<Widget>&)**：我也许会分享该资源。根据函数逻辑，如果需要共享，函数可以通过拷贝 shared_ptr 将其保留下来。如果共享最终不需要的话，也不会有额外开销（因为函数只要求一个 const 引用的参数）。

R.37 不要传递从智能指针别名中获得的指针或引用

首先，这条规则的标题可能有点误导。智能指针的别名（智能指针的引用）是智能指针，但你不是所有者。若违反这条规则，会造成悬空指针。

以下示例代码说明了这个问题。

```
void oldFunc(Widget& wid){
    // 使用 wid 干些什么
}

void shared(std::shared_ptr<Widget>& shaPtr){

    oldFunc(*shaPtr);
    // 使用 shaPtr 干些什么

}

auto globShared = std::make_shared<Widget>(2011);

...

shared(globShared);
```

globShared 是一个全局共享的指针。函数 shared 通过引用来获取它的参数。因此，以别名方式使用的智能指针 shaPtr 的引用计数不会增加，而且函数 shared 没有延长 Widget(2011) 的生存期。问题从调用 oldFunc(*shaPtr) 开始。oldFunc 接受一个指向 Widget 的引用，因此 oldFunc 并不能保证 Widget 在其执行过程中保持存活，它仅仅借用了 Widget。

解决这个问题的方法也简单。你必须确保 globShared 的引用计数在调用函数 oldFunc 之前增加。

- 按值把 std::shared_ptr 传给函数 shared：

```
void shared(std::shared_ptr<Widget> shaPtr) {

    oldFunc(*shaPtr);

    // 使用 shaPtr 干点什么

}
```

- 在函数 shared 里创建 shaPtr 的拷贝：

```
void shared(std::shared_ptr<Widget>& shaPtr) {

    auto keepAlive = shaPtr;
    oldFunc(*shaPtr);

    // 使用 keepAlive 或 shaPtr 干点什么

}
```

让我把解决方法表述为一条直白的规则：**只有当你实际持有共享资源所有权的一部分时，你才可以访问该资源。**

同样的推论也适用于 std::unique_ptr，但是没有简单的解决方法，因为你不可以拷贝 std::unique_ptr。

7.4 相关规则

资源管理的一般规则与现有的关于函数和接口的规则有很大的重合（见第 4 章）。

处理以智能指针作为函数参数的规则是对以前函数传参规则的细化。参见第 4 章中的“参数传递：入与出”以及“参数传递：所有权语义”。

本章精华

重要

- 要自动管理资源。为资源创建某种代理对象。代理的构造函数获取资源，而代理的析构函数释放资源。C++ 运行时会管理好代理。
- 尽可能使用有作用域的对象。有作用域的对象是一个带有自己作用域的对象。它可能是个本地对象、全局对象，或者是某个类的成员。C++ 运行时会管理好有作用域的对象。

- 不要使用 malloc 和 free，并避免使用 new 和 delete。立即将显式资源分配的结果交给一个管理者对象，如 std::unique_ptr 或 std::shared_ptr。
- 使用智能指针 std::unique_ptr 来表达独占所有权，并使用智能指针 std::shared_ptr 来表达共享所有权。使用 std::make_unique 来创建 std::unique_ptr，并使用 std::make_shared 来创建 std::shared_ptr。
- 如果你要表达生存期语义，就以智能指针作为函数参数。否则，用普通指针或引用即可。
- 按值接受智能指针作为函数参数以表达所有权语义；按引用接受智能指针以表达函数可能会重装智能指针。

第 8 章

表达式和语句

Cippi 回到了学校

根据 C++ Core Guidelines，“表达式和语句是表达动作和计算的最基本和最直接的方式”。本章有大约 65 条规则，列出了声明、表达式和语句的一般最佳实践，还特别讨论了算术表达式。

首先，我想给出关于表达式和语句的非正式定义：

- **表达式**的计算结果为值。
- **语句**做某事，通常由表达式或语句组成。

```
5 * 5;                 // 表达式

std::cout << 25;       // 打印语句
auto a = 10;           // 赋值语句

auto b = 5 * 5;        // 表达式语句
```

包含在块作用域中的声明是语句。块作用域是指包含在花括号内的内容。

8.1　通用规则

C++ Core Guidelines 有两条关注表达式和语句的通用规则。

ES.1　优先使用标准库，而不是其他库和“手工代码”

没有理由写一个原始循环来求双精度 vector 的和：

```
int max = v.size();
double sum = 0.0;
for (int i = 0; i < max; ++i) sum += v[i];
```

若使用标准模板库（STL）中的 `std::accumulate` 算法，则可以清楚传达你的意图，并使代码更具可读性。

```
auto sum = std::accumulate(std::begin(v), std::end(v), 0.0);
```

也许你的下一个任务是对双精度数做乘法运算，只需要在调用 `std::accumulate` 时带上合适的 lambda 表达式。

```
auto pro = std::accumulate(std::begin(v), std::end(v), 1.0,
              [](double fir, double sec){ return fir * sec; });
```

这个解决方案很好，但并不完美。C++ 标准已经定义了许多函数对象，比如乘法。

```
auto pro = std::accumulate( std::begin(v), std::end(v), 1.0,
                            std::multiplies<>());
```

这条规则让我想起了 Sean Parent 在 2013 年的 C++ Seasoning 会议上的一句话：“如果你想提高组织中的代码质量，那就用一个目标取代所有的编码规则：用算法替代原始循环。”或者更直接地说，如果你在写一个原始循环，那可能说明你对 STL 的算法知之甚少——STL 有一百多种算法。

ES.2　优先使用合适的抽象，而非直接使用语言特性

这又是一个似曾相识的场景。在一次 C++ 研讨会上，我们进行了长时间的讨论，然后对几个非常复杂的手工函数进行了更深入的分析，这些函数用于读写 `std::strstream`。我的学生不得不维护一个函数，一周后，他们仍不知道这个函数是如何工作的。他们感到困惑的主要原因是，这些函数没有建立在合适的抽象基础之上。

例如，考虑下面这个用于读取 `std::istream` 的手工函数。

```
char** read1(istream& is, int maxelem, int maxstring, int* nread) {
    auto res = new char*[maxelem];
    int elemcount = 0;
    while (is && elemcount < maxelem) {
```

```
        auto s = new char[maxstring];
        is.read(s, maxstring);
        res[elemcount++] = s;
    }
    *nread = elemcount;
    return res;
}
```

相比之下，以下函数就很容易理解了吧？

```
std::vector<std::string> read2(std::istream& is) {
    std::vector<std::string> res;
    for (string s; is >> s;) res.push_back(s);
    return res;
}
```

合适的抽象通常意味着不必考虑资源的所有权，正如函数 `read2` 那样。对于函数 `read1` 来说，这个问题确实存在。`read1` 的调用者是结果的所有者，因此必须负责删除所返回的资源。

8.2　声明

首先，以下是 C++ Core Guidelines 对声明的定义：

声明是一条语句。声明将名字引入作用域中，并可能引起具名对象的构造。

声明的规则是关于名字、变量及其初始化以及宏的规则。

8.2.1　名字

一方面，以下规则是显而易见的，我只是简单地描述一下。另一方面，我知道许多代码库永久性地违反了这些规则。例如，我曾采访过一位前 Fortran 程序员，他说：每个名字应该正好有三个字符。

让我先说出最重要的规则：**好名字可能是好软件最重要的规则。**

ES.5　保持作用域较小

如果作用域很小，你可以把它放在一屏之中以便弄清楚状况。如果作用域变得太大，则应该将代码结构化为函数或类。在重构过程中，要识别逻辑实体并使用自解释的名称。之后，对代码进行思考就容易多了。

ES.6 在 for 语句的初始化式和条件中声明名字以限制其作用域

自第一个 C++ 标准开始，就可以在 for 语句中声明变量。

Bjarne Stroustrup 的《C++ 语言的设计和演化》

Bjarne Stroustrup 在审阅本书时指出，甚至在第一个 C++ 标准之前，就可以在 for 语句中定义名称了。如果你对 C++ 的历史感到好奇，我强烈建议你阅读 Bjarne 的《C++ 语言的设计和演化》一书。

自 C++17 以来，我们还可以在 if 或 switch 语句中声明变量。

```
std::map<int,std::string> myMap;

if (auto result = myMap.insert(value); result.second) {
    useResult(*result.first);
    // ...
} else {
    // ...
}  // result 被自动销毁
```

变量 result 仅在 if 语句的 if 和 else 分支内有效。result 不会污染外部作用域，并自动销毁。在 C++17 之前，必须在作用域外声明 result。

```
std::map<int,std::string> myMap;
auto result = myMap.insert(value);
if (result.second){
    useResult(*result.first);
    // ...
} else {
    // ...
}
```

ES.7 常用的和局部的名字要短，不常用的和非局部的名字要长

这条规则听起来很奇怪，但我们已经习惯了。给变量起名 i 或 j，或给变量起名 T，其意图立即明确：i 和 j 是索引，而 T 是模板参数的类型。

```
template<typename T>
void print(std::ostream& os, const std::vector<T>& v) {
    for (int i = 0; i < v.size(); ++i) os << v[i] << '\n';
}
```

i 对于循环控制变量来说是个不错的名字，对于函数参数来说是个差劲的名字，对

于全局变量来说则是个糟糕的名字。

这条规则的背后有一条元规则：名字应该是自解释的。在简短的上下文中，你一眼就能理解变量的含义。但它不会自动适用于较长的上下文，这时，应使用更长的名字。

ES.8　避免看起来相似的名字

你能毫不迟疑地读出这个例子吗？

```
if (readable(i1 + l1 + ol + o1 + o0 + ol + o1 + I0 + l0)) surprise();
```

例如，我经常遇到数字 0 和大写字母 O 的问题。根据使用的字体，它们看起来可能会很相似。几年前，我经常要花不少时间才能登录一台服务器，那是因为我自动生成的密码中包含一个字母 O。

ES.9　避免 ALL_CAPS 风格的名字

如果使用了 ALL_CAPS（全大写加下画线）风格的名字，宏替换可能会发生，因为 ALL_CAPS 常常用于宏。下面的代码可能有点令人吃惊：

```
// 某头文件的某处：
#define NE !=

// 另一个头文件的某处：
enum Coord { N, NE, NW, S, SE, SW, E, W };

// 然后，某倒霉程序员的 .cpp 文件的某处：
switch (direction) {
case N:
    // ...
case NE:
    // ...
// ...
}
```

ES.10　每条声明（仅）声明一个名字

让我举两个例子，你能发现其中的两个问题吗？

```
char* p, p2;
char a = 'a';
p = &a;
p2 = a;
```

```
int a = 7, b = 9, c, d = 10, e = 3;
```

p2 只是一个 char，c 没有被初始化。到了 C++17，这条规则里有了一个例外：结构化绑定。

现在，可以根据规则“ES.6：在 for 语句的初始化式和条件中声明名字以限制其作用域”，使用更干净、更可读的语法写出带有初始化器的 if 语句。

```
std::map<int, std::string> myMap;

if (auto [iter, succeeded] = myMap.insert(value); succeeded) {
    useResult(iter);
    // ...
}
else {
    // ...
} // iter 和 succeeded 被自动销毁
```

ES.11 使用 auto 来避免类型名字的多余重复

如果你使用 auto，修改代码可能就是小菜一碟。

下面的代码片段只使用 auto，你不必考虑类型问题，因此不会出错。这意味着 res 的类型在最后将是 int。借助 typeid 操作符，可以得到一个表示类型的字符串。

```
auto a = 5;
auto b = 10;
auto sum = a * b * 3;
auto res = sum + 10;
std::cout << typeid(res).name() << '\n';    // i
```

如果你决定把字面量 b 从 int 改成 double (1)，或者用浮点数 3.2f 代替 int 字面量 3 (2)，res 总是有正确的类型。编译器会自动推断出正确的类型。

```
auto a = 5;
auto b = 10.5;              // (1)
auto sum = a * b * 3;
auto res = sum * 10;
std::cout << typeid(res).name() << '\n';   // d

auto a = 5;
auto b = 10;
auto sum = a * b * 3.2f;    // (2)
auto res = sum * 10;
std::cout << typeid(res).name() << '\n';   // f
```

GCC 和 Clang 编译器会在上面的三个代码片段中生成类型提示 i、d 和 f；MSVC 编译器则会生成更详细的类型提示，如 int、double 和 float。

ES.12　不要在嵌套作用域中复用名字

出于可读性和可维护性原因，不应在嵌套作用域中复用名字。

```
// shadow.cpp

#include <iostream>

int shadow(bool cond) {
    int d = 0;
    if (cond) {
        d = 1;
    }
    else {
        int d = 2;      // 声明了本地作用域的 d;
                        // 隐藏了父作用域里的 d
        d = 3;
    }                   // 本地作用域的 d 没有了
    return d;
}

int main() {

    std::cout << '\n';

    std::cout << "shadow(true): " << shadow(true) << '\n';
    std::cout << "shadow(false): " << shadow(false) << '\n';

    std::cout << '\n';

}
```

程序的输出是什么？是不是对多个 d 感到困惑？图 8.1 显示了结果。

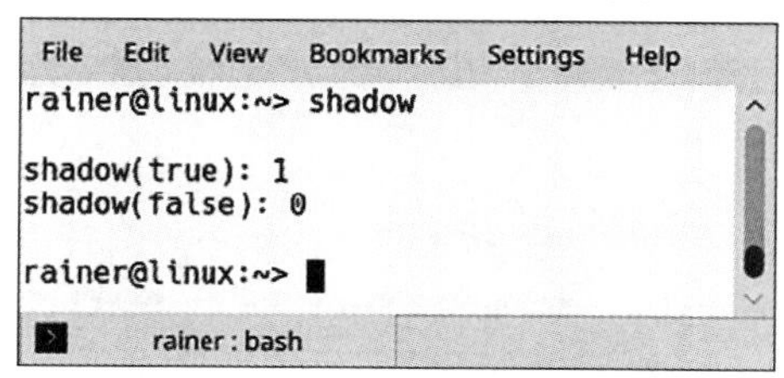

图 8.1　在嵌套作用域中复用名字

这很简单！对吧？但同样的事情发生在类层次结构中，结果就会令人感到很意外了。

```
// shadowClass.cpp

#include <iostream>
#include <string>

struct Base {
    void shadow(std::string) {                      // (1)
        std::cout << "Base::shadow" << '\n';
    }
};

struct Derived: Base {
    void shadow(int) {                              // (2)
        std::cout << "Derived::shadow" << '\n';
    }
};

int main() {

    std::cout << '\n';

    Derived derived;

    derived.shadow(std::string{});                  // (3)
    derived.shadow(int{});

    std::cout << '\n';

}
```

`Base` 和 `Derived` 结构体都有一个成员函数 `shadow`。`Base` 中的那个接受 `std::string` (1)，另一个接受 `int` (2)。当你用默认构造的 `std::string` (3) 调用派生对象时，你可能认为调用的是基类版本。错了！成员函数 `shadow` 是在 `Derived` 类中实现的那个，在名称解析过程中，基类的成员函数不被考虑。图 8.2 显示了 GCC 的编译错误。

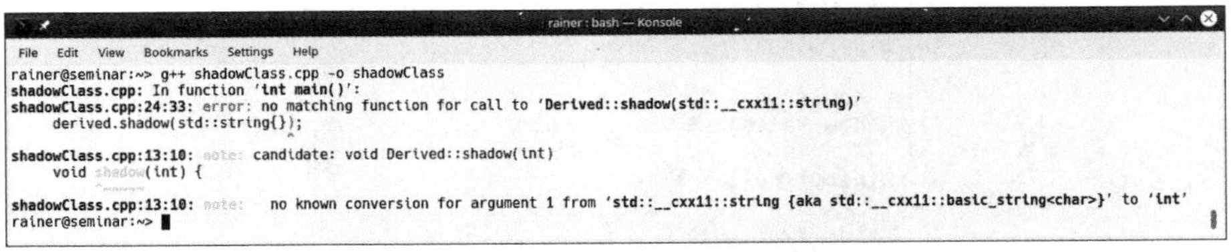

```
rainer@seminar:~> g++ shadowClass.cpp -o shadowClass
shadowClass.cpp: In function 'int main()':
shadowClass.cpp:24:33: error: no matching function for call to 'Derived::shadow(std::__cxx11::string)'
     derived.shadow(std::string{});
                                 ^
shadowClass.cpp:13:10: note: candidate: void Derived::shadow(int)
     void shadow(int) {
          ^~~~~~
shadowClass.cpp:13:10: note:   no known conversion for argument 1 from 'std::__cxx11::string {aka std::__cxx11::basic_string<char>}' to 'int'
rainer@seminar:~>
```

图 8.2　基类的成员函数被隐藏

使用 using 声明，基类里的 shadow 在 Derived 里就是看得见的。

```
struct Derived: Base {
    using Base::shadow;
    void shadow(int) {
        std::cout << "Derived::shadow" << '\n';
    }
};
```

在 Derived 中加入 using Base::shadow 后，程序的表现与预期一致（见图 8.3）。规则“C.138：使用 using 为派生类及其基类创建重载集”展示了类层次结构中的遮蔽问题。

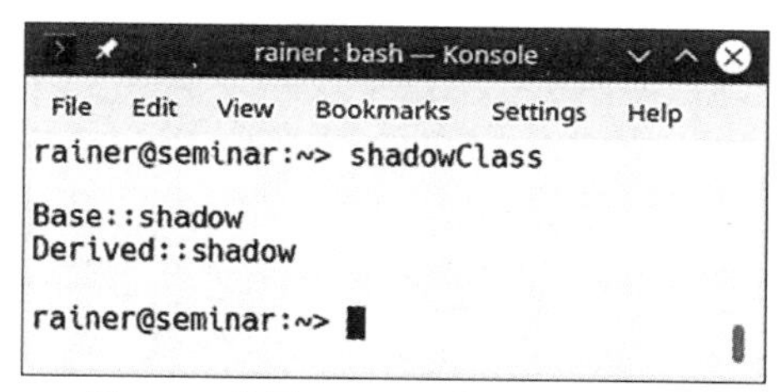

图 8.3　使用 using 声明改变可见性

8.2.2　变量及变量初始化

就像上一节关于名字的内容一样，这一节中关于变量及其初始化的规则往往很明显，但有时也有宝贵的深刻见解。因此，我将快速地介绍较为直观的规则，并对有价值的部分进行更深入的阐述。

ES.20　始终初始化对象

这是许多专业的 C++ 程序员都会弄错的基本技巧。下面有个简单的问题：哪些变量被初始化了？

```
struct T1 {};

class T2{
public:
    T2() {}
};

int n;                  // 好

int main() {
    int n2;             // 不好
    std::string s;      // 好
```

```
    T1 t1;              // 好
    T2 t2;              // 好
}
```

n 属于全局作用域，又是基本类型，因此，它被初始化为 0。但是，初始化不会发生在 n2 上，因为它属于局部作用域，所以没有被初始化。但是如果你使用用户定义类型，如 std::string、T1 或 T2，那么即使是局部作用域里的变量，编译器也有可能将其初始化[1]。

有一个简单的修复方法可以防止此问题：使用 auto。这样，你再也不会忘记初始化变量了。

```
struct T1 {};

class T2{
public:
    T2() {}
};

auto n = 0;

int main() {
    auto n2 = 0;
    auto s = ""s;
    auto t1 = T1();
    auto t2 = T2();
}
```

ES.21 不要在确实需要使用变量（或常量）之前就将其引入

在 C 标准 C89 中，必须在作用域的开头声明所有变量。我们现在编程用的是 C++，而不是 C89。

ES.22 在获得可用来初始化变量的值之前不要声明变量

如果你不遵循这条规则，你可能会引发所谓的“设值前使用”错误。请看 Guidelines 中的例子。

```
int var;

if (cond) set(&var); // 颇复杂的条件判断
else if (cond2 || !cond3) {
```

1 译者注：作者此处阐述得不十分清晰。用户定义类型可通过构造函数和成员初始化器来保证对对象进行初始化，但用户定义类型也可能没有对数据成员进行恰当的初始化（因为没有构造函数，或漏初始化某个成员，等等）。

```
    var = set2(3.14);
}

// 使用 var
```

如果 cond3 成立而 cond 和 cond2 均不成立，那么 var 在使用时不会被初始化。

ES.23　优先使用 {} 初始化语法

使用 {} 初始化的原因有很多。

{} 初始化：

- 始终可用。
- 克服“最令人烦恼的解析”。
- 防止窄化转换。

前两点使 C++ 更符合直觉，而最后一点经常可以防止未定义行为。

始终可用

{} 初始化始终是可用的。这里有几个例子。

```
// uniformInitialization.cpp

#include <map>
#include <vector>
#include <string>

// C 数组的初始化
class Array {
public:
    Array(): myData{1,2,3,4,5} {}

private:
    const int myData[5];
};

class MyClass {
public:
    int x;
    double y;
};

class MyClass2 {
  public:
```

```
    MyClass2(int fir, double sec): x{fir}, y{sec} {}
  private:
    int x;
    double y;
};

int main() {

    // 标准容器的直接初始化
    int intArray[]= {1, 2, 3, 4, 5};
    std::vector<int> intArray1{1, 2, 3, 4, 5};
    std::map<std::string, int> myMap{ {"Scott", 1976},
                                      {"Dijkstra", 1972} };

    Array arr;

    // 任意对象的默认初始化
    int i{};                         // i 初始化为 0
    std::string s{};                 // s 初始化为 ""
    std::vector<float> v{};          // v 初始化为空的 vector
    double d{};                      // d 初始化为 0.0

    // 直接初始化有公共成员的对象
    MyClass myClass{2011, 3.14};
    MyClass myClass1 = {2011, 3.14};

    // 利用构造函数初始化对象
    MyClass2 myClass2{2011, 3.14};
    MyClass2 myClass3 = {2011, 3.14};

}
```

好吧，不该说“始终”的。{} 初始化存在一种奇怪的行为，不过在 C++17 中它已经被修复了。

利用 auto 进行类型推导

始终可用吗？是的，但你必须记住一条特殊规则。如果你用 auto 进行自动类型推导，然后结合使用 {} 初始化，你会得到 std::initializer_list。

```
auto initA{1};          // std::initializer_list<int>
auto initB = {2};       // std::initializer_list<int>
auto initC{1, 2};       // std::initializer_list<int>
auto initD = {1, 2};    // std::initializer_list<int>
```

这种违反直觉的行为在 C++17 中改掉了：

```
auto initA{1};          // int
auto initB = {2};       // std::initializer_list<int>
auto initC{1, 2};       // 错误，非单个元素
auto initD = {1, 2};    // std::initializer_list<int>
```

最令人烦恼的解析

最令人烦恼的解析（most vexing parse）非常有名，几乎所有的专业 C++ 开发者都曾经掉进这个陷阱。下面的小程序演示了这个陷阱。

```
// mostVexingParse.cpp

#include <iostream>

struct MyInt {
    MyInt(int arg = 0): i(arg) {}
    int i;
};


int main() {

    MyInt myInt(2011);
    MyInt myInt2();

    std::cout << myInt.i;
    std::cout << myInt2.i;

}
```

如图 8.4 所示，这个看起来很简单的程序却编译不过！

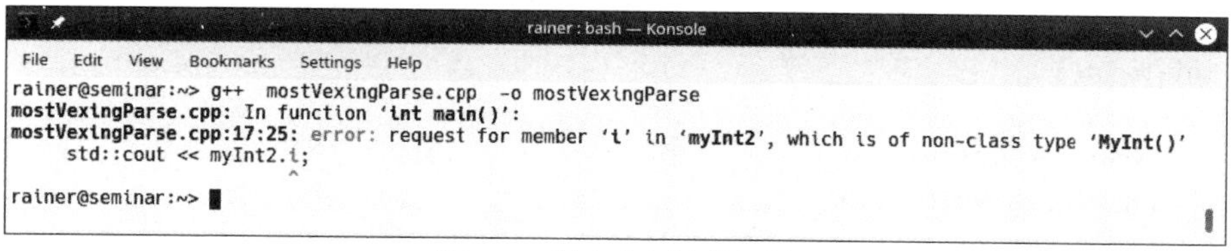

```
rainer : bash — Konsole
File  Edit  View  Bookmarks  Settings  Help
rainer@seminar:~> g++  mostVexingParse.cpp  -o mostVexingParse
mostVexingParse.cpp: In function 'int main()':
mostVexingParse.cpp:17:25: error: request for member 'i' in 'myInt2', which is of non-class type 'MyInt()'
     std::cout << myInt2.i;
                         ^
rainer@seminar:~>
```

图 8.4　最令人烦恼的解析

这个错误信息意义不大。编译器可将表达式 `MyInt myInt2()` 解释为对构造函数的调用或对函数的声明。当出现歧义时，它会选择函数声明。因此，调用 `myInt2.i` 是无效的。

将调用 `MyInt myInt2()` 中的圆括号替换为花括号，即将其改为 `MyInt`

myInt2{}，就可以解决这个歧义问题。

```
// mostVexingParseSolved.cpp

#include <iostream>

struct MyInt {
    MyInt(int arg = 0): i(arg) {}
    int i;
};


int main() {

    MyInt myInt(2011);
    MyInt myInt2{};

    std::cout << myInt.i;
    std::cout << myInt2.i;

}
```

窄化转换

窄化转换是指算术值的隐式转换，精度损失也包含在内。这听起来非常危险，也是未定义行为的一个常见原因。

下面的代码片段举例说明了 char 和 int 这两种基本类型的窄化转换。是使用直接初始化还是复制初始化，其实并不重要[1]。

```
// narrowingConversion.cpp

#include <iostream>

int main() {

    char c1(999);
    char c2 = 999;
    std::cout << "c1: " << c1 << '\n';
    std::cout << "c2: " << c2 << '\n';
```

1 译者注："直接初始化"和"复制初始化"是 C++ 的标准术语。前者指直接使用构造函数的初始化方式，不使用等号，可使用 () 或 {}，如 new int(42) 和 int n{42}。后者指通过另一个对象的初始化方式，初始化变量时需要使用等号，如 int n = 42。更多细节可查看 cppreference.com 网站。

```
    int i1(3.14);
    int i2 = 3.14;
    std::cout << "i1: " << i1 << '\n';
    std::cout << "i2: " << i2 << '\n';

}
```

该程序的输出显示了这两个问题。首先，int 字面量 999 不符合 char 类型；其次，double 字面量不符合 int 类型，参见图 8.5。

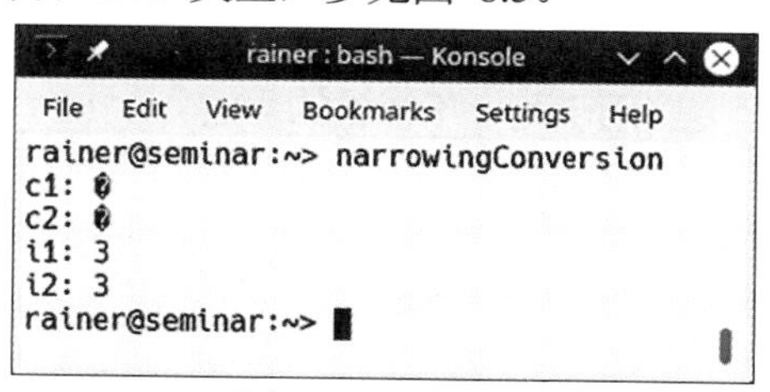

图 8.5　窄化转换

若使用 {} 初始化，就不会出现窄化转换的问题。

```
// narrowingConversionSolved.cpp

#include <iostream>

int main() {

    char c1{999};
    char c2 = {999};
    std::cout << "c1: " << c1 << '\n';
    std::cout << "c2: " << c2 << '\n';

    int i1{3.14};
    int i2 = {3.14};
    std::cout << "i1: " << i1 << '\n';
    std::cout << "i2: " << i2 << '\n';

}
```

由于 {} 初始化检测到窄化转换，因此可以发现程序是劣构的。编译器至少会诊断出一个警告。大多数编译器将窄化转换当作错误处理。为了安全起见，在编译程序时一定要设置窄化标志。图 8.6 显示了用 GCC 编译失败的情况。

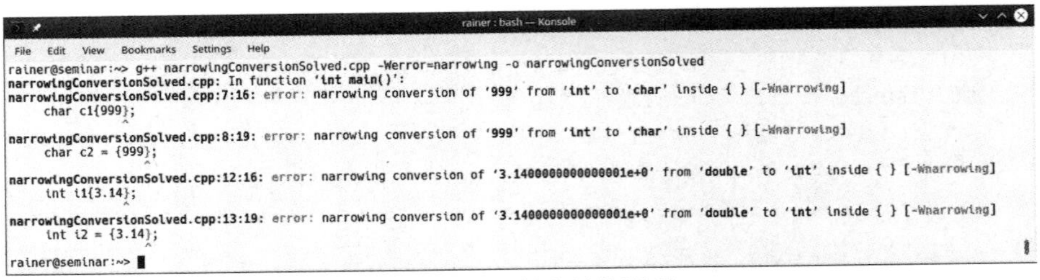

```
rainer : bash — Konsole
File  Edit  View  Bookmarks  Settings  Help
rainer@seminar:~> g++ narrowingConversionSolved.cpp -Werror=narrowing -o narrowingConversionSolved
narrowingConversionSolved.cpp: In function 'int main()':
narrowingConversionSolved.cpp:7:16: error: narrowing conversion of '999' from 'int' to 'char' inside { } [-Wnarrowing]
     char c1{999};
               ^
narrowingConversionSolved.cpp:8:19: error: narrowing conversion of '999' from 'int' to 'char' inside { } [-Wnarrowing]
     char c2 = {999};
                  ^
narrowingConversionSolved.cpp:12:16: error: narrowing conversion of '3.1400000000000001e+0' from 'double' to 'int' inside { } [-Wnarrowing]
     int i1{3.14};
               ^
narrowingConversionSolved.cpp:13:19: error: narrowing conversion of '3.1400000000000001e+0' from 'double' to 'int' inside { } [-Wnarrowing]
     int i2 = {3.14};
                  ^
rainer@seminar:~> 
```

图 8.6　窄化转换被检测到

ES.26 不要将同一个变量用于两个不相关的目的

你喜欢下面的代码吗？

```
void use() {
    int i;
    for (i = 0; i < 20; ++i) { /* ... */ }
    for (i = 0; i < 200; ++i) { /* ... */ } // 不好：i 被回收利用了
}
```

希望不是。将 `i` 的声明放入 `for` 循环，那就可以了。这样 `i` 就会绑定到 `for` 循环的生存期里。

```
void use() {
    for (int i = 0; i < 20; ++i) { /* ... */ }
    for (int i = 0; i < 200; ++i) { /* ... */ }
}
```

到了 C++17，可以直接在 `if` 语句或 `switch` 语句中声明变量。

ES.28 使用 lambda 表达式进行复杂的初始化（尤其是对 const 变量）

我经常听到这样的问题：为什么要就地（in place）调用 lambda 函数？这条规则回答了这个问题。可以把复杂的初始化步骤放在 lambda 里。如果你的变量应该变成 `const`，那么 lambda 的就地调用尤其有价值。

如果不想在初始化后修改你的变量，则应该让它成为 `const`。但有时，变量的初始化包括不止一个步骤，因此，你不能使变量成为 `const`。

在下面的例子中，`widget x` 在初始化后应该是 `const`。但因为它在初始化过程中被修改过几次，所以你不能把这个变量变成 `const`。

```
widget x;   // 应当声明为 const，但是：
for (auto i = 2; i <= N; ++i) {
    x += some_obj.do_something_with(i);
}
```

```
// 从这里开始，x 本来应该是 const
// 但是，在这种风格的代码中，我们没法这样表达
```

这时候，lambda 表达式就可以来救场了。你可以使用一种技术，它被称为立即调用的 lambda 表达式。

你可以把初始化代码放到 lambda 表达式中，通过引用捕获环境变量，用就地调用的 lambda 函数初始化你的 `const` 变量。

```
const widget x = [&]{
    widget val;
    for (auto i = 2; i <= N; ++i) {
        val += some_obj.do_something_with(i);
    }
    return val;
}();
```

的确，就地调用 lambda 函数看起来有点奇怪，但从概念上看，我喜欢这样。你需要把整个初始化代码都放在 lambda 的函数体中，最后一对圆括号调用了它。

8.2.3 宏

如果 C++ 标准化委员会中有一个共识，那就是宏必须被淘汰。宏只是一种没有任何 C++ 语义的文本替换。它们对写好的代码进行转换，使编译器看到不同的代码。这种转换非常容易出错，并掩盖了错误的真正原因。

但有时你必须处理老代码，这些代码依赖于宏。为了完整起见，C++ Core Guidelines 对宏有四条规则。

- ES.30：不要使用宏来操纵程序文本。
- ES.31：不要把宏当作常量或“函数”使用。
- ES.32：对所有的宏名称使用 `ALL_CAPS` 命名。
- ES.33：如果你必须使用宏，请给它们起唯一的名字。

让我从“不要”开始。下面的例子显示了函数宏 `max` 的用法。我从 `param.h` 头文件中复制了 `max`，该文件是 GNU C 库的一部分。

```
// macro.cpp

#include <stdio.h>

#define max(a, b) ((a) > (b)) ? (a) : (b)

int main() {

    int a = 1, b = 2;
    printf("\nmax(a, b): %d\n", max(a, b));
```

```
    printf("a = %d, b = %d\n", a, b);

    printf("\nmax(++a, ++b): %d\n", max(++a, ++b));     // (1)
    printf("a = %d, b = %d\n\n", a, b);                 // (2)

}
```

(2) 这个地方的输出可能会让你惊讶，参见图 8.7。

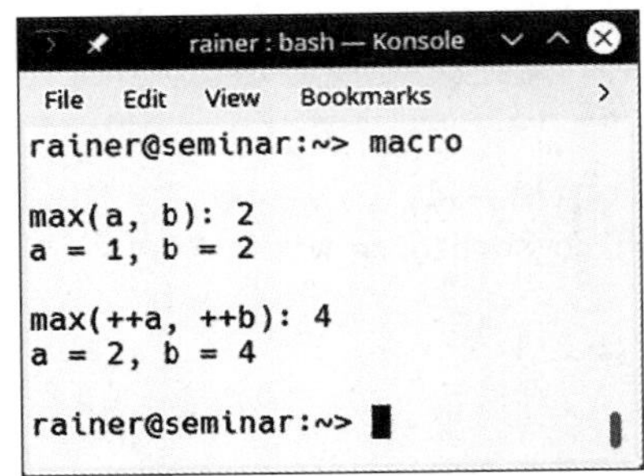

图 8.7 函数宏 `max` 的使用

变量 `b` 被求值了两次，因此增加了两次。请不要用函数宏 `max`，而应该使用像下面这样的 `constexpr` 函数或 `max` 函数模板：

```
template<typename T>
T max (T i, T j) {
    return ((i > j) ? i : j);
}

constexpr int max (int i, int j){
    return ((i > j) ? i : j);
}
```

同样的讨论也适用于作为常量的宏。

```
#define PI 3.14                 // 不好

constexpr double pi = 3.14      // 好
```

如果，或许出于某些原因，你必须使用或维护宏，请将它们写成 `ALL_CAPS` 风格，并为它们指定唯一的名称。以下代码段违反了这两条规则。`forever` 是用小写字母写的，宏 `CHAR` 可能与使用名称 `CHAR` 的其他东西冲突。

```
#define forever for (;;)

#define CHAR
```

8.3 表达式

有大约 20 条与表达式有关的规则。它们非常分散，并且与现有的规则有重叠。这里重点介绍适用于复杂表达式、指针、求值顺序和转换的规则。

8.3.1 复杂表达式

首先，最重要的是，应该避免复杂的表达式。

ES.40 避免复杂的表达式

复杂意味着什么？以下是 C++ Core Guidelines 中的示例，其中包括说明：

```
// 不好：赋值语句隐藏在子表达式中
while ((c = getc()) != -1)

// 不好：在一个子表达式中为两个非本地变量赋值
while ((cin >> c1, cin >> c2), c1 == c2)

// 好些，但仍可能太复杂
for (char c1, c2; cin >> c1 >> c2 && c1 == c2;)

// 好：如果 i 和 j 不是别名（相同数据的名称）
int x = ++i + ++j;

// 好：如果 i != j 并且 i != k
v[i] = v[j] + v[k];

// 不好：多个赋值“隐藏”在子表达式中
x = a + (b = f()) + (c = g()) * 7;

// 不好：依赖于经常被误解的优先级规则
x = a & b + c * d && e ^ f == 7;

// 不好：未定义行为
x = x++ + x++ + ++x;
```

ES.41 如果对运算符优先级不确定，那就使用括号

一方面，Guidelines 说，如果你对运算符的优先级不确定，那就使用括号。另一方面，Guidelines 也说你应该有足够的知识，知道哪里不需要括号。因此，找到正确的平衡点是

困难所在，这取决于用户的专业能力。

```
const unsigned int flag = 2;
unsigned int a = flag;

if (a & flag != 0)        // 不好： 实际被当作 a&(flag != 0)

if (a < 0 || a <= max) {  // 可以：相当明显
    // ...
}
```

对于专家来说，表达式可能非常明显，但对于初学者来说，这可能是个挑战。我想到了两个提示：

- 如果对优先级有疑问，则使用括号。优先级表给了你所有的细节。
- 为初学者编程！把优先级表放在你的枕头下。

ES.42 保持指针的使用简单明了

让我引用 C++ Core Guidelines 中的一句话：“对指针的复杂操纵是错误的一个主要来源。”为什么要关注这个问题？那是因为，老代码中充满了指针操纵，比如下面的代码片段：

```
void f(int* p, int count) {
    if (count < 2) return;

    int* q = p + 1;

    int n = *p++;

    if (count < 6) return;

    p[4] = 1;

    p[count - 1] = 2;

    use(&p[0], 3);
}

int myArray[100];

f(myArray, 100);
```

这几行代码的主要问题是，调用者必须提供正确的 C 数组的长度。如果没有，未定义行为就会发生。

请思考一下代码片段的最后两行。我们从一个 C 数组开始，通过将其传递给函数 `f` 来删除它的类型信息。这个过程被称为数组到指针的退化，是许多错误的原因。也许我们算错了元素的数量，或者 C 数组的大小改变了。这两种情况的结果是一样的：未定义行为。

我们应该怎么做呢？应该使用适当的数据类型。C++20 提供了 `std::span`。

```
void f(std::span<int> a) {
    if (a.size() < 2) return;

    int n = a[0];      // 好

    std::span<int> q = a.subspan(1);

    if (a.size() < 6) return;

    a[4] = 1;

    a[count - 1] = 2;

    use(a.data(), a.size());
}
```

`std::span` 知道自己的大小。我听到了你的抱怨：你还用不了 C++20。不过，C++ 还有模板可以来补救。因此，可以轻松地克服这个限制并编写边界安全的代码[1]。

```
 1 // at.cpp
 2
 3 #include <algorithm>
 4 #include <array>
 5 #include <deque>
 6 #include <string>
 7 #include <vector>
 8
 9 template <typename T>
10 void use(T*, int) {}
11
12 template <typename T>
13 void f(T& a) {
14
15     if (a.size() < 2) return;
```

1 译者注：另外不要忘记，我们还有 `gsl::span` 可以使用。

```
16
17     int n = a.at(0);
18
19     std::array<typename T::value_type , 99> q;
20     std::copy(a.begin() + 1, a.end(), q.begin());
21
22     if (a.size() < 6) return;
23
24     a.at(4) = 1;
25
26     a.at(a.size() - 1) = 2;
27
28     use(a.data(), a.size());
29 }
30
31 int main() {
32
33     std::array<int, 100> arr{};
34     f(arr);
35
36     std::array<double, 20> arr2{};
37     f(arr2);
38
39     std::vector<double> vec{1, 2, 3, 4, 5, 6, 7, 8, 9};
40     f(vec);
41
42     std::string myString= "123456789";
43     f(myString);
44
45     // std::deque<int> deq{1, 2, 3, 4, 5, 6, 7, 8, 9, 10};
46     // f(deq);
47
48 }
```

现在，函数 `f` 适用于不同大小和类型的 `std::array`（第 34 和 37 行），也适用于 `std::vector`（第 40 行）或 `std::string`（第 43 行）。这些容器的共同点是，它们的数据被存储在连续的内存块中。`std::deque` 则不是这种情况；因此，注释中的 `a.data()` 调用（第 46 行）失败。这个例子中的关键点是，在容器上的 `at` 调用会进行边界检查，并会在下标越界时抛出 `std::out_of_range` 异常。

表达式 `T::value_type` 用来获得容器中元素的类型。因为 `T` 是函数模板 `f` 的类型参数，`T` 是所谓的依赖类型。对于依赖类型，我必须给编译器一个提示，`T::value_type` 确实是个类型：我得写出 `typename T::value_type`。

ES.45　避免“魔法常量”，采用符号常量

符号常量比魔法常量更明确。C++ Core Guidelines 中的例子以魔法常量 `1` 和 `12` 开始，以符号常量 `first_month` 和 `last_month` 结束。

```
// 不要这么做：写了魔法常量 1 和 12
for (int m = 1; m <= 12; ++m) std::cout << month[m] << '\n';


// 月份的索引是 1...12（符号常量）
constexpr int first_month = 1;
constexpr int last_month = 12;
for (int m = first_month; m <= last_month; ++m) {
    std::cout << month[m] << '\n';
}
```

ES.55　避免对范围检查的需要

如果不需要检查范围的长度，你就不会遇到“差一错误”（off-by-one error）[1]。下面对 `std::vector` 的元素进行求和：

```
// sumUp.cpp

#include <iostream>
#include <numeric>
#include <vector>

int main() {

    std::vector<int> vec{1, 2, 3, 4, 5, 6, 7, 8, 9, 10};

    // 差劲
    int sum1 = 0;
    auto sizeVec = vec.size();
    for (int i = 0; i < sizeVec; ++i) sum1 += vec[i];

    std::cout << sum1 << '\n';      // 55

    // 好点
    int sum2 = 0;
    for (auto v: vec) sum2 += v;
```

1 译者注：一种常见的安全编码错误，指边界条件写错造成的循环次数差一的错误。最常见的原因是不小心把 `<` 和 `<=` 写错了。

```
    std::cout << sum2 << '\n';      // 55

    // 最好
    auto sum3 = std::accumulate(vec.begin(), vec.end(), 0);
    std::cout << sum3 << '\n';      // 55

}
```

若直接对容器迭代，将非常容易出错。相比之下，用基于范围的 `for` 循环进行的隐式迭代就安全得多。此外，STL 算法 `std::accumulate` 明确表达了代码的意图。

8.3.2 指针

指针的规则从空指针开始，然后是指针的删除和解引用。

ES.47 使用 nullptr 而不是 0 或 NULL

为什么不应该使用 `0` 或 `NULL` 来表示空指针?

- **`0`**：字面量 `0` 可以是空指针 `(void*)0`，也可以是数字 `0`，这由上下文决定。因此，起初是空指针的东西，最后可能变成数字。
- **`NULL`**：`NULL` 是一个宏，因此，你不知道里面是什么。根据 cppreference.com，可能的实现是这样的：

```
#define NULL 0
//从 C++11 开始
#define NULL nullptr
```

用 nullptr 替换 0 和 NULL 空指针

通常不建议重构现有的代码。`0` 和 `NULL` 空指针却是这条规则的例外；请用 `nullptr` 空指针替换所有出现的 `0` 和 `NULL` 空指针。

```
int* a = 0;            // 不好
int* b = NULL;         // 不好

int* a = nullptr;      // 好
int* b = nullptr;      // 好
```

如果你的程序在重构后能编译，那很好。如果有编译错误，那表明有一个空指针的使用违背了指针的本质，你检测到了未定义行为。

空指针 `nullptr` 避免了数字 `0` 和宏 `NULL` 的歧义。`nullptr` 的类型会一直是 `std::nullptr_t`。你可以将 `nullptr` 赋值给任意一个指针，该指针就会变空，不指向任何数据。你不能对 `nullptr` 解引用。这种类型的指针一方面可以与所有指针进行比较，另一方面可以转换为所有指针。你不能把 nullptr 和整数类型进行比较，它也不会自动转换为整数类型。这条规则有一个例外：nullptr 可以显式地或基于上下文转换为 bool 类型。因此，你可以在逻辑表达式中使用 nullptr。

泛型代码

在泛型代码中使用这三种空指针，就会立即显示出数字 0 和宏 NULL 的缺陷。由于模板参数的推导，字面量 0 和 NULL 被推导为整数类型，这两个字面量丢失了空指针常量的信息。

```
// nullPointer.cpp

#include <cstddef>
#include <iostream>

template<class P >
void functionTemplate(P p) {
    int* a = p;
}

int main() {
    int* a = 0;            // (1)
    int* b = NULL;         // (2)
    int* c = nullptr;

    functionTemplate(0);
    functionTemplate(NULL);
    functionTemplate(nullptr);
}
```

你可以在 (1) 和 (2) 中分别使用 0 和 NULL 来初始化 int 指针。但是如果你以 0 和 NULL 的值作为函数模板的参数，编译器就会高声抱怨了，参见图 8.8。

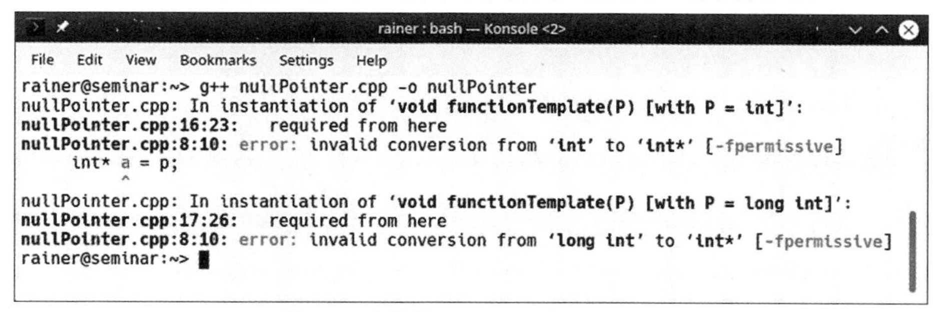

图 8.8　空指针 0、NULL 和 nullptr

编译器将函数模板中的 0 推导为 int 类型，将 NULL 推导为 long int 类型。

nullptr 并不存在这种问题。nullptr 通过模板参数推导保留了它的类型 std::nullptr_t。

ES.61 用 delete[] 删除数组，用 delete 删除非数组对象

手工内存管理，以及不使用 STL 的容器或智能指针（如 std::unique_ptr<X[]>），是非常容易出错的。

```
void f(int n) {
    auto p = new X[n];   // 默认构造 n 个 X 对象
    // ...
    delete p;   // 错误：仅仅删除了对象 p，而不是删除数组 p[]
}
```

用**非数组**形式的 delete 来删除 C 数组是未定义行为。

如果你必须管理原始内存，请阅读第 7 章中的“内存分配和释放”一节中的规则。

ES.65 不要对无效指针解引用

如果你对一个无效指针解引用，你的程序就会出现未定义行为。避免这种行为的唯一方法是在使用指针之前检查它。

```
void func(int* p) {
    if (!p) {
        // 做一些特别的事情
    }
    int x = *p;
}
```

如何解决此问题？不要使用裸指针。如果需要像指针的语义，请使用智能指针，如 std::unique_ptr 或 std::shared_ptr。

8.3.3 求值顺序

如果你没有在表达式中使用正确的求值顺序，你的程序可能会以未定义行为结束。

ES.43 避免有未定义求值顺序的表达式

在 C++14 中，以下表达式有未定义行为：

```
v[i] = ++i;   // 结果是未定义的
```

这种未定义行为在 C++17 中已经得到解决。在 C++17 中，以上代码片段的求值顺序是从右到左的；因此，该表达式具有明确的行为。

下面是我们在 C++17 中的额外保证：

- 后缀表达式是从左到右进行求值的。这包括函数调用和成员选择表达式。
- 赋值表达式从右到左进行求值。这包括复合赋值，如 `+=`。
- 移位运算符的操作数从左到右进行求值。

这里有几个例子：

```
a.b
a->b
a->*b
a(b1, b2, b3)
b @= a
a[b]
a << b
a >> b
```

你应该如何阅读这些例子？首先，`a` 被求值，然后是 `b`。

函数调用 `a(b1, b2, b3)` 就棘手多了。有了 C++17，我们可以保证每个函数参数在其他函数参数进行求值之前被完全求值，但是参数的求值顺序仍然是不指定的。

让我对最后一句话再详细说明一下。

ES.44 不要依赖函数参数的求值顺序

在过去的几年里，我看到了许多错误，因为开发者认为函数参数的求值顺序是从左到右的。错了！根本没有这样的保证！

```
// unspecified.cpp

#include <iostream>

void func(int fir, int sec) {
    std::cout << "(" << fir << "," << sec << ")" << '\n';
}

int main(){
    int i = 0;
    func(i++, i++);
}
```

函数参数的求值顺序没有被指定。没有指定，意味着程序的行为在不同的实现之间可能有所不同，而符合标准的实现不需要明确说明每种行为的效果。

因此，即使 GCC 和 Clang 都符合 C++ 标准，两个编译器的输出也有所不同（见图 8.9）。

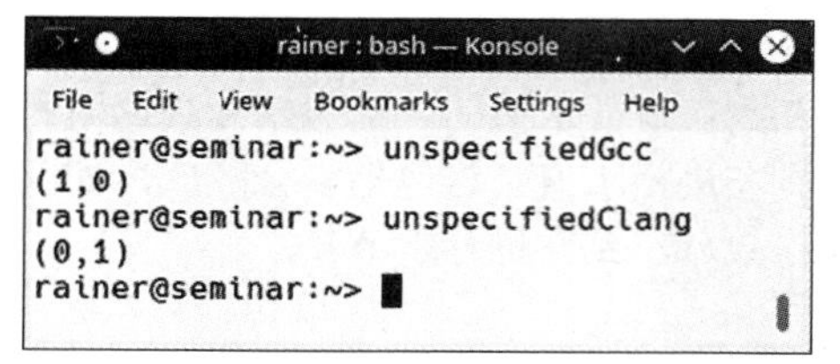

图 8.9 未指定的行为

C++17 保证的表达式求值顺序

在 C++17 里，以下表达式的求值顺序是明确指定的：

```
f1()->m(f2());                    // 从左到右进行求值
std::cout << f1() << f2();        // 从左到右进行求值

f1() = f(2);                      // 从右到左进行求值
```

下面是原因。

- **f1()->m(f2())**：后缀表达式是从左到右进行求值的。这包括函数调用和成员选择表达式。
- **std::cout << f1() << f2()**：移位运算符的操作数从左到右进行求值。
- **f1() = f(2)**：赋值表达式从右到左进行求值。

8.3.4 转换

转型是未定义行为的一个常见原因。如有必要，请使用显式转型。

ES.48 避免转型

让我们看看如果我把类型系统弄乱了，把 `double` 转型到 `long int` 和 `long long int`，结果会怎样。

```
// casts.cpp

#include <iostream>

int main() {

    double d = 2;
    auto p = (long*)&d;
    auto q = (long long*)&d;
    std::cout << d << ' ' << *p << ' ' << *q << '\n';

}
```

使用 Visual Studio 编译器的结果不太妙（见图 8.10）。

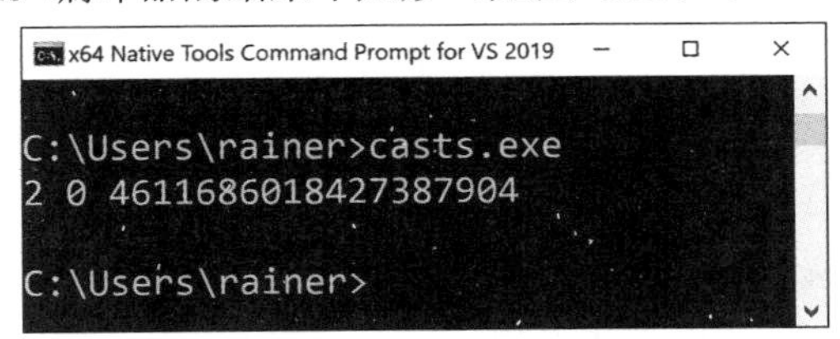

图 8.10　使用 Visual Studio 编译器的错误转型

使用 GCC 或 Clang 编译器的结果也好不到哪里去（见图 8.11）。

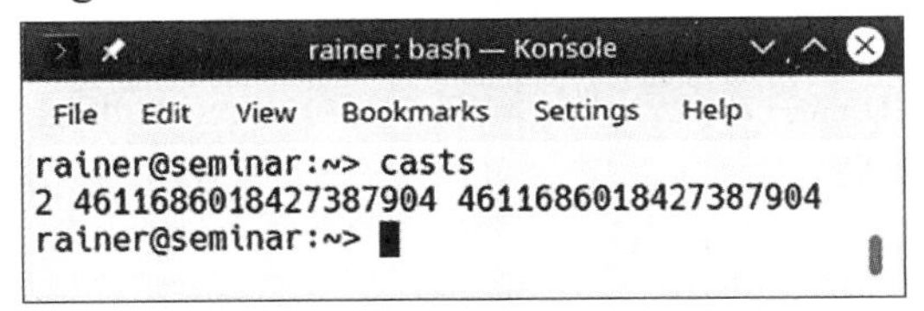

图 8.11　使用 GCC 或 Clang 编译器的错误转型

你知道 C 风格转型的可怕之处吗？你看不到实际执行的是哪种转型。如果你执行了一个 C 风格的转型，那么在需要时多种转型的组合会被执行。

粗略说来，C 风格转型会先从 `static_cast` 开始，接着是 `const_cast`，最后执行 `reinterpret_cast`。

ES.49 如果必须使用转型，请使用具名转型

来自《Python 之禅》的原则"明确优于隐晦"也适用于 C++ 中的转型。若有必要，请使用具名转型。

在 C++11 中，我们有以下六种转型。

- **`static_cast`**：在类似的类型之间进行转换，如指针类型或数字类型。
- **`const_cast`**：添加或删除 `const` 或 `volatile`。
- **`reinterpret_cast`**：在指针之间或在整型和指针之间转换。
- **`dynamic_cast`**：在同一个类层次中的多态指针或引用之间进行转换。
- **`std::move`**：转换为右值引用。
- **`std::forward`**：将左值转换为左值引用，或将右值转换为右值引用。

这里把 `std::move` 和 `std::forward` 作为转型来介绍，对此，你可能会感到惊讶。让我们仔细看看 `std::move` 的内部：

```
static_cast<std::remove_reference<decltype(arg)>::type&&>(arg)
```

这里发生了什么？首先，参数 `arg` 的类型由 `decltype(arg)` 推导出来。之后，所有的引用被移除，并新添加了两个引用符号。"函数" `std::remove_reference` 来自类型特征库。最后，我们总是得到一个右值引用。

ES.50 不要用转型去除 const

如果底层对象（如 constInt）是 const，而你试图修改底层对象，那么用转型去除 const 的行为是未定义行为。

```
const int constInt = 10;
const int* pToConstInt = &constInt;

int* pToInt = const_cast<int*>(pToConstInt);
*pToInt = 12;              // 未定义行为
```

你可以在 C 标准中找到这条规则的理由，这对 C++ 标准也成立——“实现可以将非 volatile 的 const 对象放在存储的只读区域”（国际标准化组织/国际电工委员会 9899:2011，子条款 6.7.3，第 4 段）。

8.4 语句

语句主要分为两类：迭代语句和选择语句。这两类语句的规则都相当清楚。因此，下面我会引用 C++ Core Guidelines 里的规则，并在必要时添加一些信息。

8.4.1 迭代语句

C++ 实现了三种迭代语句：while、do while 和 for。在 C++11 中，for 循环中加入了语法糖：基于范围的 for 循环。

```
std::vector<int> vec = {0, 1, 2, 3, 4, 5};

                // for 循环
for(std::size_t i = 0; i < vec.size(); ++i) {
    std::cout << vec[i] << '';
}

                // 基于范围的 for 循环
for (auto ele : vec) std::cout << ele << ' ';
```

- 基于范围的 for 循环更容易阅读，而且在循环过程中不会出现索引错误，也不会对索引进行修改（“ES.71：在可以选择时，首选基于范围的 for 语句而不是普通 for 语句”和“ES.86：避免在原始 for 循环的主体中修改循环控制变量”）。
- 当你有一个明显的循环变量时，应该使用 for 循环而不是 while 语句（“ES.72：当有一个明显的循环变量时，首选 for 语句而不是 while 语句”）；

如果没有，那你应该使用 while 语句（“ES.73：当没有明显的循环变量时，首选 while 语句而不是 for 语句”）。

```
for (auto i = 0; i < vec.size(); ++i) {
    // 干活
}

int events = 0;
while (wait_for_event()) {
    ++events;
    // 干活
}
```

你应该在 for 循环中声明循环变量（“ES.74：优先考虑将循环变量声明在 for 语句的初始化部分”）。要提醒你的是，从 C++17 开始，变量声明（如 result） 也可以在 if 或 switch 语句的初始化部分进行。

```
std::map<int,std::string> myMap;

if (auto result = myMap.insert(value); result.second){
    useResult(result.first);
    // ...
}
else{
    // ...
} // result 自动销毁
```

- 避免使用 do while 语句（“ES.75：避免使用 do 语句”）和 goto 语句（“ES.76：避免使用 goto 语句”），并尽量不在迭代语句中使用 break 和 continue（“ES.77：尽量不在循环中使用 break 和 continue”），因为它们难以阅读。如果某样东西难以阅读，它就容易出错，并使你的代码重构变得困难。break 语句会结束迭代语句，而 continue 语句则结束当前迭代步骤。

优先使用算法而不是原始循环

本节缺少一条元规则——“只要有合适的具名算法，就应该优先使用算法而不是原始循环”（Bjarne Stroustrup 在校对时指出）。STL 的一百多个算法提供了对容器的隐式操作。这种操作常常可通过 lambda 表达式进行适配，还常常可以利用并行或并行加向量化的版本来运行。

```
std::vector<int> vec = {-10, 5, 0, 3, -20, 31};

                    // 允许并行执行
std::sort(std::execution::par, vec.begin(), vec.end());
```

```
                // 允许并行加向量化执行
std::sort(std::execution::par_unseq, vec.begin(), vec.end());
```

8.4.2 选择语句

`if` 和 `switch` 是 C++ 里从 C 语言继承下来的选择语句。

- 在可以选择时，你应该首选 `switch` 语句而不是 `if` 语句（“ES.70：在可以选择时，首选 `switch` 语句而不是 `if` 语句”），因为 `switch` 语句通常更加可读，而且比 `if` 语句更好优化。

下面两条与 `switch` 语句有关的规则比前面的规则更需要注意。

ES.78 不要依赖 switch 语句中的隐式直落行为

我曾在老式代码中看到 `switch` 语句包含一百多个 case 标签。如果你使用非空的 `case` 却不用 `break` 的话，那这些 `switch` 语句的维护将成为一场噩梦。下面是 C++ Core Guidelines 中的一个例子。

```
switch (eventType) {
case Information:
    update_status_bar();
    break;
case Warning:
    write_event_log();
    // 不好，隐式直落
case Error:
    display_error_window();
    break;
}
```

你可能疏忽了。`Warning` 分支没有 `break` 语句；因此，`Error` 分支会自动执行。

从 C++17 开始，我们有了一个补救的方法，那就是属性 `[[fallthrough]]`。现在你就可以明确地表达你的意图。`[[fallthrough]]` 必须在它自己的语句行中，并紧接在一个 `case` 标签之前。`[[fallthrough]]` 向编译器表明，这里是故意要直落的。这样，编译器就不会发出诊断警告了。

```
void f(int n) {
    void g(), h(), i();
    switch (n) {
        case 1:
        case 2:
            g();
            [[fallthrough]];  // (1)
```

```
        case 3:
            h();            // (2)
        case 4:
            i();
            [[fallthrough]];  // (3)
    }
}
```

(1) 中的 `[[fallthrough]]` 属性阻止了编译器警告。这对 (2) 来说并不起作用，编译器还是可以发出警告。(3) 是劣构的，因为后面没有 `case` 标签。

ES.79　（仅）使用 default 来处理一般情况

程序 `switch.cpp` 的例子应该能说明这条规则：

```
// switch.cpp

#include <iostream>

enum class Message{
    information,
    warning,
    error,
    fatal
};

void writeMessage() { std::cerr << "message" << '\n'; }
void writeWarning() { std::cerr << "warning" << '\n'; }
void writeUnexpected() { std::cerr << "unexpected" << '\n'; }

void withDefault(Message message) {
    switch(message) {
        case Message::information:
            writeMessage();
            break;
        case Message:: warning:
            writeWarning();
            break;
       default:
            writeUnexpected();
            break;
    }
}

void withoutDefaultGood(Message message) {
```

```
    switch(message) {
        case Message::information:
            writeMessage();
            break;
        case Message:: warning:
            writeWarning();
            break;
        default:
            // 没什么可做的
            break;
    }
}

void withoutDefaultBad(Message message) {
    switch(message) {
        case Message::information:
            writeMessage();
            break;
        case Message::warning:
            writeWarning();
            break;
    }
}

int main() {

    withDefault(Message::fatal);
    withoutDefaultGood(Message::information);
    withoutDefaultBad(Message::warning);

}
```

函数 `withDefault` 和 `withoutDefaultGood` 的实现足以说明问题。`withoutDefaultGood` 函数的维护者可以通过注释了解到这个 `switch` 语句没有默认情况。我们再从维护的角度出发，比较一下 `withoutDefaultGood` 和 `withoutDefaultBad` 这两个函数：你知道是 `withoutDefaultBad` 函数的实现者忘记了默认情况，还是枚举项 `Message::error` 和 `Message::fatal` 是后面才添加的？为了确定这一点，你必须研究源代码，或者如果可能的话，去问代码的原作者。

8.5　算术

七条算术规则潜在相当，这可能会让你大吃一惊。它们集中在两个主题上：有符号和无符号整数的算术，以及典型的算术错误，如上溢/下溢和除以零。

8.5.1　有符号/无符号整数的算术

若违反这些算术规则，往往会产生意外的结果。

ES.100　不要混合有符号和无符号的算术运算

如果你混合有符号和无符号的算术运算，你可能不会得到想要的结果。

```
// mixSignedUnsigned.cpp

#include <iostream>

int main() {

    int x = -3;
    unsigned int y = 7;

    std::cout << x - y << '\n';  // 4294967286
    std::cout << x + y << '\n';  // 4
    std::cout << x * y << '\n';  // 4294967275
    std::cout << x / y << '\n';  // 613566756

}
```

GCC、Clang 和微软的编译器产生的结果都相同。

ES.101　使用无符号类型进行位操作

用位操作符（~、>>、>>=、<<、<<=、&、&=、^、^=、| 和 |=）对有符号操作数进行的操作存在由实现定义的行为。实现定义的行为意味着该行为在不同的实现之间会不同，并且实现必须记录每种行为的效果。因此，不要在有符号类型上进行位操作，而应使用无符号类型。

```
unsigned char x = 0b00110010。
unsigned char y = ~x;   // y == 0b11001101
```

ES.102 使用有符号类型进行算术运算

首先，你不应该用无符号类型做算术，因为减法得到的负值在无符号类型中无法正确表达。其次，根据前面的规则“ES.100：不要混合有符号和无符号的算术运算”，你不应该混合有符号和无符号的算术。让我们看看当我打破这条规则时会发生什么。

GCC、Clang 和微软的编译器产生的结果都相同。

```
// signedTypes.cpp

#include <iostream>

template<typename T, typename T2>
T subtract(T x, T2 y) {
    return x - y;
}

int main() {

    int s = 5;
    unsigned int us = 5;
    std::cout << subtract(s, 7) << '\n';       // -2
    std::cout << subtract(us, 7u) << '\n';     // 4294967294
    std::cout << subtract(s, 7u) << '\n';      // -2
    std::cout << subtract(us, 7) << '\n';      // 4294967294
    std::cout << subtract(s, us + 2) << '\n';  // -2
    std::cout << subtract(us, s + 2) << '\n';  // 4294967294


}
```

ES.106 不要试图通过使用 unsigned 来避免负值

有一个有趣的关系：当你给 `unsigned int` 变量赋值为 -1 时，你会得到最大的 `unsigned int`。

算术表达式的行为在 `signed` 和 `unsigned` 类型之间有所不同。

让我们从一个简单的程序开始。

```
// modulo.cpp

#include <cstddef>
#include <iostream>
```

```
int main(){

    std::cout << '\n';

    unsigned int max{100000};
    unsigned short x{0};
    std::size_t count{0};
    while (x < max && count < 20) {
        std::cout << x << " ";
        x += 10000;         // (1)
        ++count;
    }

    std::cout << "\n\n";

}
```

该程序的关键点是，如果 `x` 的值超出最大取值范围，(1) 中对 `x` 的连续加法并不会触发溢出，而是触发一个取模操作，因为 `x` 是 `unsigned short` 类型的。

若将 `x` 改成有符号类型的，程序的行为会大大改变。

```
// overflow.cpp

#include <cstddef>
#include <iostream>

int main() {

    std::cout << '\n';

    int max{100000};
    short x{0};
    std::size_t count{0};
    while (x < max && count < 20) {
        std::cout << x << " ";
        x += 10000;
        ++count;
    }

    std::cout << "\n\n";

}
```

现在加法引发了溢出。在图 8.12 中，我用椭圆标记了关键点。

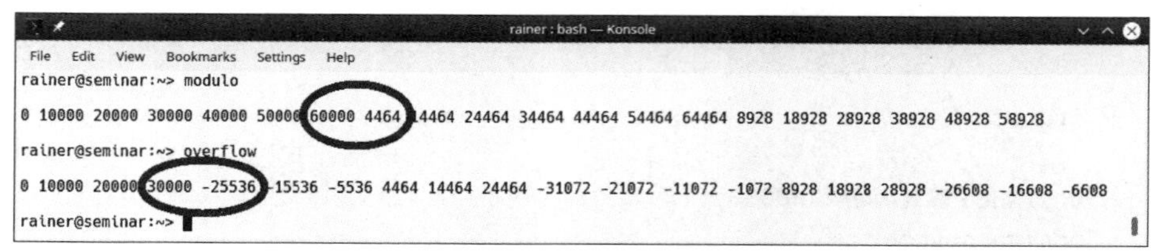

图 8.12 无符号数取模和有符号数溢出的对比

检测溢出

你可能急切地想要知道：那如何检测溢出呢？很容易！使用花括号表达式 `x = {x + 1000}` 替换错误的赋值 `x += 1000`。它们的不同在于，编译器检查窄化转换，因此会检测到溢出。图 8.13 显示了 GCC 的输出。

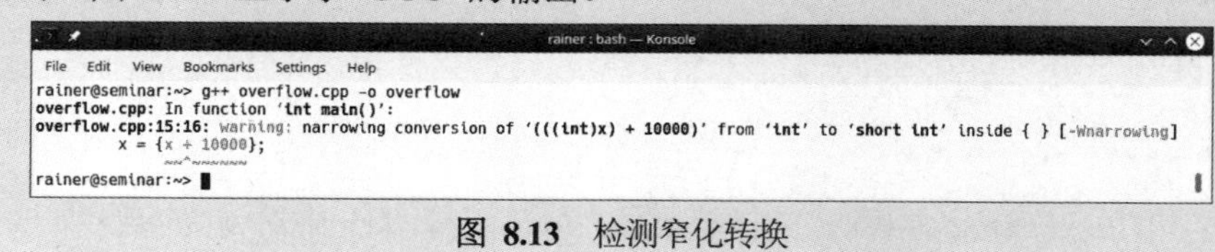

图 8.13 检测窄化转换

8.5.2 典型的算术错误

若违反以下三条规则，将会导致未定义行为。

ES.103 避免上溢

以及

ES.104 避免下溢

让我把这两条规则结合起来。上溢或下溢的效果是一样的——内存损坏，因此是未定义行为[1]。让我们用一个 `int` 数组做一个简单的测试。看看下面这个用 GCC 编译的程序可以运行多长时间？

```
// overUnderflow.cpp

#include <cstddef>
#include <iostream>

int main() {
```

1 译者注：有点出乎意料的是，C++ Core Guidelines 在这一部分的讨论混合了算术的溢出和数组的下标溢出。作者在此处给出的例子也是数组的下标溢出，而非算术溢出……

```
    int a[0];
    int n = 0;

    while (true){
        if (!(n % 100)){
            std::cout << "a[" << n << "] = " << a[n]
                      << ", a[" << -n << "] = " << a[-n] << '\n';
        }
        a[n] = n;
        a[-n] = -n;
        ++n;
    }

}
```

时间长得有些令人不安。该程序每一百个数组条目就会向 `std::cout` 输出，参见图 8.14。

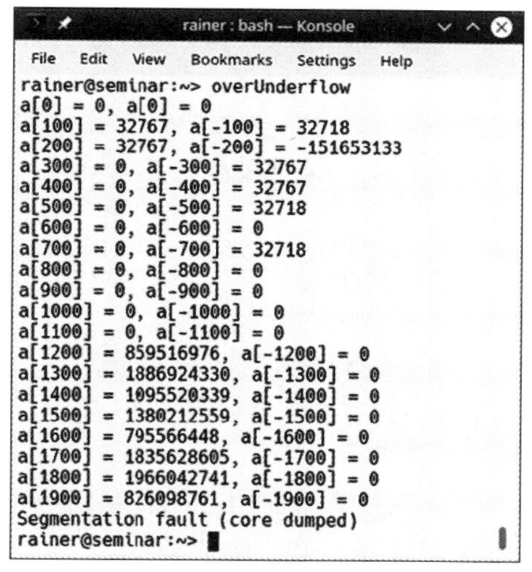

图 8.14 C 数组的下溢和上溢

ES.105 不要除以零

若除以零，极有可能使你的程序执行崩溃。

```
auto res = 5 / 0;     // 崩溃
```

在逻辑表达式中被零除可能没有问题。

```
auto res = false and (5 / 0);  // 可以
```

表达式 `(5 / 0)` 的结果对整体结果来说是不必要的，因此没有被求值。这种技术被称为短路求值，是惰性求值的一种特殊情况。

8.6 相关规则

我在第 12 章中讨论“ES.25：如果不打算修改对象的值，就将对象定义为 `const` 或者 `constexpr`”。

第 13 章中的“元编程”一节介绍模板元编程和用来替代函数宏的 `constexpr` 函数。

与表达式相关的规则关注面比较广，因此，有些规则与已经介绍的规则有很大的重叠。可以在下面提到的规则里找到更多细节。

- ES.56：只有在明确需要将对象移动到另外的作用域时才使用 `std::move`（见第 4 章的“参数传递：所有权语义”）。
- ES.60：避免在资源管理函数之外进行 `new` 和 `delete` 操作（参见 R.12：立即将显式资源分配的结果交给一个管理者对象）。
- ES.63：不要造成对象切片（见 C.67：多态类应当抑制公开的拷贝/移动操作）。
- ES.64：使用 `T{e}` 写法进行构造（参见 ES.23：优先使用 `{}` 初始化语法）。

本章精华

重要

- 如果你在手写循环，那说明你可能对标准模板库（STL）的算法还不够了解。STL 中包含一百多种算法。
- 好名字可能是好软件的最重要规则。好的名字意味着你的名字应该是自解释的，是尽可能局部的，不应与现有的名字相似，不应使用 `ALL_CAPS` 风格，也不应该在嵌套的作用域中重复使用。
- 始终初始化变量。优先使用 `{}` 初始化以防止窄化转换。对于 `const` 变量的复杂初始化，请使用就地调用的 lambda 表达式。
- 不要把宏用于常量或函数。如果你必须使用它，或维护现有的宏，请使用唯一的 `ALL_CAPS` 名字。
- 可能的话，你应该优先选择基于范围的 `for` 循环而不是普通 `for` 循环。基于范围的 `for` 循环更容易阅读，而且不会引起下标错误。
- 应该优先选择 `switch` 语句，而不是 `if` 语句。`switch` 语句更容易阅读，而且有更多的优化潜力。
- 除非有特殊原因，否则应使用有符号的整数，不要混合使用有符号和无符号算术。
- 请注意，上溢或下溢是未定义行为，通常在程序运行时以崩溃告终。

第9章

性　　能

Cippi 的性能测试

性能或低延迟是 C++ 的过人之处，对吗？因此，当得知 20 条性能相关的规则中只有四分之一具有实质性内容时，我感到非常惊讶。所以我不得不即兴发挥一下，把现有的规则改编成一个故事。C++ Core Guidelines 的性能规则是从错误的优化规则开始的，接着是关于错误假设的规则，最后是启用优化的规则。

9.1 错误的优化

- Per.1：不要无故优化。
- Per.2：不要过早进行优化。
- Per.3：不要优化并非性能关键的东西。

有一句名言可以很好地总结前三条规则。

真正的问题是，程序员们花了太多的时间在错误的地方和错误的时间里担心效率问题；过早优化是编程中万恶之源（或至少是其中大部分罪恶之源）。

——高德纳，《计算机程序设计艺术》（1974）

简而言之，请务必记住“过早优化是编程中万恶之源”这句话。在进行任何性能假设之前，请使用最关键的规则来进行性能分析：**测量程序的性能**。

没有性能数据，将不会知道下面的情况：

- 程序的哪一部分是瓶颈？
- 对用户来说，多快才算够好？
- 程序能有多快？

使用真实数据进行性能测试，并在版本控制下进行测试。每次修改基础架构中的某些东西（如硬件或编译器），都要重新运行这些性能测试。

在错误假设的基础上进行大量的优化是一个典型的反模式（antipattern）。

9.2　错误的假设

- Per.4：不要假设复杂的代码一定比简单的快。
- Per.5：不要假设低级代码一定比高级代码快。
- Per.6：不要在没有测量的情况下对性能妄下断言。

在继续之前，我必须先声明一下：不建议使用臭名昭著的单例模式。单例有很多缺点。你可以在第 3 章专门讨论单例的小节中了解到更多关于它们的内容。之所以在本章中使用单例模式，是因为下面的示例是一个真实的示例。

复杂和低级的代码并不总有回报。为了证明这个观点，我不得不测量了各种单例实现的性能。

这个性能测试的核心思路是，从 4 个线程中调用单例模式 4000 万次，测量每个线程的执行时间，然后将这些数字相加。因为我的机器有四核，所以 4 个线程似乎是正确的选择。单例模式使用延迟初始化，因此，第一次调用必须执行初始化的动作。

不要把性能数据太过当真。它们应该只是给你一个大致的印象。

我的第一个实现基于所谓的 Meyers 单例。它是线程安全的，因为 C++11 标准保证会以线程安全的方式初始化一个具有块作用域的静态变量。

```
 1 // singletonMeyers.cpp
 2
 3 #include <chrono>
 4 #include <iostream>
 5 #include <future>
 6
 7 constexpr auto tenMill = 10'000'000;
 8
 9 class MySingleton {
10 public:
11     static MySingleton& getInstance() {
12         static MySingleton instance;
13         volatile int dummy{};
```

```
14          return instance;
15      }
16 private:
17      MySingleton()= default;
18      ~MySingleton()= default;
19      MySingleton(const MySingleton&)= delete;
20      MySingleton& operator = (const MySingleton&)= delete;
21 };
22
23 std::chrono::duration<double> getTime() {
24
25      auto begin= std::chrono::system_clock::now();
26      for (size_t i = 0; i < tenMill; ++i) {
27          MySingleton::getInstance();
28      }
29      return std::chrono::system_clock::now() - begin;
30
31 };
32
33 int main() {
34
35      auto fut1 = std::async(std::launch::async,getTime);
36      auto fut2 = std::async(std::launch::async,getTime);
37      auto fut3 = std::async(std::launch::async,getTime);
38      auto fut4 = std::async(std::launch::async,getTime);
39
40      auto total = fut1.get() + fut2.get() +
41                   fut3.get() + fut4.get();
42
43      std::cout << total.count() << '\n';
44
45 }
```

第 12 行使用了 C++11 运行期的保证，即单例是以线程安全的方式初始化的。`main` 函数中的 4 个线程每个都在第 27 行中调用了 1000 万次单例，总共调用了 4000 万次。第 13 行的 `volatile` 变量 `dummy` 是必要的。如果没有这个变量 `dummy`，优化器将会彻底优化，把第 26～28 行的循环也删掉。当然，性能数据非常令人满意。

让我们努力做得更好。这一次用原子量来使单例模式做到线程安全。下面的实现基于臭名昭著的双重检查锁定模式（double-checked locking pattern）。为了简单起见，我只会展示 `MySingleton` 类的实现。

```
class MySingleton {
public:
    static MySingleton* getInstance() {
```

```
        MySingleton* sin = instance.load(std::memory_order_acquire);
        if ( !sin ) {
            std::lock_guard<std::mutex> myLock(myMutex);
            sin = instance.load(std::memory_order_relaxed);
            if( !sin ){
                sin = new MySingleton();
                instance.store(sin,std::memory_order_release);
            }
        }

        volatile int dummy{};
        return sin;
    }
private:
    MySingleton() = default;
    ~MySingleton() = default;
    MySingleton(const MySingleton&) = delete;
    MySingleton& operator = (const MySingleton&) = delete;

    static std::atomic<MySingleton*> instance;
    static std::mutex myMutex;
};

std::atomic<MySingleton*> MySingleton::instance;
std::mutex MySingleton::myMutex;
```

要理解这个实现，你得学习内存顺序（memory ordering），考虑获取-释放语义，并考虑同步和顺序的约束。这不是一件容易的事，可能要花上好几天的时间。

但是你知道，高度复杂的代码总是会带来回报。

糟糕。我忘了应用性能优化的关键规则“Per.6：不要在没有测量的情况下对性能妄下断言”。图 9.1 展示了 Meyers 单例在 Linux 上的性能数据。像往常一样，这里使用了最大优化来编译程序。

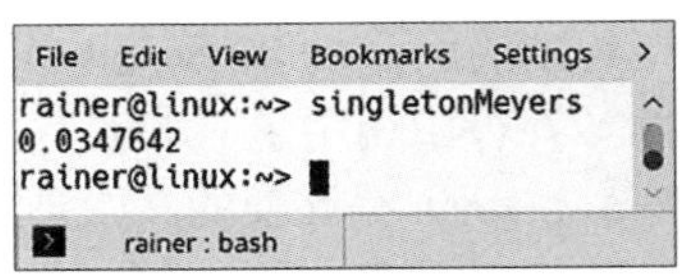

图 9.1　Meyers 单例的性能

现在我很好奇。我的高度复杂的代码的性能数据怎么样？参见图 9.2。

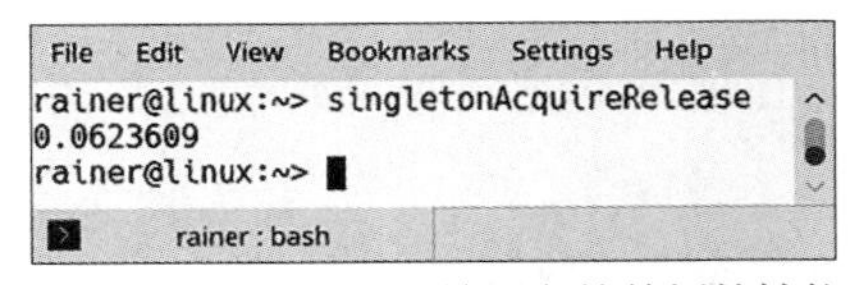

图 9.2　基于获取-释放语义的单例的性能

速度竟然慢了接近 80%！慢了 80%，而我们甚至不能证明这个实现是正确的。

那算完结了吗？没有！我没有基准。基准应该是性能测试的起点，而不是终点。对一个单例的 4000 万次调用能有多快？在没有同步开销的情况下，单线程版本的实现调用 4000 万次单例，为我们提供了一个很好的基准，参见图 9.3。

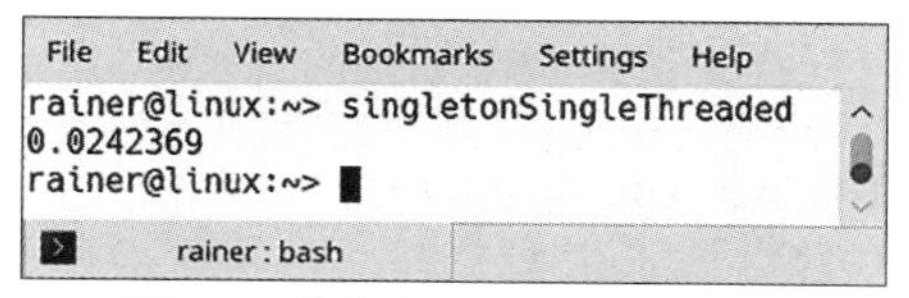

图 9.3 单线程情况下单例的性能

单线程版本执行大约需要 0.024 s，基于 Meyers 单例的多线程版本执行需要 0.035 s。这意味着同步开销使 Meyers 单例慢了 45%。

这种小的同步开销是相当显著的。如果想知道单例模式的线程安全初始化背后的完整故事，请阅读 https://www.modernescpp.com/index.php/thread-safe-initialization-of-a-singleton 上的“Thread-Safe Initialization of a Singleton”（单例的线程安全初始化）一文。文中包含多种其他实现，有基于函数 `std::call_once` 和 `std::once_flag` 的，有基于锁 `std::lock_guard` 的，还有基于利用序列一致（sequential consistency）的原子量的实现。我也提供了在 Linux（GCC）和微软平台（cl.exe）上的性能数据。

9.3 启用优化

上一节讨论了错误的假设。现在来看看乐观的方面。

使用 Compiler Explorer 获取终极真相

如果想知道哪段代码优化得更好，就必须研究生成的汇编指令。Compiler Explorer 可以为各种编译器生成指令，包括 GCC、Clang 和微软的编译器。并且，有编译器的各个不同版本可供使用。此外，你可以指定编译器的标志，比如，使用 `-O3` 或 `/Ox` 来进行最大优化。

Per.7 设计应当允许优化

这条规则尤其适用于移动语义，因为你写算法时应该使用移动语义，而不是拷贝语义。移动语义的使用会自动带来一些好处。

1. 算法使用低开销的移动操作，而不是高开销的拷贝操作。
2. 算法要稳定得多，因为它不需要内存分配，所以不会出现 `std::bad_alloc` 异常。
3. 可将算法用于只能移动的类型，如 `std::unique_ptr`。

你可能会在我的论证中发现一个漏洞。当在一个需要移动语义的算法中使用一个“只能拷贝”的类型时，会发生什么？

```
// swap.cpp

#include <algorithm>
#include <iostream>
#include <utility>

template <typename T>
void swap(T& a, T& b) noexcept {  // (2)
    T tmp(std::move(a));
    a = std::move(b);
    b = std::move(tmp);
}

class BigArray {

public:
    explicit BigArray(std::size_t sz): size(sz), data(new int[size]) {}

    BigArray(const BigArray& other): size(other.size),
                                     data(new int[other.size]) {
        std::cout << "Copy constructor" << '\n';
        std::copy(other.data, other.data + size, data);
    }

    BigArray& operator = (const BigArray& other) {
        std::cout << "Copy assignment" << '\n';
        if (this != &other){
            delete [] data;
            data = nullptr;
            size = other.size;
            data = new int[size];
            std::copy(other.data, other.data + size, data);
        }
        return *this;
    }

    ~BigArray() {
        delete[] data;
    }
private:
    std::size_t size;
    int* data;
};
```

```
int main(){

    std::cout << '\n';

    BigArray bigArr1(2011);
    BigArray bigArr2(2017);
    swap(bigArr1, bigArr2);      // (1)

    std::cout << '\n';

}
```

BigArray 不支持移动语义，仅支持拷贝语义。如果在 (1) 中交换 BigArray，会发生什么？交换算法会在内部使用移动语义 (2)。让我们来实践一下（见图 9.4）。

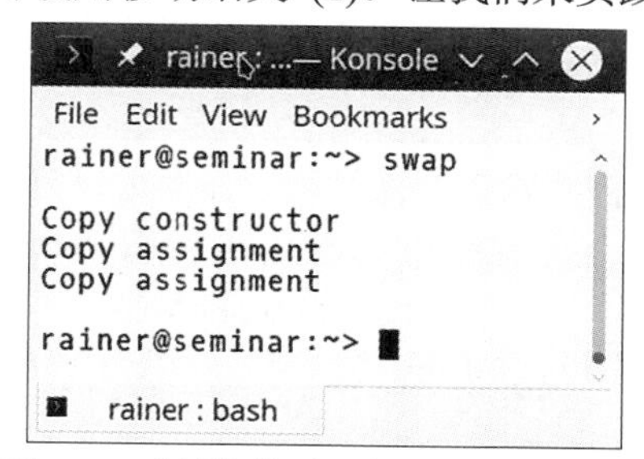

图 9.4　“只能拷贝”类型上的移动语义

若在一个“只能拷贝”的类型上应用移动操作，会触发拷贝操作。拷贝语义是移动语义的一种回退。你可以反过来看，移动是一种优化了的拷贝。这怎么可能呢？我要求在交换算法中进行移动操作，原因是 std::move 返回一个右值。一个 const 左值引用可以绑定到一个右值上，而拷贝构造函数或拷贝赋值运算符需要一个 const 左值引用。如果 BigArray 有一个接受右值引用的移动构造函数或移动赋值运算符，那么这两个函数的优先级都将高于拷贝构造函数或拷贝赋值运算符。用移动语义实现算法意味着，如果数据类型支持移动语义，那么移动语义会自动生效。如果不支持，则使用拷贝语义作为回退。在最坏的情况下，你会得到传统的行为。

研究一下上面的拷贝赋值运算符，你会发现它存在一些缺陷。下面是这些缺陷：

1. 表达式 if (this != &other) 用来检查自赋值的情况。大多数情况下，自赋值不会发生，但检查还是会一直执行。

2. 如果内存分配 data = new int[size] 失败，this 已经被修改。size 是错的，而且 data 已经被删除。这种行为意味着拷贝构造函数只保证在异常出现后不会发生内存泄漏。

3. 表达式 std::copy(other.data, other.data + size, data) 同时用在了拷贝构造函数和拷贝赋值运算符中。

为 BigArray 实现一个 swap 函数，并借助 swap 函数实现拷贝赋值运算符，可解决以上所有的缺陷。下面是拷贝赋值运算符，它按值来获取参数。因此，没必要对自我赋值进行检查。

```
BigArray& operator = (BigArray other) {
    swap(*this, other);
    return *this;
}
```

`BigArray` 仍然存在一些缺陷。通过使用 `std::vector` 而非 C 数组，可以解决这些问题。`BigArray` 的定义可以浓缩到几行：

```
class BigArray {
public:
    BigArray(std::size_t sz): vec(std::vector<int>(sz)) {}
private:
    std::vector<int> vec;
};
```

如果类的所有成员都支持“六大”操作，编译器可以自动生成它们。“六大”包括默认构造函数、析构函数、拷贝和移动赋值运算符，以及拷贝和移动构造函数。`std::vector` 支持“六大”，因此 `BigArray` 也支持“六大”，但此处有一个例外：由于有用户定义的构造函数，`BigArray` 没有默认构造函数。

Per.10 依赖静态类型系统

有许多方法可以帮助编译器生成更优化的代码。

- **写本地代码**：一般来说，若使用就地调用的 lambda 表达式（而不是函数）来调整 `std::sort` 的行为，代码会更快。编译器拥有所有可用的信息来生成最优化的代码。相反，函数可能定义在另一个翻译单元中，这对优化器来说是一个硬边界。

```
bool lessLength(const std::string& f, const std::string& s){
    return f.size() < s.size();
}

int main() {

    std::vector<std::string> vec = {"12345", "123456", "1234",
                                    "1", "12", "123", "12345"};

    // 以函数作为谓词
    std::sort(vec.begin(), vec.end(), lessLength);

    // 以 lambda 作为谓词
```

```
    std::sort(vec.begin(), vec.end(),
            [](const std::string& f, const std::string& s) {
                return f.size() < s.size();
            });

}
```

- **写简单代码**：优化器会搜寻可以被优化的已知模式。如果你的代码是手写的且极为复杂，这会使优化器寻找已知模式的工作变得更加困难。最终，你常常会得到没有充分优化的代码。
- **给予编译器额外的提示**：当函数不能抛出异常，或者你不关心异常时，将它声明为 `noexcept`。如果一个虚函数不应该被覆盖，那么可将其声明为 `final`，这对优化器来说也是很有意义的。

Per.11 将计算从运行期移至编译期

下面的例子演示了 gcd 算法，该算法会在运行期计算最大公约数。gcd 采用欧几里得算法实现。

```
int gcd(int a, int b) {
    while (b != 0) {
        auto t = b;
        b = a % b;
        a = t;
    }
    return a;
}
```

通过将 gcd 声明为 constexpr，gcd 就变成了一个可在编译期执行的函数。gcd 不能使用 static 或 thread_local 变量，不能使用异常处理，也不能使用 goto 语句，并且所有变量都必须被初始化为字面类型。字面类型本质上是一个内置类型，或是引用，或是字面类型的数组，或是拥有 constexpr 构造函数的类。

让我们来实践一下。

```
// gcd.cpp

#include <iostream>

constexpr int gcd(int a, int b) {
    while (b != 0){
        auto t = b;
        b = a % b;
        a = t;
    }
```

```
    return a;
}

int main() {

    std::cout << '\n';

    constexpr auto res1 = gcd(121, 11);                 // (1)
    std::cout << "gcd(121, 11) = " << res1 << '\n';

    auto val = 121;                                     // (3)
    auto res2 = gcd(val, 11);                           // (2)
    std::cout << "gcd(val, 11) = " << res2 << '\n';

    std::cout << '\n';

}
```

将 `gcd` 声明为 `constexpr` 函数，并不表示它必须在编译期运行。它意味着 `gcd` 有可能在编译期运行。如果要在常量表达式中使用 `constexpr` 函数，那它必须在编译期执行。(1) 中的 `res1` 是常量表达式，因为使用 `constexpr` 变量 `res1` 请求结果。(2) 中的 `res2` 不是常量表达式，因为 (3) 中的 `val` 不是常量表达式。当把 `res2` 改为 `constexpr auto res2` 时，会得到一个错误：`val` 不是常量表达式。图 9.5 展示了该程序的输出。

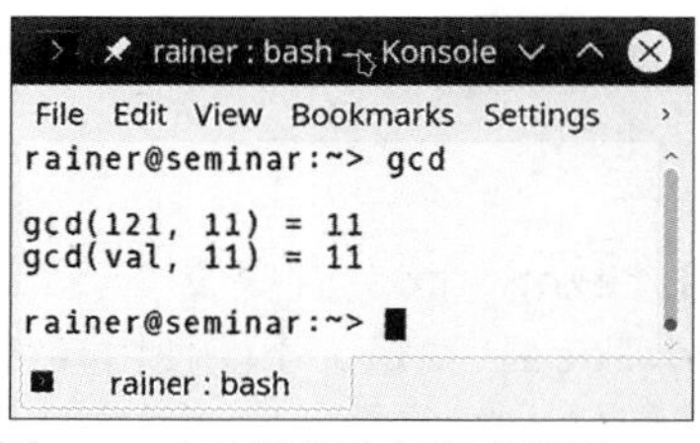

图 9.5　在编译期和运行期调用 `gcd`

再强调一次，关键在于，`constexpr` 函数可以在运行期使用，也可以在编译期使用。如果要在编译期使用它，其参数必须是常量表达式。

多亏了 Compiler Explorer，可以展示这个程序的相关汇编指令（见图 9.6）。第 18 行对函数 `gcd(121, 11)` 的调用结果是一个常数。

```
mov esi, 11
mov edi, OFFSET FLAT:std::cout
call std::basic_ostream<char, std::char_traits<char> >::operator<<(int)
```

图 9.6　`gcd` 算法的相关汇编指令

Per.19 以可预测的方式访问内存

可预测是什么意思？比如，从内存中读取一个 int，其大小超过了理应从内存中读出的 int 的大小。整个缓存行（cache line）会从内存中读出，并存储在 CPU 的缓存中。在现代架构中，一个缓存行通常为 64 字节。如果现在从内存中请求一个其他变量，并且这个变量已经被缓存，那么读取时会直接使用这个缓存，操作速度也会快很多。

像 std::vector 这样将数据存储在一个连续的内存块中的数据结构对缓存行很友好，因为缓存行中的每个元素通常都会被使用。这种缓存行友好性也适用于 std::array 和 std::string。

std::deque 的数据结构与 std::vector 相似，但 std::deque 的元素没有存储在一个连续的内存块中。std::deque 的元素通常存储在一个固定大小的数组中。这些固定大小的数组会在新数组添加到 std::deque 之前被填满，参见图 9.7。

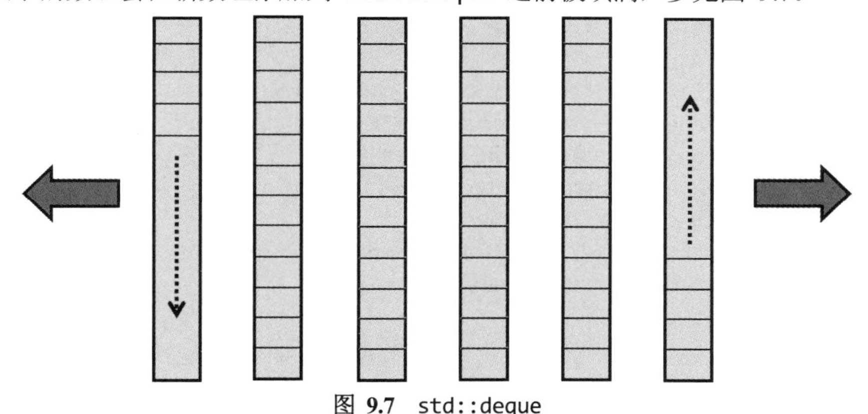

图 9.7 std::deque

相反，std::list 和 std::forward_list 是双向链接或单向链接的容器。std::list 和 std::forward_list 都能在两个方向上增长，参见图 9.8 和图 9.9。

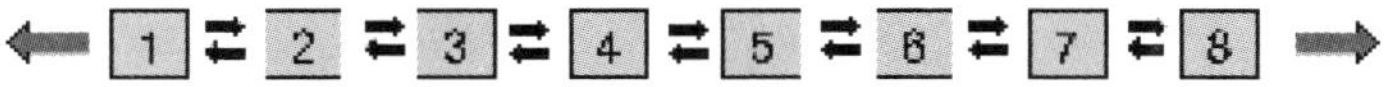

图 9.8 std::list

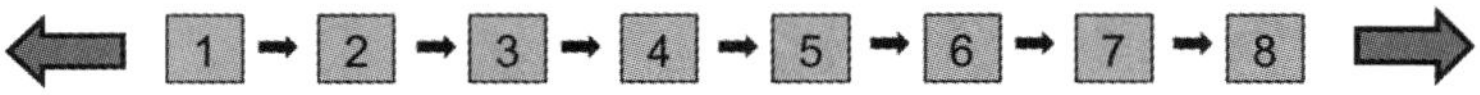

图 9.9 std::forward_list

以上就是关于缓存行的理论。现在让人好奇的是，读取和累加 std::vector、std::deque、std::list 和 std::forward_list 的所有元素，这在性能上是否会有差别？下面的这个小程序给出了答案。

```
1 // memoryAccess.cpp
2
3 #include <forward_list>
```

```
 4 #include <chrono>
 5 #include <deque>
 6 #include <iomanip>
 7 #include <iostream>
 8 #include <list>
 9 #include <string>
10 #include <vector>
11 #include <numeric>
12 #include <random>
13
14 const int SIZE = 100'000'000;
15
16 template <typename T>
17 void sumUp(T& t, const std::string& cont) {
18
19     std::cout << std::fixed << std::setprecision(10);
20
21     auto begin = std::chrono::steady_clock::now();
22     std::size_t res = std::accumulate(t.begin(), t.end(), 0LL);
23     std::chrono::duration<double> last =
24         std::chrono::steady_clock::now() - begin;
25     std::cout << cont <<  '\n';
26     std::cout << "time: " << last.count() << '\n';
27     std::cout << "res: " << res << '\n';
28     std::cout << '\n';
29
30     std::cout << '\n';
31
32 }
33
34 int main() {
35
36     std::cout << '\n';
37
38     std::random_device seed;
39     std::mt19937 engine(seed());
40     std::uniform_int_distribution<int> dist(0, 100);
41
42     std::vector<int> randNum;
43     randNum.reserve(SIZE);
44     for (int i = 0; i < SIZE; ++i){
45         randNum.push_back(dist(engine));
46     }
47
```

```
48     {
49         std::vector<int> vec(randNum.begin(), randNum.end());
50         sumUp(vec,"std::vector<int>");
51     }
52
53
54     {
55         std::deque<int> deq(randNum.begin(), randNum.end());
56         sumUp(deq,"std::deque<int>");
57     }
58
59     {
60         std::list<int> lst(randNum.begin(), randNum.end());
61         sumUp(lst,"std::list<int>");
62     }
63
64     {
65         std::forward_list<int> forwardLst(randNum.begin(),
66                                           randNum.end());
67         sumUp(forwardLst,"std::forward_list<int>");
68     }
69
70 }
```

memoryAccess.cpp 程序首先创建了 1 亿个 0 到 100 之间的随机数(第 38 行)。然后，使用 std::vector（第 50 行）、std::deque（第 56 行）、std::list（第 61 行)和 std::forward_list(第 67 行)累加这些元素。实际工作在函数 sumUp(第 16～32 行）中完成。我猜测 GCC、Clang 和微软 Visual Studio 等编译器使用的 std::accumulate 实现都很相似。

```
template<class InputIt, class T>
T accumulate(InputIt first, InputIt last, T init) {
    for (; first != last; ++first) {
        init = init + *first;
    }
    return init;
}
```

因此，元素的访问时间是影响整体性能的主要原因，参见图 9.10。

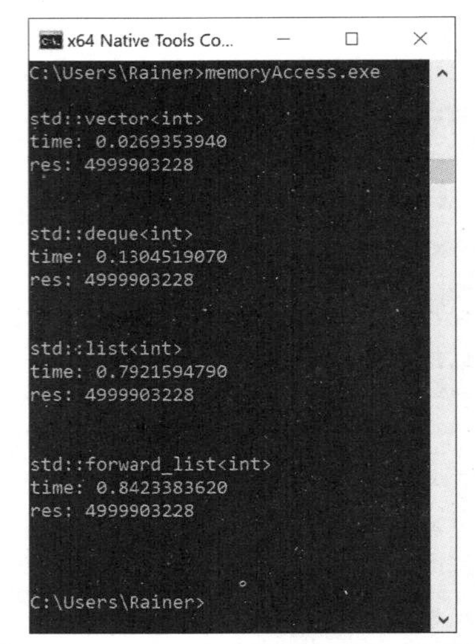

图 9.10 Windows 上顺序容器的内存访问

下面是一些结果：

- `std::vector` 比 `std::list` 或 `std::forward_list` 快 30 倍。
- `std::vector` 比 `std::deque` 快 5 倍。
- `std::deque` 比 `std::list` 和 `std::forward_list` 快 6 倍。
- `std::list` 和 `std::forward_list` 处于同一水平线上。

虽然我在 Linux 上用 GCC 编译器得到了类似的相对数据，但不要把这些性能数据太当真。性能数据确实清晰地表明，元素的访问时间在很大程度上取决于容器的缓存行友好性。

9.4 相关规则

第 13 章中的“元编程”一节会介绍将计算从运行期转移到编译期的手段：模板元编程、类型特征库（type-traits library）和 `constexpr` 函数。

本章精华

重要

- 在基于错误的假设进行任何所谓的优化之前，请测量程序的性能。
- 帮助编译器来优化程序。请使用移动语义来实现函数，如果可能的话，让它们成为 `constexpr`。
- 现代计算机架构为连续读取内存而进行了优化。因此，应该将 `std::vector`、`std::array` 或 `std::string` 作为首选。

第 10 章

并　　发

Cippi 的绒线（thread）挑战

C++ Core Guidelines 列出了 30 条关于并发的规则，这些规则集中在 3 个主要目标上：

- 帮助编写适合在多线程环境中使用的代码。
- 展示如何干净、安全地使用标准库所提供的线程原语。
- 当并发和并行不能带来所需的性能提升时，针对应该怎么办提供指导。

这些规则比较通用，面向非专业用户，适用于并发、并行、消息传递和无锁编程。

并发与并行

- 并发：多个任务的执行可重叠。并发是并行的超集。
- 并行：多个任务在同一时间运行。并行是并发的子集。

10.1　通用规则

虽然本节的规则重点在于通用性，但它们都很重要。

CP.1 假设代码将作为多线程程序的一部分来运行

也许你看到这条规则时会感到惊讶。为什么要对特殊情况进行优化？实际上，这条规则主要针对库中的代码。经验表明，库中的代码经常被重用。这意味着这些代码很可能最终会在多线程程序中被执行。

下面的代码片段展示了 C++ Core Guidelines 中的一个例子。

```
1 double cached_computation(double x) {
2   static double cached_x = 0.0;
3   static double cached_result = COMPUTATION_OF_ZERO;
4   double result;
5
6   if (cached_x == x) return cached_result;
7   result = computation(x);
8   cached_x = x;
9   cached_result = result;
10  return result;
11 }
```

函数 `cached_computation` 在单线程环境下运行时是没有问题的。但这个观察结果在多线程环境中并不成立，因为静态变量 `cached_x`（第 2、6 和 9 行）和 `cached_result`（第 3、6 和 9 行）可以被不同的线程同时修改。

对共享的非原子变量进行的异步读写是一种数据竞争。因此，程序具有未定义行为。

有什么办法来摆脱数据竞争？

1. 使用锁来保护整个临界区域。

2. 用锁来保护函数 `cached_computation` 的调用。

3. 将这两个静态变量都设置为 `thread_local`。`thread_local` 保证每个线程都能得到变量 `cached_x` 和 `cached_result`。静态变量会被绑定到主线程的生存期；`thread_local` 变量则绑定到线程的生存期。

```
std::mutex m;
double cached_computation(double x) {              // (1)
    static double cached_x = 0.0;
    static double cached_result = COMPUTATION_OF_ZERO;
    double result;
    {
        std::lock_guard<std::mutex> lck(m);
        if (cached_x == x) return cached_result;
        result = computation(x);
        cached_x = x;
        cached_result = result;
    }
```

```
    return result;
}

std::mutex cachedComputationMutex;                      // (2)
{
    std::lock_guard<std::mutex> lck(cachedComputationMutex);
    auto cached = cached_computation(3.33);
}

double cached_computation(double x) {                   // (3)
    thread_local double cached_x = 0.0;
    thread_local double cached_result = COMPUTATION_OF_ZERO;
    double result;

    if (cached_x == x) return cached_result;
    result = computation(x);
    cached_x = x;
    cached_result = result;
    return result;
}
```

C++11 标准保证 C++ 运行期以线程安全的方式初始化静态变量；因此，不需要保护其初始化。

1. 这个版本使用了粗粒度的锁定方法。通常，你不应该像这样使用粗粒度的锁，但在这个用例中，它也许是可被接受的。

2. 这个版本是最粗粒度的解决方案，因为整个函数都被锁定了。当然，缺点是函数的用户要负责同步工作。一般而言，这是个坏主意。

3. 只需要将静态变量设置为 `thread_local`，你就没问题了。

CP.2 避免数据竞争

什么是数据竞争？

- **数据竞争**是指至少有两个线程在异步的情况下访问一个非原子的共享变量，并且至少有一个线程试图修改该变量。

剩下的事情就很简单了：如果你的程序里有数据竞争，那么该程序有未定义行为。

如果仔细阅读数据竞争的定义，就会发现共享的、可变的状态是发生数据竞争的必要条件。图 10.1 显示了这个重要的结果。应该极力避免右下角的象限，特别是在并发环境中。

可变？

共享？	否	是
否	可以	可以
是	可以	数据竞争

图 10.1 四类变量

下面展示一个简单的数据竞争例子。

```
// dataRace.cpp

#include <future>

int getUniqueId() {
  static int id = 1;
  return id++;
}

int main() {

    auto fut1 = std::async([]{ return getUniqueId(); });
    auto fut2 = std::async([]{ return getUniqueId(); });

    auto id = fut1.get();
    auto id2= fut2.get();

}
```

会有什么问题呢？比如，**id++** 是一个读-修改-写的操作。即使读、修改和写这三个操作中的每一个都是原子的，读-修改-写操作也不是原子的。数据竞争的结果是， **id** 很可能不唯一。

CP.3 尽量减少对可写数据的显式共享

根据前面与数据竞争相关的规则，共享数据应该是不变的。

现在，唯一需要解决的困难是如何以线程安全的方式初始化常量共享数据。C++11 支持下面几种不同方法来实现这一点。

1. 在启动线程之前初始化数据。这并不是 C++11 造成的，但却很容易应用。

```
const std::unordered_map<std::string, int> tele = {
       {"Grimm",1966},
       {"Smith",1968},
       {"Blac",1930} };
```

```
std::thread t1([&tele] { .... });
std::thread t2([&tele] { .... });
```

2. 使用常量表达式，因为它们在编译期被初始化。

```
constexpr auto doub = 5.1;
```

3. 将函数 `std::call_once` 与函数 `std::once_flag` 结合起来使用。可将重要的初始化内容放入函数 `onlyOnceFunc` 中。C++ 运行期保证这个函数只会成功运行一次。

```
std::once_flag onceFlag;

void do_once() {
    std::call_once(onceFlag, []{
        std::cout << "Important initialization" << '\n';
    });
}
...
std::thread t1(do_once);
std::thread t2(do_once);
std::thread t3(do_once);
std::thread t4(do_once);
```

4. 使用具有块作用域的静态变量，因为 C++11 的运行时保证它们会以线程安全的方式初始化。

```
void func() {
    ....
    static int val = 2011;
    ....
}
...

std::thread t1{ func() };
std::thread t2{ func() };
```

CP.4 从任务（而不是线程）的角度进行思考

什么是任务？“任务”是对执行单元的通用术语。从 C++11 开始，我们把任务当作一个特别术语来用，它代表两个组成部分：诺值（promise）和期值（future）。诺值产生期值可以异步获取的值。诺值和期值可以在不同的线程中运行，然后通过安全的数据通道相连接。

诺值在 C++ 中存在 3 种变体：`std::async`、`std::packaged_task` 和 `std::promise`。想要获得关于任务的更多细节，请参考我写的一系列博文，网址为 https://www.modernescpp.com/index.php/tag/tasks。

std::packaged_task 和 std::promise 的共同点是它们都相当低级。因此，下面我会介绍 std::async。

下面有一个线程，有一个期值/诺值对，都用于计算 3+4 之和。

```
// 线程
int res;
std::thread t([&]{ res = 3 + 4; });
t.join();
std::cout << res << '\n';

// 任务
auto fut = std::async([]{ return 3 + 4; });
std::cout << fut.get() << '\n';
```

线程和期值/诺值对之间的根本区别是什么？**线程是关于应该如何计算的；任务是关于应该计算什么的。**

说得更具体一些：

- 线程 t 使用共享变量 res 来提供结果。与此相反，std::async 的诺值会建立一个安全的数据通道，并用它把结果传递给期值 fut。这种数据共享意味着，对于线程 t，你必须保护 res。
- 对于线程，你需要明确进行创建。对于诺值 std::async，则不一定会自动创建线程。你指定应该计算什么，而不是应该如何计算。如果有必要，C++ 运行时会决定是否要创建线程。

CP.8 不要试图使用 volatile 进行同步

如果你想在 Java 或 C# 中使用原子量，可以将它声明为 volatile。你可能以为在 C++ 中也可以这样做，那就错了。在 C++ 中，volatile 并没有多线程语义。在 C++11 中，原子量被称为 std::atomic。

现在，你可能会好奇：C++ 中的 volatile 意味着什么？

volatile 用于特殊对象，不允许对其进行优化读或写操作。volatile 通常用于嵌入式编程领域，表示可以独立于常规程序流程而改变的对象。比如，这些对象代表外部设备（内存映射 I/O）。因为这些对象可以独立于常规程序流程进行更改，它们的值会被直接写入主存。因此，编译器不能假设它可以根据程序流来判断是否可对读写进行优化。

CP.9 只要可行，就使用工具来对并发代码进行验证

这可能是最重要的规则之一，我完全同意该规则。

我的学生写了很多 bug；事实上，甚至我自己的很多程序也包含 bug！我怎么能确定呢？因为有动态代码分析工具 ThreadSanitizer 和静态代码分析工具 CppMem。但 ThreadSanitizer 和 CppMem 的使用场景略有不同。

ThreadSanitizer 提供了全局信息，检测程序的执行是否存在数据竞争。CppMem 能让你深入理解代码里的小片段，大多数时候会包括原子量。你会得到问题的答案：根据内存模型，哪些情况下交错是可行的？

下面就从 ThreadSanitizer 开始介绍。

ThreadSanitizer

以下是“ThreadSanitizerCpp Manual”（https://github.com/ google/sanitizers/wiki/ThreadSanitizerCppManual）对 ThreadSanitizer 的官方介绍：“ThreadSanitizer（又名 `TSan`）是一个 C/C++ 的数据竞争检测器。数据竞争是并发系统中最常见和最难处理的错误之一。当两个线程同时访问同一个非原子变量，并且其中至少有一个线程的访问是写操作时，数据竞争就会发生。C++11 标准正式禁止数据竞争，并将其归为未定义行为。”

ThreadSanitizer 是 Clang 3.2 和 GCC 4.8 的一部分。要使用它，必须使用 `-fsanitize=thread` 选项进行编译和链接，并至少使用优化级别 `-O2` 和产生调试信息的标志 `-g`：`-fsanitize=thread -O2 -g`。

它有很大的运行期开销：内存使用量可能会增加 5 到 10 倍，执行时间也可能增加 2 到 20 倍。当然，要知道软件开发的突出法则：**首先，让程序正确；然后，让它快起来**。

现在来看一下 ThreadSanitizer 的实际运行情况。下面这个典型练习题是关于条件变量的，我经常会在多线程课程中把它拿出来：

写一个小小的乒乓球游戏。

两个线程应该交替地将一个 `bool` 值设为 `true` 或 `false`。一个线程将该值设置为 `true`，并通知另一个线程。另一个线程将该值设置为 `false`，并通知原线程。这个游戏应该在固定数量的迭代之后结束。

以下是学生们想出的典型实现方案。

```
 1 // conditionVariablePingPong.cpp
 2 
 3 #include <condition_variable>
 4 #include <iostream>
 5 #include <thread>
 6 
 7 bool dataReady= false;
 8 
 9 std::mutex mut;
10 std::condition_variable condVar1;
11 std::condition_variable condVar2;
12 
13 int counter = 0;
14 int COUNTLIMIT = 50;
15 
```

```
16 void setTrue() {
17
18     while(counter <= COUNTLIMIT) {
19         std::unique_lock<std::mutex> lck(mut);
20         condVar1.wait(lck, []{return dataReady == false;});
21         dataReady = true;
22         ++counter;
23         std::cout << dataReady << '\n';
24         condVar2.notify_one();
25     }
26 }
27
28 void setFalse() {
29
30     while(counter < COUNTLIMIT) {
31         std::unique_lock<std::mutex> lck(mut);
32         condVar2.wait(lck, []{return dataReady == true;});
33         dataReady = false;
34         std::cout << dataReady << '\n';
35         condVar1.notify_one();
36     }
37 }
38
39 int main() {
40
41     std::cout << std::boolalpha << '\n';
42
43     std::cout << "Begin: " << dataReady << '\n';
44
45     std::thread t1(setTrue);
46     std::thread t2(setFalse);
47
48     t1.join();
49     t2.join();
50
51     dataReady = false;
52     std::cout << "End: " << dataReady << '\n';
53
54     std::cout << '\n';
55
56 }
```

函数 `setTrue`（第 16 行）将布尔值 `dataReady`（第 21 行）设置为 `true`，函数 `setFalse`（第 28 行）将其设置为 `false`。这个游戏从 `setTrue` 开始。该函数中的条

件变量等待通知，因此首先检查布尔值 `dataReady`（第 20 行）。之后，该函数累加计数器（第 22 行），并在条件变量 `condVar2` 的帮助下通知另一个线程（第 24 行）。函数 `setFalse` 也遵循同样的工作流程。如果计数器等于 `COUNTLIMIT`（第 18 行），游戏就结束。完美吗？不！

计数器上存在数据竞争。读取（第 30 行）和写入（第 22 行）是不同步的。ThreadSanitizer 显示有数据竞争（见图 10.2）。

ThreadSanitizer 会在运行期检测数据竞争；CppMem 则允许分析小的代码片段。

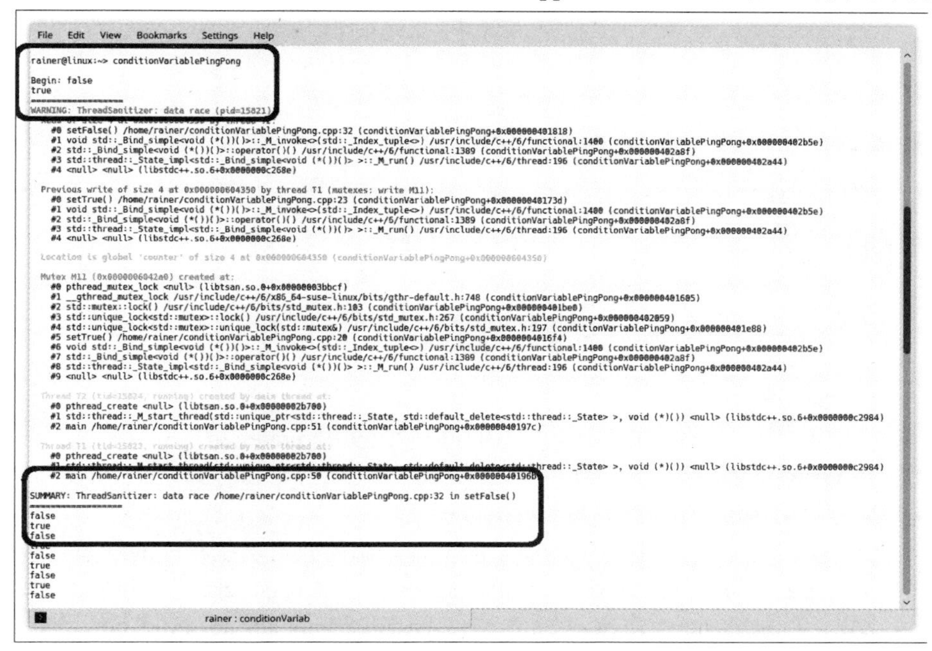

图 **10.2**　使用 ThreadSanitizer 进行数据竞争检测

CppMem

下面是 CppMem 的简短概述。

这个在线工具也可安装在本地 PC 上，它提供非常有价值的服务。

1. CppMem 用于验证小的代码片段（通常包含原子量）。

2. CppMem 提供非常精确的分析，将使你对 C++ 内存模型有深刻的了解。

如需更深入的了解，请参阅我关于 CppMem 的系列博文，网址为 http://www.modernescpp.com/index.php/tag/cppmem。现在讨论第一点，并提供关于 CppMem 的概览。

我的概述使用工具的默认配置，它会为你的进一步实验提供基础。

为简单起见，我会使用图 10.3 中带括号的数字。

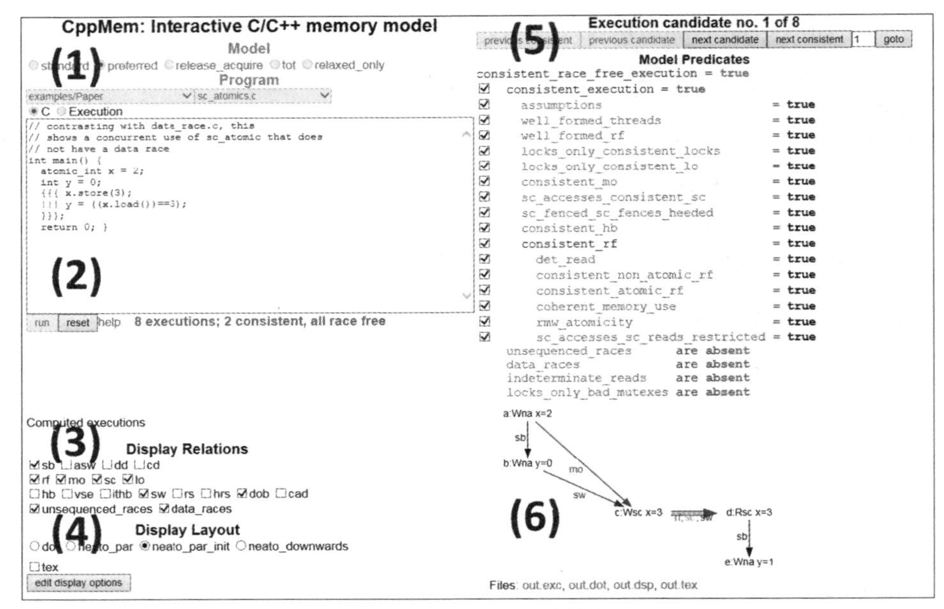

图 10.3 CppMem 的概述

(1) **Model（模型）**

- 指定了 C++ 的内存模型。C++ 内存模型应使用 preferred。

(2) **Program（程序）**

- 这是用类 C/C++ 语法编写的可执行程序。
- CppMem 提供了许多典型的原子的交错。想要获得这些程序的细节，请参阅 Mark Batty 等人写的好文章“Mathematizing C++ Concurrency”（数学化 C++ 并发），网址是 http://www.cl.cam.ac.uk/~pes20/cpp/popl085ap-sewell.pdf。当然，你也可以使用自己的代码。
- CppMem 只管多线程的问题，因此会有一些简化。

  你可以很容易地用符号 `{{{... ||| ...}}}` 来定义两个线程。用 3 个点（`...`）代表线程的工作包。

(3) **Display Relations（展示关系）**

- 这部分描述了原子操作、栅栏和锁的读、写和读写修改之间的关系。
- 如果关系被启用，它将显示在注释图中，请参见第 (6) 点。

  sb：先序于（sequenced-before）

  rf：读取（read from）

  mo：修改顺序（modification order）

  sc：序列一致性（sequential consistency）

  lo：锁顺序（lock order）

  sw：同步于（synchronizes-with）

  dob：依赖先序于（dependency-ordered-before）

data_races（数据竞争）

(4) **Display Layout（显示布局）**

- 可以通过这个开关选择使用哪一种 Doxygraph 图。

(5) **Choose the Executions（选择执行）**

- 在各种一致的执行方式之间进行切换。

(6) **Annotated Graph（带注释的图）**

- 这将显示带注释的图。

现在，让我们来试试吧。

程序 `dataRaceOnX.cpp` 在 `int` 变量 `x` 上存在数据竞争。`y` 是原子量，因此从并发的角度来看是没有问题的。

```
// dataRaceOnX.cpp

#include <atomic>
#include <iostream>
#include <thread>

int x = 0;
std::atomic<int> y{0};

void writing() {
    x = 2000;
    y.store(11);
}

void reading() {
    std::cout << y.load() << " ";
    std::cout << x << '\n';
}

int main() {

    std::thread thread1(writing);
    std::thread thread2(reading);

    thread1.join();
    thread2.join();

}
```

为了使用 CppMem，必须用 CppMem 解析器所期望的 C 方言来重写你的 C++ 程序。若剪切并粘贴标准的 C++ 代码，将会失败，并提示神秘的错误“Frontc.ParseError”。下面是用更简洁的 CppMem 语法写的等价程序。

```
// dataRaceOnXCppMem.txt

int main(){
  int x = 0;
  atomic_int y = 0;

  {{{
    {
      x = 2000;
      y.store(11);
    }
  |||
    {
      y.load();
      x;
    }
  }}}
}
```

CppMem 立即显示结果。第一个一致执行（consistent execution）在 `x` 上存在数据竞争，见图 10.4。

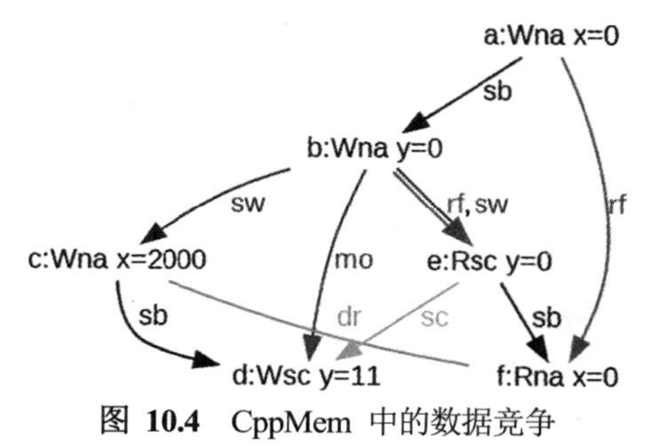

图 10.4 CppMem 中的数据竞争

你可以从图里观察到数据竞争。它是写操作 `x=2000` 和读操作 `x=0` 之间的黄色边缘（dr）。

10.2 关于并发

并发是个有难度的话题。有难度，这主要是因为我们现在所掌握的抽象还比较低级。因此，了解并应用本节的规则对于获得一个定义明确的多线程程序至关重要。

本节我把大约 15 条规则分一下类，将讨论锁、线程和条件变量，以及线程之间的数据共享、资源考量，还有一个不时被忽视的风险。

10.2.1 锁

NNN 是 No Naked New（不要裸的 New）的缩写，意味着内存分配不应该是一个独立的操作，而应该放在一个管理者对象中进行（“R.12：立即将显式资源分配的结果交给一个管理者对象”）。互斥量也是如此。互斥量应立即交付给一个管理者对象，在这种情况下，它就是锁对象。在现代 C++ 中，我们有 `std::lock_guard`、`std::unique_lock`、`std::shared_lock`（C++14），还有 `std::scoped_lock`（C++17）。因此，请记住缩写 NNM，它代表 No Naked Mutex。锁实现了 RAII 惯用法。RAII 惯用法背后的关键思想是将资源的生存期与局部变量的生存期绑定。C++ 会自动管理局部变量的生存期。

CP.20 使用 RAII，永远不要直接用 lock()/unlock()

下面这一小段代码应该可以清楚显示锁对象的作用。

```
std::mutex mtx;

void do_stuff() {
    mtx.lock();
    // ... 干活 ... (1)
    mtx.unlock();
}
```

不管是 (1) 中发生了异常，还是你忘记对 `mtx` 解锁；在这两种情况下，如果另一个线程想获得（锁定）`std::mutex mtx`，就会出现死锁。锁对象可以帮上忙。

```
std::mutex mtx;

void do_stuff() {
    std::lock_guard<std::mutex> lck {mtx};
    // ... 干活 ...
}
```

将互斥量放入锁对象中，互斥量在 `std::lock_guard` 的构造函数中被自动锁定，并在 `lck` 超出作用域时解锁。

CP.21 使用 std::lock() 或 std::scoped_lock 来获取多个互斥量

如果一个线程同时需要多个互斥量，那么必须非常小心，始终以相同的顺序锁定互斥量。否则，糟糕的线程的交错可能会导致死锁。下面的程序就会造成死锁。

```
// lockGuardDeadlock.cpp

#include <iostream>
#include <chrono>
#include <mutex>
#include <thread>

struct CriticalData {
    std::mutex mut;
};

void deadLock(CriticalData& a, CriticalData& b) {

    std::lock_guard<std::mutex> guard1(a.mut);          //(1)
    std::cout << "Thread: " << std::this_thread::get_id() <<  '\n';

    std::this_thread::sleep_for(std::chrono::milliseconds(1));

    std::lock_guard<std::mutex> guard2(b.mut);          //(1)
    std::cout << "Thread: " << std::this_thread::get_id() <<  '\n';
    // 使用 a 和 b 进行操作（临界区）                       (2)
}

int main() {

  std::cout << '\n';

  CriticalData c1;
  CriticalData c2;

  std::thread t1([&]{deadLock(c1, c2);});
  std::thread t2([&]{deadLock(c2, c1);});

  t1.join();
  t2.join();

  std::cout << '\n';

}
```

线程 `t1` 和 `t2` 需要两个 `CriticalData` 来执行它们在 (2) 中的工作。`CriticalData` 有互斥量 `mut` 来同步访问。不幸的是，两个线程以不同的顺序 (1) 调用了参数为 `c1` 和 `c2` 的函数 `deadLock`。现在存在竞争条件，可能最终会导致死锁。线程 `t1` 可以锁定第一个互斥量 `a.mut`，但不能锁定第二个互斥量 `b.mut`，因为在此期间，线程 t2 锁定了第二个互斥量，参见图 10.5。

图 10.5　由多个锁定的互斥量引起的死锁

解决死锁的最简单方法是以原子方式锁定两个互斥量。

在 C++11 中，可将 `std::unique_lock` 和 `std::lock` 一起使用。由于有了 `std::defer_lock` 这个标签，`std::unique_lock` 可以在不锁定的情况下获取互斥量。锁定最终发生在 `std::lock` 调用中。`std::lock` 可以接受任意数量的参数。

```
void deadLock(CriticalData& a, CriticalData& b) {
    std::unique_lock<mutex> guard1(a.mut, std::defer_lock);
    std::unique_lock<mutex> guard2(b.mut, std::defer_lock);
    std::lock(guard1, guard2);
    // 使用 a 和 b 进行操作（临界区）
}
```

在 C++17 中，`std::scoped_lock` 可以原子性地锁定任意数量的互斥量。

```
void deadLock(CriticalData& a, CriticalData& b) {
    std::scoped_lock scoLock(a.mut, b.mut);
    // 使用 a 和 b 进行操作（临界区）
}
```

CP.22　决不在持有锁的时候调用未知代码（比如回调函数）

为什么下面这个代码片段不好？为什么它不应通过代码评审？

```
std::mutex m;
{
    std::lock_guard<std::mutex> lockGuard(m);
    sharedVariable = unknownFunction();
}
```

我只能对 `unknownFunction` 猜测其行为。如果 `unknownFunction`：

- 试图锁定互斥量 `m`，你会得到未定义行为。大多数情况下，这种未定义行为的结果是死锁。
- 启动一个新的线程，试图锁定互斥量 `m`，你会得到死锁。
- 锁定另一个互斥量 `m2`，你也可能会得到死锁，因为你同时锁住了互斥量 `m` 和 `m2`。另一个线程可能以不同的顺序锁定相同的互斥量。
- 不直接或间接地尝试锁定互斥量 `m`，那一切似乎都很好。之所以说“似乎”，是因为同事可能修改函数，然后你拿到函数 unknownFunction 的变更版本。现在一切都完了。
- 按预期工作，你仍可能会有性能问题，因为 unknownFunction 的执行要相当长的时间。本来该是个多线程程序，现在又和单线程程序差不多了。

为了克服这些问题，可以使用局部变量，在临界区之外调用 unknownFunction。

```
std::mutex m;
auto tempVar = unknownFunction();
{
    std::lock_guard<std::mutex> lockGuard(m);
    sharedVariable = tempVar;
}
```

这个额外的间接（indirection）解决了所有问题。tempVar 是个局部变量，因此不会因数据竞争而受影响。没有数据竞争意味着你可以在没有同步机制的情况下调用 unknownFunction。此外，持有锁的时间被减少到最低限度：把 tempVar 的值赋给 sharedVariable。

10.2.2 线程

线程是并发和并行编程的基本构建块。随着每一个新 C++ 标准的发布，线程越来越成为并发的实现细节。比如， C++17 中有并行 STL，它允许指定执行策略； C++20 中有协程；而到了 C++23，我们有望使用事务内存。

CP.23 将汇合 thread 看作一个有作用域的容器

以及

CP.24 将 thread 看作一个全局容器

下面对 C++ Core Guidelines 中的代码片段稍加改动，应该可以更清楚地说明这两条规则：

```
void f(int* p) {
    // ...
    *p = 99;
    // ...
}

int glob = 33;

void some_fct(int* p) {                // (1)
    int x = 77;
```

```
    std::thread t0(f, &x);           // 好
    std::thread t1(f, p);            // 好
    std::thread t2(f, &glob);        // 好
    auto q = make_unique<int>(99);
    std::thread t3(f, q.get());      // 好
    // ...
    t0.join();
    t1.join();
    t2.join();
    t3.join();
    // ...
}

void some_fct2(int* p) {             // (2)
    int x = 77;
    std::thread t0(f, &x);           // 不好
    std::thread t1(f, p);            // 不好
    std::thread t2(f, &glob);        // 好
    auto q = make_unique<int>(99);
    std::thread t3(f, q.get());      // 不好
    // ...
    t0.detach();
    t1.detach();
    t2.detach();
    t3.detach();
    // ...
}
```

函数 `some_fct` (1) 和 `some_fct2` (2) 之间的唯一区别是，第一种写法汇合其创建的线程，而第二种写法分离所有创建的线程。

首先，必须汇合或分离子线程。如果不这样做，你会在子线程的析构函数中得到 `std::terminate`（见规则“CP.25：优先选择 `std::jthread`，而不是 `std::thread`”）。

汇合与分离一个已创建的线程的区别如下：当创建者在已创建的线程 `thr` 上调用 `thr.join()` 时，它会等待，直到创建的线程执行完成。`thr.join()` 是一个同步点。反过来说，子线程 `thr` 可以使用创建它的外围作用域内的所有变量（状态）。因此，对函数 `f` 的所有调用都是明确定义的。

恰恰相反，`thr.detach()` 的调用不会等待，因此，它们不是一个同步点。这意味着创建的线程可以比它的创建者存活更久。因此，使用外围作用域内的变量可能不再有效。这正是函数 `some_fct2` 中的问题。变量 `x`、指针 `p`，或者 `std::unique_ptr q` 的资源可能不再有效了。

一个线程可以被看作一个使用外部变量的全局容器。此外，对于汇合线程，容器的生存期是有作用域的。

CP.25 优先选择 std::jthread，而不是 std::thread

这条规则的原标题是“CP.25：优先选择 gsl::join_thread，而不是 std::thread”。这里用 C++20 中的 std::jthread 替换了 C++ Core Guidelines 支持库中的 gsl::join_thread。

下面的程序忘了汇合线程 t。

```
// threadWithoutJoin.cpp

#include <iostream>
#include <thread>

int main() {

    std::thread t([]{
        std::cout << std::this_thread::get_id() << '\n';
    });

}
```

程序的执行突然结束，参见图 10.6。

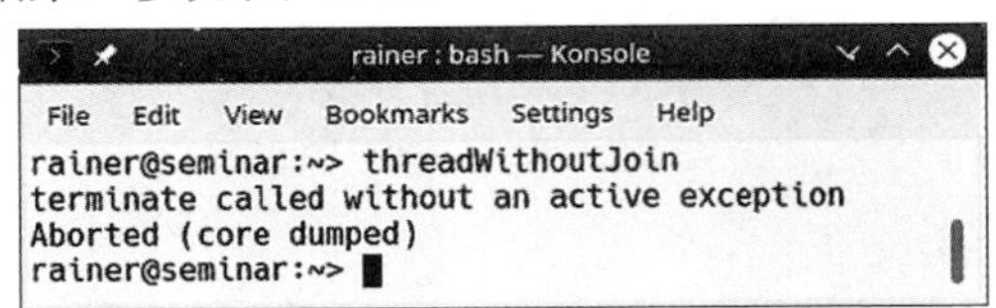

图 10.6 忘记汇合线程

创建的线程 t 的生存期跟随其可调用对象而结束。创建者有两个选择：首先，它可以等待它的子线程执行完（t.join()）；其次，它可以将自己和它的子线程分离（t.detach()）。如果 t.join() 和 t.detach() 的调用都没有发生，一个具有可调用单元的线程 t（可以创建无可调用单元的线程）就被称为可汇合线程。可汇合线程的析构函数会调用 std::terminate，通常它会导致当前进程被终止。在我们的例子中，程序在子线程来得及显示它的 id 之前就终止了。

除了有 std::thread 的功能，std::jthread 会在析构时自动汇合。因此，使用 std::jthread 替换 std::thread，就可以解决这个问题。

```
// threadWithJoin.cpp; C++20

#include <iostream>
#include <thread>

int main() {
```

```
    std::jthread t([]{
        std::cout << std::this_thread::get_id() << '\n';
    });

}
```

CP.26　不要对线程调用 detach()

这条规则听起来很奇怪。C++11 标准支持分离线程，但我们不应该这样做！原因是分离线程的难度很大。比如，看一下下面这个具有未定义行为的小程序。即使是具有静态存储期（static duration）的对象，也可能会出问题。

```
// threadDetach.cpp

#include <iostream>
#include <string>
#include <thread>

void func() {
    std::string s{"C++11"};
    std::thread t([&s]{ std::cout << s << '\n';});
    t.detach();
}

int main() {
    func();
}
```

lambda 表达式通过引用获取 `s`。这是未定义行为，因为子线程 `t` 使用了超出作用域的变量 `s`。停！这是显而易见的问题，但被许多程序员忽略的隐藏问题是 `std::cout`。`std::cout` 具有静态存储期。这意味着 `std::cout` 的生存期将随着进程的结束而结束，另外，这里还有一个竞争条件：此时线程 `t` 可能会使用 `std::cout`。

竞争条件：竞争条件是这样一种场景，其中操作的结果取决于某些独立操作是如何交错的。

10.2.3　条件变量

CP.42　不要在没有条件时 wait

条件变量（condition variable）支持一个非常简单的概念：一个线程准备好了一些东

西，并向等待它的另一个线程发送通知。

下面是这条规则的根本原因：“没有条件的 wait 可能会错过唤醒，或者唤醒后发现无事可做。”这是什么意思？条件变量受到两个很严重的问题的影响：丢失唤醒（lost wakeup）和虚假唤醒（spurious wakeup）。条件变量的关键问题是它们没有记忆。

在向你展示这个问题之前，我先介绍一下条件变量的正确使用方法。

```
// conditionVariable.cpp

#include <condition_variable>
#include <iostream>
#include <mutex>
#include <thread>

std::mutex mut;
std::condition_variable condVar;

bool dataReady{false};

void waitingForWork() {
    std::cout << "Waiting " << '\n';
    std::unique_lock<std::mutex> lck(mut);
    condVar.wait(lck, []{ return dataReady; });   // (4)
    std::cout << "Running " << '\n';
}

void setDataReady() {
    {
        std::lock_guard<std::mutex> lck(mut);
        dataReady = true;
    }
    std::cout << "Data prepared" << '\n';
    condVar.notify_one();                        // (3)
}

int main() {

    std::cout << '\n';

    std::thread t1(waitingForWork);              // (1)
    std::thread t2(setDataReady);                // (2)

    t1.join();
    t2.join();
```

```
    std::cout << '\n';

}
```

同步是如何进行的？程序有两个子线程：t1 和 t2。它们得到工作包 waitingForWork (1) 和 setDataReady (2)。setDataReady 使用条件变量 condVar 发送了一个通知，表示它已经完成了工作的准备：condVar.notify_one() (3)。在持有锁的同时，线程 t1 等待通知：condVar.wait(lck, []{ return dataReady; }) (4)。发送方和接收方都需要锁。对于发送方来说，std::lock_guard 就足够了，因为它分别只调用一次 lock 和 unlock。而对于接收方来说，std::unique_lock 是必要的，因为它通常会频繁地对其互斥量执行加锁和解锁。图 10.7 显示了程序的输出。

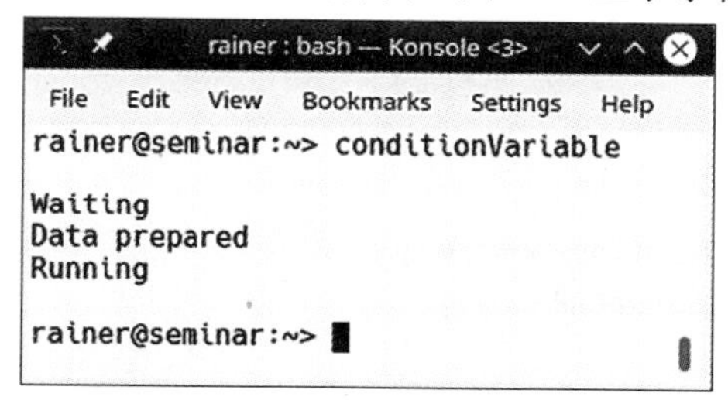

图 10.7 conditionVariable.cpp 的输出

也许你在想，既然不使用谓词就可以调用 wait，为什么还要用谓词来调用 wait 呢？对于这样一个简单的线程同步来说，这个工作流似乎太复杂了。

现在回到条件变量的记忆缺失，讨论被称为丢失唤醒和虚假唤醒的两种现象。

- **丢失唤醒**：丢失唤醒的现象是，发送方在接收方开始等待之前发送了通知。结果通知丢失。
- **虚假唤醒**：即使没有发送通知，接收方也可能会被唤醒。至少 POSIX 线程和 Windows API 会是这些现象的受害者。

为了避免这两个问题，必须使用额外的谓词来记忆状态，也就是，按照规则的说法，使用额外的条件。如果使用没有谓词的条件变量，你可能会遇到唤醒丢失现象，进而导致死锁，因为等待线程正在等待一些永远不会发生的事情。

下面的程序使用了没有附加谓词的条件变量。看看接下来会发生什么：

```
// conditionVariableWithoutPredicate.cpp

#include <condition_variable>
#include <iostream>
#include <mutex>
#include <thread>

std::mutex mut;
std::condition_variable condVar;
```

```
void waitingForWork() {
    std::cout << "Waiting " << '\n';
    std::unique_lock<std::mutex> lck(mut);
    condVar.wait(lck);
    std::cout << "Running " << '\n';
}

void setDataReady() {
    std::cout << "Data prepared" << '\n';
    condVar.notify_one();
}

int main() {

    std::cout << '\n';

    std::thread t1(waitingForWork);
    std::thread t2(setDataReady);

    t1.join();
    t2.join();

    std::cout << '\n';

}
```

只要通知线程 `t2` 在等待线程 `t1` 之前执行，通知就会丢失。第二次执行显示了这种导致死锁的现象，参见图 10.8。

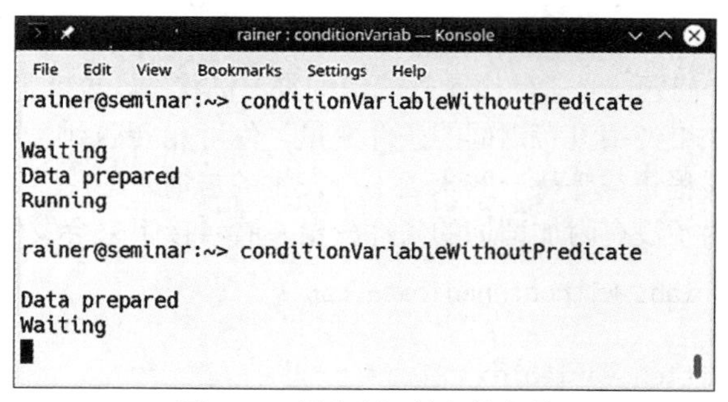

图 10.8　没有谓词的条件变量

10.2.4　数据共享

共享数据使用得越少，并且局部变量使用得越多，结果就越好。不过，有时除了共享数据，你别无选择，比如，当子线程想把它的工作传达给父线程时。

CP.31　在线程之间传递少量数据时使用值传递，而不是引用或指针

将数据按值传递给线程有两个好处：

1. 没有共享，因此，不可能有数据竞争。数据竞争的前提是有可变并共享的状态。
2. 你不需要关心数据的生存期。数据的生存期和所创建的线程的生存期保持一致。

当然，关键的问题是，少量数据是什么意思？C++ Core Guidelines 对这一点的描述并不清楚。在“F.16：对于‘入’参，拷贝开销低的类型按值传递，其他类型则以 `const` 引用来传递”，C++ Core Guidelines 指出 `4 * sizeof(int)` 是函数的经验法则。这意味着小于等于 `4 * sizeof(int)` 的应该通过值传递，而大于 `4 * sizeof(int)` 的应该通过引用或指针传递。

最后，如果必要，必须测量程序的性能。

CP.32　要在不相关的 thread 之间分享所有权，请使用 shared_ptr

假设你有个对象，想要在不相关的线程之间共享。“不相关”意味着该对象上没有数据竞争。关键问题来了：谁是该对象的所有者？因此，谁该负责释放内存？现在你可以选择：如果你不释放内存，就会有内存泄漏；如果你调用 `delete` 多次，就会有未定义行为。大多数情况下，未定义行为会导致运行期崩溃。

```
// threadSharesOwnership.cpp

#include <iostream>
#include <thread>

using namespace std::literals::chrono_literals;

struct MyInt {
    int val{2017};
    ~MyInt() {                              // (4)
        std::cout << "Goodbye" << '\n';
    }
};

void showNumber(const MyInt* myInt) {
    std::cout << myInt->val << '\n';
}

void threadCreator() {
    MyInt* tmpInt= new MyInt;               // (1)

    std::thread t1(showNumber, tmpInt);  // (2)
```

```
    std::thread t2(showNumber, tmpInt);  // (3)

    t1.detach();
    t2.detach();
}

int main() {

    std::cout << '\n';

    threadCreator();
    std::this_thread::sleep_for(1s);

    std::cout << '\n';

}
```

这个示例故意设计得很简单。我让主线程睡眠 1 s，以确保它的生存期超过了子线程 `t1` 和 `t2`。这当然不是一个合适的同步示例，但它有助于阐明观点。程序的关键问题是，谁负责删除 `tmpInt` (1)？是线程 `t1` (2)，线程 `t2` (3)，还是函数（主线程）自身？因为我无法预测每个线程运行多长时间，所以我决定让内存泄漏。因此，`MyInt` (4) 的析构函数永远不会被调用（见图 10.9）。

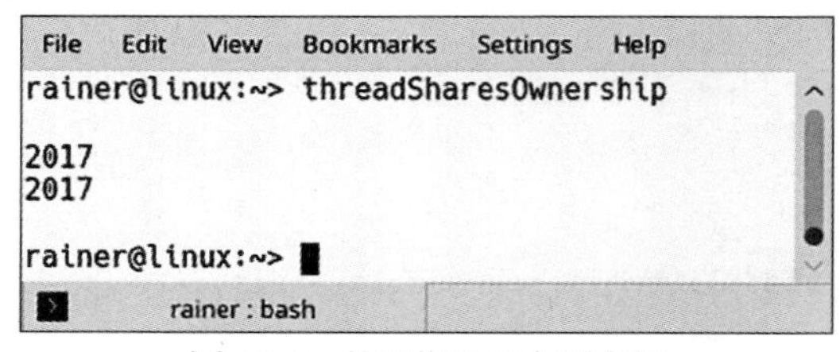

图 10.9 使用指针共享所有权

如果使用 `std::shared_ptr`，生存期的问题就很容易处理。

```
// threadSharesOwnershipSharedPtr.cpp

#include <iostream>
#include <memory>
#include <thread>

using namespace std::literals::chrono_literals;

struct MyInt {
    int val{2017};
    ~MyInt() {
        std::cout << "Goodbye" << '\n';
```

```
    }
};

void showNumber(std::shared_ptr<MyInt> myInt) {
    std::cout << myInt->val << '\n';
}

void threadCreator() {
    auto sharedPtr = std::make_shared<MyInt>();   // (1)

    std::thread t1(showNumber, sharedPtr);
    std::thread t2(showNumber, sharedPtr);

    t1.detach();
    t2.detach();
}

int main() {

    std::cout << '\n';

    threadCreator();
    std::this_thread::sleep_for(1s);

    std::cout << '\n';

}
```

对源代码的两处小的改动是必要的。首先，(1) 中的指针变成了 `std::shared_ptr`，其次，函数 `showNumber` 接受智能指针（见图 10.10），而不是原始指针。为了简单起见，假设线程 `t1` 和 `t2` 会在 1 s 内完成。

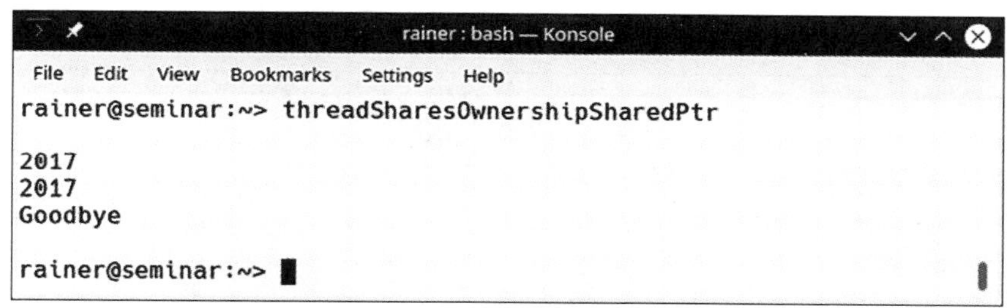

图 10.10　使用智能指针的共享所有权

10.2.5　资源

使用并发的主要原因之一是性能。必须牢记，使用线程时需要耗用资源：时间和内存。资源的使用从创建开始，然后随着上下文切换从用户空间到内核空间，并以线程销毁而结束。此外，线程有它自己的状态，需要分配和维护。

CP.40 尽量减少上下文切换

以及

CP.41 尽量减少线程的创建和销毁

线程的代价有多高？这个问题的答案是定下这条规则的原因。我会先讨论一下线程的通常大小，然后谈谈创建它的开销。

大小

`std::thread` 是原生线程的简单封装，因此，我对 Windows 线程和 POSIX 线程的大小很感兴趣。

- **Windows 系统：** 微软网站 https://msdn.microsoft.com/en-us/library/windows/desktop/ms686774(v=vs.85).aspx 上的博文“Thread Stack Size”（线程栈大小）给出的答案是 1 MB。
- **Linux 系统：**`pthread_create` 手册页给出的答案是 2 MB。这个结果适用于 i386 和 x86_64 架构。若想知道其他支持 POSIX 的体系架构的大小，请参见表 10.1。

表 10.1 典型的线程大小

架构	默认栈大小
i386	2 MB
IA-64	32 MB
PowerPC	4 MB
S/390	2 MB
Sparc-32	2 MB
Sparc-64	4 MB
x86_64	2 MB

创建

至于创建一个线程需要多少时间，我没有找到相关的数据。为了直观感受一下，我分别在 Linux 和 Windows 上做了简单的性能测试。不要用这些数据来比较 Linux 和 Windows，这不是实验的重点。

我在台式机上使用 GCC 6.2.1，在笔记本电脑上使用微软 Visual Studio 2017 来进行性能测试。两个平台上都开了最大优化来编译程序。

下面是这个小测试程序。

```
// threadCreationPerformance.cpp

#include <chrono>
#include <iostream>
#include <thread>

constexpr long long numThreads= 1'000'000;

int main() {

    auto start = std::chrono::system_clock::now();

    for (long long i = 0; i < numThreads; ++i) {    // (1)
        std::thread([]{}).detach();
    }

    std::chrono::duration<double> dur=
        std::chrono::system_clock::now() - start;

    std::cout << "time: " << dur.count() << " seconds" << '\n';

}
```

该程序创建了一百万个线程，这些线程执行一个空的 lambda 函数 (1)。图 10.11 和图 10.12 分别显示了 Linux 和 Windows 上的运行结果。

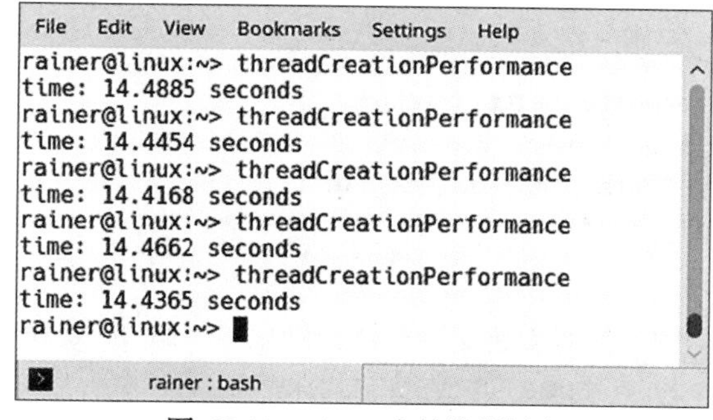

图 **10.11**　Linux 上的线程创建

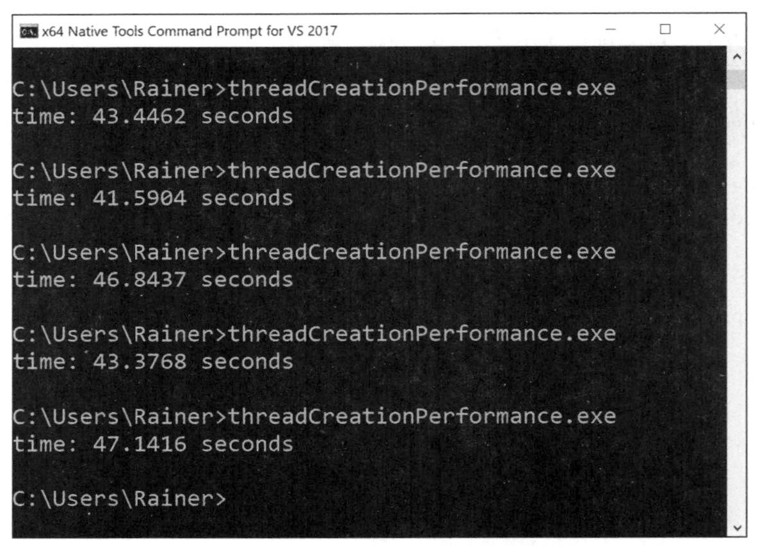

图 **10.12** Windows 上的线程创建

这意味着，在 Linux 上创建一个线程大约需要 14.5 s / 1000000 = 14.5 μs，在 Windows 上大约需要 44 s / 1000000 = 44 μs。

换句话说，在 1 s 内，你能在 Linux 上创建大约 69 000 个线程，在 Windows 上创建 23 000 个线程。

CP.43 尽量减少临界区内的时间占用

锁定互斥量的时间越短，其他线程可运行的时间就越长。下面以条件变量的通知为例。

```
void setDataReady() {
    std::lock_guard<std::mutex> lck(mut);
    dataReady = true;                          // (1)
    std::cout << "Data prepared" << '\n';
    condVar.notify_one();
}
```

互斥量 `mut` 在函数开始时被锁定，在函数结束时被解锁。这种锁定是没有必要的。只有表达式 `dataReady = true` (1) 必须受到保护。

首先，`std::cout` 是线程安全的。C++11 标准保证每个字符都按照原子步骤和正确的顺序写入。其次，通知 `condVar.notify_one()` 是线程安全的。

下面是函数 `setDataReady` 的改进版：

```
void setDataReady() {
    {
        std::lock_guard<std::mutex> lck(mut);
```

```
        dataReady = true;
    }
    std::cout << "Data prepared" << '\n';
    condVar.notify_one();
}
```

10.2.6　被忽视的危险

CP.44　记得给你的 lock_guard 和 unique_lock 起名字

如果你没有给 std::lock_guard 或 std::unique_lock 起名字，那你只是创建了一个临时量，它在创建后会立即销毁。std::lock_guard 或 std::unique_lock 会自动锁定其互斥量和构造函数，并在其析构函数中解锁。这种模式被称为 RAII。

我的小例子展示了 std::lock_guard 的概念行为。它的大哥 std::unique_lock 支持更多的操作。

```
// myGuard.cpp

#include <mutex>
#include <iostream>

template <typename T>
class MyGuard {
public:
    explicit MyGuard(T& m): myMutex(m) {
        std::cout << "lock" << '\n';
        myMutex.lock();
    }
    ~MyGuard() {
        myMutex.unlock();
        std::cout << "unlock" << '\n';
    }
private:
    T& myMutex;
};

int main() {

    std::cout << '\n';

    std::mutex m;
    MyGuard<std::mutex> {m};                        // (1) 糟糕!
```

```
    std::cout << "CRITICAL SECTION" << '\n';     // (2)

    std::cout << '\n';

}                                                // (3)
```

MyGuard 在其构造函数和析构函数中调用 lock 和 unlock。由于是临时量，对构造函数和析构函数的调用发生在 (1) 处，而不是像通常那样发生在 (3) 处。因此，(2) 处的临界区将会不受保护地执行（见图 10.13）。这个程序的运行表明，消息 unlock 的输出发生在消息 CRITICAL SECTION 的输出之前。

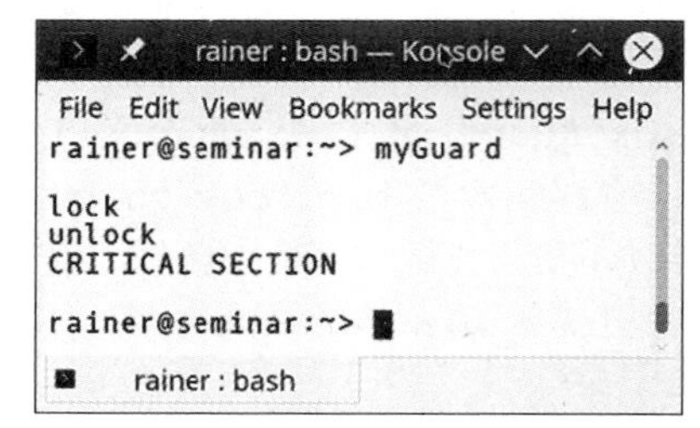

图 10.13 使用临时锁 std::lock_guard

通过给未命名的 MyGuard (1) 一个名字 MyGuard<std::mutex> myGuard{m};，就可将临界区保护起来，参见图 10.14。

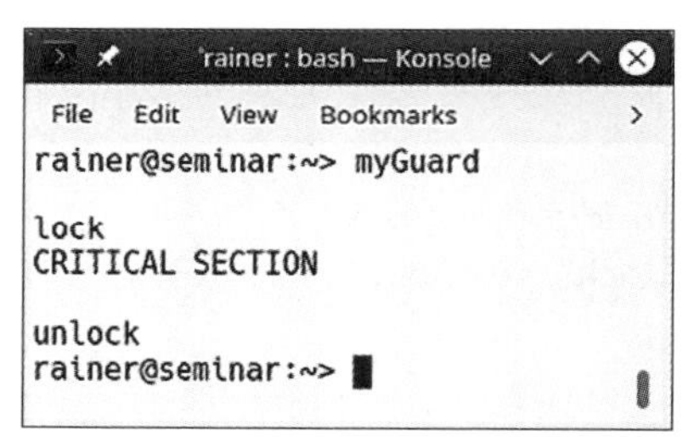

图 10.14 使用有名字的临时量 std::lock_guard

10.3 关于并行

除了标题，C++ Core Guidelines 中没有涉及关于并行的内容。为了填补这个空白，这里提供了关于并行 STL 的简要介绍和一条规则。下面是我的这条规则：

优先使用 STL 的并行算法，而不是用线程手写解决方案。

这个想法很简单。标准模板库有一百多种用于对范围及其元素进行搜索、计数和操作的算法。在 C++17 中，有 69 种算法被重载，还有一些新的算法被添加进来。重载的算法和新的算法可以用所谓的执行策略进行调用。通过使用执行策略，你可以指定该算法是该顺序运行，并行运行，还是并行向量化运行。

- `std::execution::seq`：顺序执行算法。
- `std::execution::par`：在多个线程上并行地运行该算法。
- `std::execution::par_unseq`：在多个线程上并行运行算法，并允许单个循环的交错。

向量化 `std::execution::par_unseq` 代表现代处理器指令集的 SIMD（单指令多数据）扩展。SIMD 使处理器能够在多个数据上并行地执行同一个操作。

通过执行策略标签，可以选择应该执行算法的哪种变体。该标签没有约束力，但却是对 C++ 运行时的一个强烈提示。

```
std::vector<int> v = {5, -3, 10, -5, -10, 22, 0};

// 标准的顺序排序
std::sort(v.begin(), v.end());

// 顺序执行
std::sort(std::execution::seq, v.begin(), v.end());

// 允许并行执行
std::sort(std::execution::par, v.begin(), v.end());

// 允许并行和向量化执行
std::sort(std::execution::par_unseq, v.begin(), v.end())
```

STL 的 69 种算法支持并行或并行和向量化执行，参见表 10.2。

表 10.2　并行版本可用的 STL 算法（省去了 std 命名空间）

adjacent_difference	is_heap_until	replace_copy_if
adjacent_find	is_partitioned	replace_if
all_of	is_sorted	reverse
any_of	is_sorted_until	reverse_copy
copy	lexicographical_compare	rotate
copy_if	max_element	rotate_copy
copy_n	merge	search
count	min_element	search_n
count_if	minmax_element	set_difference
equal	mismatch	set_intersection
fill	move	set_symmetric_difference
fill_n	none_of	set_union
find	nth_element	sort
find_end	partial_sort	stable_partition

（续表）

find_first_of	partial_sort_copy	stable_sort
find_if	partition	swap_ranges
find_if_not	partition_copy	transform
generate	remove	uninitialized_copy
generate_n	remove_copy	uninitialized_copy_n
includes	remove_copy_if	uninitialized_fill
inner_product	remove_if	uninitialized_fill_n
inplace_merge	replace	unique
is_heap	replace_copy	unique_copy

另外，C++17 还增加了 8 种新的算法。

```
std::for_each
std::for_each_n
std::exclusive_scan
std::inclusive_scan
std::transform_exclusive_scan
std::transform_inclusive_scan
std::reduce
std::transform_reduce
```

下面的例子展示了 `std::transform_exclusive_scan` 算法的用法。

```
// transformExclusiveScan.cpp; C++17 with MSVC

#include <execution>
#include <numeric>
#include <iostream>
#include <vector>

int main() {

    std::cout << '\n';

    std::vector<int> resVec{1, 2, 3, 4, 5, 6, 7, 8, 9};
    std::vector<int> resVec1(resVec.size());
    std::transform_exclusive_scan(std::execution::par,
                                  resVec.begin(), resVec.end(),
                                  resVec1.begin(), 0,
                                  [](int fir, int sec){ return fir + sec; },
                                  [](int arg){ return arg * arg; });
```

```
    std::cout << "transform_exclusive_scan: ";
    for (auto v: resVec1) std::cout << v << " ";

    std::cout << '\n';

}
```

std::transform_exclusive_scan 算法阅读起来颇有难度，我来试着解释一下。在第一步，std::transform_exclusive_scan 对 resVec.begin() 到 resVec.end() 范围内的每个元素应用 lambda 表达式 [](int arg){ return arg * arg; }。在第二步，算法对中间结果进行二元运算 [](int fir, int sec){ return fir + sec; }。这意味着该算法以 0 为初始值对所有元素进行求和。结果放在 resVec1 中，参见图 10.15。

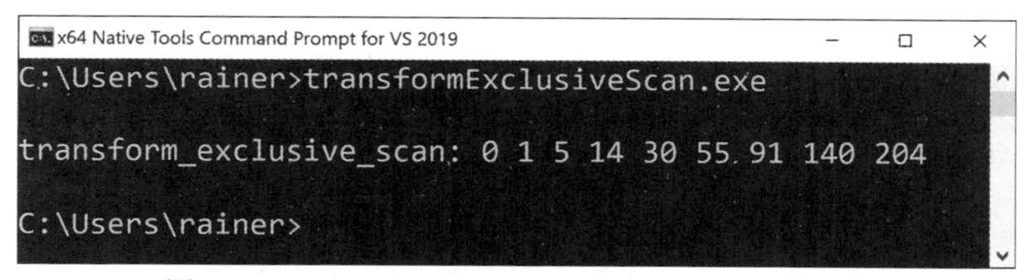

图 10.15 std::transform_exclusive_scan 的用法

10.4 消息传递

关于消息传递，有两条规则。

- CP.60：使用 future 从并发任务返回值。
- CP.61：使用 async() 生成并发任务。

这两条规则都缺乏内容。因此，我只能即兴发挥了。

任务是一种 C++ 式的在线程之间传递消息的方式。消息可以是值、异常或者通知。任务由诺值和期值两部分组成。诺值在 C++ 中存在三种变体：std::async、std::packaged_task 和 std::promise。诺值创建消息，期值异步地进行接收。

我已经在“CP.4：从任务（而不是线程）的角度进行思考”规则中给出了一个 std::async 的简短示例，它将一个值从诺值发送到期值。本节使用 std::promise 作为发送方。

10.4.1 发送值或异常

与线程非常不同，诺值和相关联的期值会共享一个安全通道。在下面的例子中，一个诺值发送值，而另一个诺值发送异常。

```
// promiseFutureException.cpp

#include <exception>
#include <future>
#include <iostream>
#include <thread>
#include <utility>

struct Div {
  void operator()(std::promise<int> intPromise, int a, int b) const {
    try {                                                 // (4)
      if (b == 0) {
        std::string err = "Illegal division by zero: " +
                          std::to_string(a) + "/" + std::to_string(b);
        throw std::runtime_error(err);
      }
      intPromise.set_value(a / b);                        // (2)
    }
    catch ( ... ) {
      intPromise.set_exception(std::current_exception());  // (1)
    }
  }
};

void executeDivision(int nom, int denom) {
  std::promise<int> divPromise;
  std::future<int> divResult= divPromise.get_future();

  Div div;
  std::thread divThread(div,std::move(divPromise), nom, denom);

  // 获取结果或者异常
  try {                                                   // (5)
    std::cout << nom << "/" << denom << " = "
              << divResult.get() << '\n';                 // (3)
  }
  catch (std::runtime_error& e){
    std::cout << e.what() << '\n';
  }

  divThread.join();
}

int main() {
```

```
    std::cout << '\n';

    executeDivision(20, 0);
    executeDivision(20, 10);

    std::cout << '\n';

}
```

如果 `std::promise` 使用的可调用对象抛出错误，那么这个异常会存储在共享状态中。当期值 `divResult` 随后调用 `divResult.get()` (3) 时，该异常会被重新抛出，相关的期值必须对它进行处理。`std::promise` 通过 `prom.set_value(std::current_exception())` (1) 来触发异常，并通过 `divPromise.set_value` (2) 来设置值，这就是共享状态。正如 (4) 中的诺值，期值必须在其 try-catch 块 (5) 中处理异常。数字除以 0 是未定义行为。函数 `executeDivision` 显示了计算的结果或异常，参见图 10.16。

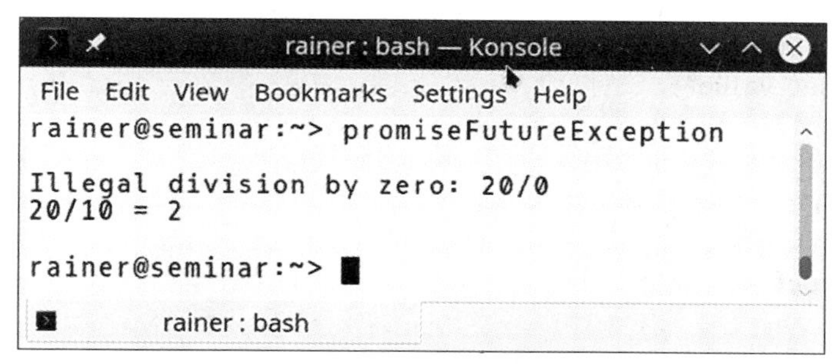

图 **10.16**　值和异常作为消息

10.4.2 发送通知

如果你使用诺值和期值（在短任务中）来同步线程，它们与条件变量有很多共同之处。大多数情况下，诺值和期值是比条件变量更安全的选择。

在展示具体例子之前，我先用表 10.3 整体说明一下。

表 10.3　条件变量和任务的对比

标准	条件变量	任务
多次同步	是	否
临界区	是	否
虚假唤醒	是	否
丢失唤醒	是	否

跟诺值和期值相比，条件变量的优势在于，可以使用条件变量来多次同步线程。与此相反，一个诺值只能发送一次通知。而如果你只为单次同步使用条件变量，那么要把条件变量用对会比用诺值和期值难得多。一对诺值和期值不需要锁，不会出现虚假唤醒或丢失唤醒，也不需要临界区或额外的条件判断。

```
// promiseFutureSynchronize.cpp

#include <future>
#include <iostream>
#include <utility>

void waitingForWork(std::future<void> fut) {
    std::cout << "Waiting " << '\n';
    fut.wait();                                             // (5)
    std::cout << "Running " << '\n';
}

void setDataReady(std::promise<void> prom) {
    std::cout << "Data prepared" << '\n';
    prom.set_value();                                       // (6)
}

int main() {

    std::cout << '\n';

    std::promise<void> sendReady;                           // (1)
    auto fut = sendReady.get_future();                      // (2)

    std::thread t1(waitingForWork, std::move(fut));         // (3)
    std::thread t2(setDataReady, std::move(sendReady));     // (4)

    t1.join();
    t2.join();

    std::cout << '\n';

}
```

由于 `sendReady` (1)，你会得到期值 `fut` (2)。两个通信端点都被转移到线程 `t1` (3) 和 `t2` (4) 中。期值使用 `fut.wait()` (5) 进行等待，并获得相关诺值的通知：`prom.set_value()` (6)。

这个程序的结构和输出（见图 10.17）与条件变量规则“CP.42：不要在没有条件时 `wait`”中的相应程序一致。

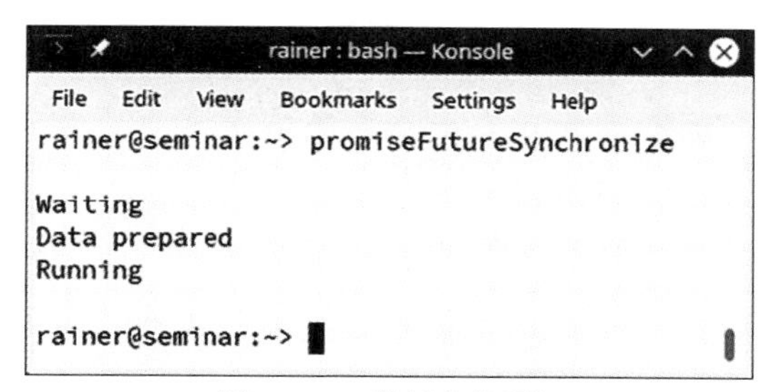

图 10.17 带任务的通知

10.5 无锁编程

并发和并行的规则是针对非专家的。无锁编程（lock-free programming）是一个仅面向专家的主题。因此，对于无锁编程，只有一些简短的规则。

CP.100 除非绝对需要，否则不要使用无锁编程

这条规则是无锁编程中最关键的元规则。如果不信，请看下面引用的一些来自这个特定领域的世界公认的专家的演讲。

- **Herb Sutter**：“无锁编程就像在玩刀子”（CppCon 2014）。
- **Anthony Williams**：“无锁编程说的是如何搬起石头砸自己的脚”（NDC 2016）。
- **Tony Van Eerd**：“无锁编程是你最不想做的事情”（NDC 2016）。
- **Fedor Pikus**：“编写无锁程序很难，编写正确的无锁程序更难”（NDC 2018）。

CP.101 不要轻信硬件/编译器组合

“不要轻信硬件/编译器组合”是什么意思？换句话说，当你违反序列一致性时，你的直觉也大概率会出问题。下面从一个简单的程序开始讲解。

```
// sequentialConsistency.cpp

#include <atomic>
#include <iostream>
#include <thread>

std::atomic<int> x{0};
std::atomic<int> y{0};

void writing(){
    x.store(2000);                  // (1)
    y.store(11);                    // (2)
```

```
}

void reading(){
    std::cout << y.load() << " ";    // (3)
    std::cout << x.load() << '\n';   // (4)
}

int main(){
    std::thread thread1(writing);
    std::thread thread2(reading);
    thread1.join();
    thread2.join();
}
```

对于这个小例子，我要提个问题：在 (3) 和 (4) 中，`y` 和 `x` 有哪些可能值？因为 `y` 和 `x` 是原子量，所以不可能出现数据竞争。这里没有进一步指定内存顺序，因此默认使用序列一致性。而序列一致性意味着以下几点。

- 每个线程按照指定的顺序执行操作：(1) 发生在 (2) 之前，(3) 发生在 (4) 之前。
- 所有线程上的所有操作都有一个全局顺序。反过来说，每个线程看到的所有操作都以相同的顺序执行。

如果把序列一致性的这两个属性结合起来，那么对于 `x` 和 `y` 的组合，只有一个是不可能的：`y == 11` 且 `x == 0`。现在我来破坏一下序列一致性，也许还有你的直觉。

宽松语义（relaxed semantics）是所有内存顺序中最弱的。宽松语义本质上可以归结为一个保证：对原子量的操作只保证原子性。

```
// relaxedSemantic.cpp

#include <atomic>
#include <iostream>
#include <thread>

std::atomic<int> x{0};
std::atomic<int> y{0};

void writing(){
    x.store(2000, std::memory_order_relaxed);
    y.store(11, std::memory_order_relaxed);
}

void reading(){
    std::cout << y.load(std::memory_order_relaxed) << " ";
    std::cout << x.load(std::memory_order_relaxed) << '\n';
}
```

```
int main(){
    std::thread thread1(writing);
    std::thread thread2(reading);
    thread1.join();
    thread2.join();
}
```

两个非常不直观的现象将会发生。首先，thread2 能以不同的顺序看到 thread1 的操作。其次，thread1 可以重排其指令，因为操作不在同一个原子量上。这对 x 和 y 的可能值意味着什么？“y == 11 且 x == 0”现在成了可能的结果。我想再明确一点，可能出现哪种结果取决于你的硬件，见表 10.4。

例如，在 x86 或 AMD64 上，操作重排相当保守；存储（store）可以重排到载入（load）后面。但在 Alpha、IA64 或 RISC（ARM）架构中，所有四种可能的存储和载入操作的重新排序都是允许的。

表 10.4 不同平台上的操作重排序

架构	LoadLoad	LoadStore	StoreLoad	StoreStore
x86、AMD64			是	
Alpha、IA64、RISC	是	是	是	是

表格中的 LoadLoad 意味着这样一个控制流：对一个原子量的加载操作后跟对另一个原子量的加载操作。LoadStore、StoreLoad 和 StoreStore 也是如此。

CP.102 请仔细研读文献

这里有一些很棒的文献资源，请先学习它们。

- **Anthony Williams**: *C++ Concurrency in Action*, 2nd ed., Manning Publications, 2019, ISBN9781617294693（https://www.manning.com/books/c-plus-plus-concurrency-in-action-second-edition）；中文版可参考《C++ 并发编程实战（第 2 版）》，吴天明译，人民邮电出版社，2021
- **Bartosz Milewski**:“Bartosz Milewski’s Programming Cafe”（https://bartoszmilewski.com/）
- **Herb Sutter**: “Effective Concurrency”（http://www.gotw.ca/publications/）
- **Jeff Preshing**: “Preshing on Programming”（https://preshing.com/）

10.6 相关规则

- 规则“CP.110：不要为初始化编写自己的双重检查锁定模式”和“CP.111：如果真的需要双重检查锁定模式，请使用常规模式”已经被关于错误假设的规则所涵盖（参考第 9 章）。

- 规则“CP.200：只在与非 C++ 内存通信时使用 `volatile`”已在规则“CP.8：不要试图使用 `volatile` 进行同步”中谈及。

本章精华

重要

- 区分并发和并行。并发是指多个任务的重叠，而并行是指多个任务同时运行。
- 通过尽量减少数据的共享来避免数据竞争，并使共享的数据不可变。
- 使用 ThreadSanitizer 或 CppMem 等工具来验证并发代码。
- 不要直接对互斥量加/解锁。将互斥量放入锁对象中，比如 `std::lock_guard` 或 `std::unique_lock`。
- 不要在持有锁的时候调用未知代码。尽量不要在任一时间点获取超过一把锁。
- 当你在某个时候需要超过一把锁时，使用 `std::lock` 或 `std::scoped_lock` 来原子性地获取。
- 使用 `std::jthread` 而不是 `std::thread`，以便在析构时自动重新汇合。
- 不要使用没有附加谓词的条件变量，以避免虚假唤醒和丢失唤醒。
- 如果你想并行地执行一项工作，最好使用 STL 的并行算法，而不是用线程来手工实现解决方案。
- 使用任务在线程之间传递消息或异常。使用任务（而不是条件变量）来同步线程。
- 除非绝对需要，否则不要使用无锁编程。事先请仔细研读文献。

第 11 章

错 误 处 理

Cippi 正处理错误

首先，根据 C++ Core Guidelines，错误处理涉及以下操作：

- 检测错误。
- 将有关错误的信息传递给某些处理程序代码。
- 保存程序的有效状态。
- 避免资源泄漏。

应该使用异常来处理错误。Boost C++ 库的创始人之一、ISO C++ 标准化委员会前成员 David Abrahams 在“Exception Safety in Generic Components”（通用组件中的异常安全）一文中正式提出了异常安全的含义。“Abrahams 保证”描述了一个思考异常安全的基本契约。以下是该契约的四个层次[1]。

1. **不抛出保证**，也称为**故障透明**：即使在异常情况下，也能保证操作成功并满足所有的要求。如果发生异常，则会在内部处理，客户无法观察到。

2. **强异常安全**，也称为**提交或回滚语义**：操作可以失败，但失败的操作保证不会产生任何副作用，因此所有的数据都将保留其原始值。

3. **基本异常安全**，也称为**无泄漏保证**：部分执行失败的操作可能会产生副作用，但

1 资料来源：Bjarne Stroustrup, *The C++ Programming Language*, Third Edition. Addison-Wesley, 1997。中文版可参考《C++程序设计语言》的特别版（2002）或第四版（2016）。

所有的不变式都会保持，并且没有资源泄漏（包括内存泄漏）。任何存储的数据都包含有效的值，即使它们与异常发生前的值不同。

4. **无异常安全：**不做任何保证。

C++ CoreGuidelines 中的规则应该可以帮助避免以下几种类型的错误。这里在括号中添加了典型的例子：

- 类型违规（转型）
- 资源泄漏（内存泄漏）
- 边界错误（访问到了容器的边界外）
- 生存期错误（删除后访问对象）
- 逻辑错误（逻辑表达式）
- 接口错误（在接口中传递错误的值）

总共二十多条规则，可以分为三类。前两类说的是错误处理策略的设计及其具体实现。第三类讨论不能抛出异常的情况。

关于错误处理的这一部分与函数、类和类层次结构的部分有很大的重叠。这里有意跳过了这些章节中介绍过的规则。“相关规则”部分将提供被跳过的规则的细节。

11.1 设计

每个软件单元都有两条与客户的通信途径：一条用于常规情况，另一条用于非常规情况。软件单元应该围绕不变式进行设计。

11.1.1 通信

- E.1：在设计初期制订错误处理策略。
- E.17：不要试图在每个函数中捕获每个异常。
- E.18：尽量减少显式的 `try/catch` 使用。

什么是软件单元？软件单元可以是函数、对象、子系统或整个系统。软件单元与其客户进行通信。因此，通信设计应该在系统设计初期进行。在边界层面，有两种通信方式：常规和非常规。常规通信是接口的功能方面，换句话说，它规定软件单元应该做什么。非常规通信代表非功能方面。非功能方面规定了系统的运行方式。非功能方面的很大一部分是错误处理，即什么会出错。通常，非功能方面被称为“质量属性”。

从控制流的角度来看，显式的 `try/catch` 与 `goto` 语句有很多共同之处。这意味着如果异常被抛出，控制流会直接跳转到异常处理器，而这段代码可能在不同的软件单元中。最终，你可能会得到意大利面式代码，即控制流难以预测和维护的代码。

现在的问题是，应该如何组织异常处理？我认为你该先问自己一个问题：是否有可能在本地处理异常？

如果是，那就去做。如果否，那就让异常传播，直到有足够的上下文来处理它。处理异常也可能意味着捕获它，然后重新抛出一个不同的、对客户更方便的异常。这种对异常的转换可以达到这样的目的：软件单元的客户只需要处理数量有限的不同异常。

通常情况下，边界是处理异常的合适位置，因为你会希望保护客户端，使其不会随便受异常的影响。因此，边界也是测试常规和非常规通信的合适地方。

11.1.2 不变式

- E.2：通过抛出异常来表明函数无法执行其分配的任务。
- E.4：围绕不变式来设计错误处理策略。
- E.5：让构造函数建立不变式，做不到就抛异常。

根据 C++ Core Guidelines，不变式是“对象成员的一种逻辑条件，构造函数必须建立这个条件，这样公开成员函数就可以假设它一定成立。在不变式建立后（通常通过构造函数），对象上的每个成员函数就可以调用了”。不过，这个定义对我来说太过狭窄。不变式也可以由使用概念或契约的函数建立。

还有更多关于不变式和如何建立不变式的规则，这些规则补充了本章开头的讨论。

- C.2：当类具有不变式时使用 `class`；如果数据成员可以独立变化，则使用 `struct`。
- C.41：构造函数应该创建完全初始化的对象。
- C.45：不要定义仅初始化数据成员的默认构造函数，而应使用成员初始化器。

C++ Core Guidelines 的定义实质上是说，应该围绕不变式来定义错误处理策略。如果无法建立不变式，则抛出异常。

11.2 实现

在实现错误处理时，必须记住一些该做的和不该做的事。

11.2.1 该做的事

除了本章末尾“相关规则”一节中提到的该做的事，还有三条其他规则。

E.3 只对错误处理使用异常

异常是一种 goto 语句。也许你的编码规则禁止使用 goto 语句。因此，你想出了一个聪明的主意：在控制流中使用异常。在下面的例子里，异常被用在了成功的情况下。

```
// 不要：异常没用于错误处理
int getIndex(std::vector<const std::string>& vec,
             const std::string& x) {
    try {
        for (auto i = 0; i < vec.size(); ++i) {
          if (vec[i] == x) throw i;  // 找到 x
```

```
        }
    } catch (int i) {
        return i;
    }
    return -1;   // 没找到
}
```

在我看来，这是最糟糕的异常滥用。在这种情况下，常规控制流与异常控制流没有分开。在成功的情况下，代码使用 `throw` 语句；在失败的情况下，代码使用 `return` 语句。这很让人困惑，不是吗？

E.14 应使用专门设计的用户定义类型（而非内置类型）作为异常

你不该使用内置类型，甚至都不该直接使用标准的异常类型。下面展示的 C++ Core Guidelines 中的两个代码片段，说明了这些不应该做的事。

```
void my_code()      // 不该做
{
    // ...
    throw 7;        // 7 意味着“输入缓冲区太小”
    // ...
}

void your_code()    // 不该做
{
    try {
        // ...
        my_code();
        // ...
    }
    catch(int i) {  // i == 7 意味着“输入缓冲区太小”
        // ...
    }
}
```

在这种情况下，异常是个没有任何语义的 `int`。注释中描述了 `7` 的含义，但最好使用自描述类型，因为注释可能会出错。要确定的话，你需要查阅文档来了解。你无法给 `int` 类型的异常附加任何有意义的信息。如果有 `7`，我想你至少也在异常处理中用了数字 `1` 到 `6`，其中，`1` 可能意味着一个不确定的错误，以此类推。这种策略太过复杂，容易出错，而且很难阅读和维护。

下面用一下标准异常，而不是 `int`。

```
void my_code()       // 不该做
{
```

```
    // ...
    throw std::runtime_error{"input buffer too small"};
    // ...
}
void your_code()     // 不该做
{
    try {
        // ...
        my_code();
        // ...
    }
    catch(const std::runtime_error&) {      // std::runtime_error 意味着
                                            // “输入缓冲区太小”
        // ...
    }
}
```

建议使用标准异常而不是内置类型，因为前者可以给异常附加额外的信息，或者构建异常层次结构。标准异常也只是相对稍好，但还是算不上好。为什么？这个异常太通用了。这只是一个 `std::runtime_error`。想象一下，函数 `my_code` 是输入子系统的一部分。如果该函数的客户端通过 `std::runtime_error` 来捕获异常，那么它不知道这是个通用错误（比如“输入缓冲区太小”），还是子系统特定的错误（比如“输入设备未连接”）。

要解决这些问题，请从 `std::runtime_error` 派生出你的具体异常。下面是个简短的例子，可以给你一些概念：

```
class InputSubsystemException: public std::runtime_error {
    const char* what() const noexcept override {
        return "在这里提供异常的更多细节";
    }
};
```

现在输入子系统的客户端可通过 `catch(const InputSubsystemException& ex)` 来专门捕获这一异常。此外，也可以通过进一步派生 `InputSubsystemException` 类来完善异常层次结构。

E.15 通过引用从层次结构中捕获异常

如果按值捕获层次结构中的异常，那么你可能会成为切片的受害者。

想象一下，从 `InputSubsystemException` 派生出新的异常类 `USBInputException`，参见之前的规则“E.14：应使用专门设计的用户定义类型（而非内置类型）作为异常”。然后通过 `InputSubsystemException` 类型的值来捕获异常。现在，一个

USBInputException 类型的异常被抛出。

```
void subsystem() {
    // ...
    throw USBInputException();
    // ...
}

void clientCode() {
    try {
        subsystem();
    }
    catch(InputSubsystemException e) {   // 切片可能会发生
        // ...
    }
}
```

通过按值捕获 USBInputException 到 InputSubsystemException，切片就发生了，e 得到了基本类型 InputSubsystemException。关于切片的详细说明，请参阅 C++ 规则“C.67：多态类应当抑制公开的拷贝/移动操作”。

说得明确一点：

1. 应通过 const 引用来捕获异常；仅在想要修改异常时通过（非 const）引用来捕获。

2. 如果你要在异常处理器中重新抛出异常 e，只需要使用 throw 而不是 throw e。在第二种情况下，e 会被复制。

要解决按值捕获异常，有个简单的办法：应用规则“C.121：如果基类被当作接口使用，那就把它变成抽象类”。将 InputSubsystemException 变成抽象基类后，就不可能按值来捕获 InputSubsystemException 了。

11.2.2 不该做的事

除了“该做的事”之外，C++ Core Guidelines 还有三件“不该做的事”。

E.13 在直接拥有对象时决不抛异常

下面是来自 C++ Core Guidelines 中的直接所有权的例子。

```
void leak(int x) {        // 糟糕：可能会泄漏
    auto* p = new int{7};
    auto* pa = new int[100];
    if (x < 0) throw Get_me_out_of_here{};  // *p 和 *pa 发生泄漏
    // ...
    delete p;             // 代码可能永远执行不到这里
```

```
    delete [] pa;
}
```

如果 throw 被激发，那内存会丢失，你就有了内存泄漏。简单的解决方案是摆脱所有权，让 C++ 运行时成为对象的直接所有者。这意味着只需要应用 RAII，详情请参阅“R.1：使用资源句柄和 RAII（资源获取即初始化）自动管理资源”。

你可以只创建局部对象，或者起码是作为局部对象使用的守卫对象。C++ 运行期会处理局部对象，并在必要时释放内存。下面是自动内存管理的三种变体：

```
void leak(int x) {    // 正常：没有内存泄漏
    auto p1 = int{7};
    auto p = std::make_unique<int>(7);
    auto pa = std::vector<int>(100);
    if (x < 0) throw Get_me_out_of_here{};
    // ...
}
```

p1 是局部对象，但 p 和 pa 都是下层对象的守卫对象。std::vector 使用堆来管理数据。此外，对于这三种方式，不管使用哪种，你都消除了 delete 调用。

E.30 不要使用异常规格

下面是个异常规格的例子：

```
int use(int arg) throw(X, Y) {
    // ...
    auto x = f(arg);
    // ...
}
```

这意味着函数 use 可能会抛出 X 或 Y 类型的异常。如果有其他异常抛出，那么 std::terminate 会被调用。

带参数的 throw(X, Y) 和不带参数的 throw() 的动态异常规格在 C++11 中被弃用。带参数的动态异常规格在 C++17 中被删除；不带参数的动态异常规格在 C++20 中被删除。在 C++20 之前，throw() 等同于 noexcept。

关于 noexcept 的更多细节，请参阅规则“F.6：如果你的函数必定不抛异常，就把它声明为 noexcept”。

E.31 正确排列 catch 子句的顺序

异常的捕获是根据第一次匹配策略进行的。这意味着第一个匹配成功的异常处理器将被使用。这就是应该从具体到一般来组织异常处理器的原因。否则，你的具体异常处理器可能永远不会被调用。在下面的例子中，DivisionByZeroException 派生自

std::exception。

```
try{
    // 抛出异常  (1)
}
catch(const DivisionByZeroException& ex) { .... }    // (2)
catch(const std::exception& ex) { .... }              // (3)
catch(...) { .... }                                   // (4)
```

在这种情况下，首先使用 DivisionByZeroException (2) 来处理 (1) 中抛出的异常。如果具体的异常处理器不适配，那么从 std::exception 派生出来的异常将会在下面一行 (3) 中被捕获。(4) 处的最后一个异常处理器有省略号（...），用来捕获所有其他的异常。

11.3 如果不能抛出异常

- E.25：如果不能抛出异常，请模仿 RAII 进行资源管理。
- E.26：如果不能抛出异常，考虑快速失败。
- E.27：如果不能抛出异常，请系统地使用错误代码。

先看第一条规则"E.25：如果不能抛出异常，请模仿 RAII 进行资源管理"。RAII 的思想很简单：如果你必须照管一项资源，就把这个资源放到一个类中。使用该类的构造函数进行初始化，并使用析构函数来销毁资源。当在栈上创建类的局部实例时，C++ 运行时会自动看管资源，你的任务就算完成了。关于 RAII 的更多信息，请参阅资源管理的第一条规则"R.1：使用资源句柄和 RAII（资源获取即初始化）自动管理资源"。

"模仿 RAII 进行资源管理"是什么意思？假设有一个函数 func，在无法创建 Gadget 时，会使用异常来退出。

```
void func(std::string& arg) {
    Gadget g {arg};
    // ...
}
```

如果不能抛出异常，应该通过给 Gadget 添加成员函数来模拟 RAII。

```
error_indicator func(std::string& arg) {
    Gadget g {arg};
    if (!g.valid()) return gadget_construction_error;
    // ...
    return 0;   // 0 表示"正常"
}
```

在这种情况下，调用者必须测试 func 的返回值。

规则“E.26：如果不能抛出异常，考虑快速失败”非常直截了当。如果没有办法从内存耗尽等错误中恢复过来，那就快速失败。如果你不能抛异常，就调用 `std::abort`，促使程序异常终止。

```
void f(int n) {
    // ...
    p = static_cast<X*>(malloc(n, X));
    if (!p) std::abort();
    // 如果内存耗尽，则终止程序
    // ...
}
```

如果没有安装捕获信号 `SIGABRT` 的信号处理程序，`std::abort` 会导致程序异常终止。

当没有安装信号处理程序时，函数 `f` 的行为与下面的函数类似：

```
void f(int n) {
    // ...
    p = new X[n];   // 如果内存耗尽，则抛出异常
    // ...
}
```

现在，我会在最后一条规则“E.27：如果不能抛出异常，请系统地使用错误代码”中使用讨人嫌的关键字 `goto`。

根据 C++ Core Guidelines，如果出现错误，你有几个问题需要解决：

1. 如何将错误指示从函数中传出？
2. 在进行错误退出之前，如何从函数中释放所有资源？
3. 使用什么作为错误指示？

一般来说，函数应该有两个返回值：值和错误指示。因此，`std::pair` 就挺合适。不过，即使清理代码被封装在函数中，释放资源也很容易成为维护的噩梦。

```
std::pair<int, error_indicator> user() {

    Gadget g1 = make_gadget(17);
    Gadget g2 = make_gadget(17);

    if (!g1.valid()) {
        return {0, g1_error};
    }

    if (!g2.valid()) {
        cleanup(g1);
        return {0, g2_error};
    }
```

```
    // ...

    if (all_foobar(g1, g2)) {
        cleanup(g1);
        cleanup(g2);
        return {0, foobar_error};
    // ...

    cleanup(g1);
    cleanup(g2);
    return {res, 0};
}
```

好吧，看起来似乎是正确的！还是……？

还记得 DRY 代表什么吗？不要重复自己。虽然清理代码被封装成了函数，但由于清理函数在不同的地方被调用，因此看起来有代码重复。怎样才能摆脱这种重复呢？只要把清理代码放在函数的末尾，并跳转到该部分即可。

```
std::pair<int, error_indicator> user() {
    error_indicator err = 0;

    Gadget g1 = make_gadget(17);
    Gadget g2 = make_gadget(17);

    if (!g1.valid()) {
        err = g1_error;          // (1)
        goto exit;
    }

    if (!g2.valid()) {
        err = g2_error;          // (1)
        goto exit;
    }

    if (all_foobar(g1, g2)) {
        err = foobar_error;      // (1)
        goto exit;
    }
    // ...

exit:
    if (g1.valid()) cleanup(g1);
    if (g2.valid()) cleanup(g2);
    return {res, err};
}
```

确实，在 goto 的帮助下，函数的整体结构相当清晰。在出现错误的情况下，只需要设置错误指示 (1)。异常情况下就需要采取非常举措。

11.4 相关规则

RAII 已经是资源管理第一条规则的主题——“R.1：使用资源句柄和 RAII（资源获取即初始化）自动管理资源”。因此，本章跳过了规则“E.6：使用 RAII 来防止泄漏”。

规则“E.7：陈述前提条件”和“E.8：陈述后置条件”是关于契约的，它们不是 C++20 的一部分。附录 C 会对它们进行简要介绍。

规则“E.12：当因 throw 退出函数不可能或不可接受时，请使用 noexcept”已经在关于函数的规则“F.6：如果你的函数必定不抛异常，就把它声明为 noexcept”中得到了处理。

全局状态很难管理，会引入隐藏的依赖关系，参见“I.2：避免使用非 const 全局变量”。因此，规则“E.28：避免基于全局状态的错误处理（如 errno）” 也适用。

规则“E.16：析构函数、内存释放函数和 swap 决不能失败”已经在第 5 章中的“失败的析构函数”和“swap 函数”的类规则中进行了处理。

本章精华

重要

- 软件单元通过常规和非常规的通信途径将结果传达给客户。错误处理是非常规途径的一个主要部分，应该在设计初期进行设定。
- 围绕不变式设计错误处理。构造函数的工作是建立不变式。如果不变式不能被建立，则抛出异常。
- 使用用户定义类型来表示异常。通过引用来捕获异常，顺序应从具体到一般。
- 仅将异常用于错误处理。
- 切勿直接拥有对象。始终使用 RAII 类型来管理任何需要释放的资源。RAII 有助于资源管理，即使不使用异常，也是如此。

第 12 章

常量和不可变性

Cippi 在欣赏她的钻石

这里有点让我陷入两难：一方面，关于常量和不可变性的五条规则中的几乎所有内容都已经在之前的规则中涵盖了；另一方面，尽量使用常量和不可变数据来编写软件，可以解决设计上的很多挑战。因此，本节概括了常量性方面的规则，并会在之前的规则提供额外价值时对其进行引用。无论如何，`const`、`constexpr` 和不可变性的思想太重要了，它们应该在这本关于 C++ Core Guidelines 的书中占有显著的地位。

12.1 使用 const

const 正确性

当有人讨论常量性和不可变性时，你会经常听到 `const` 正确性这个词。根据 C++ FAQ，它（`const` 正确性）“意味着使用关键字 `const` 来防止 `const` 对象被改变”。

Con.1 默认情况下，使对象不可变

这条规则很简单。可将内置数据类型的值或用户定义的数据类型的实例设为 const，其效果是一样的。如果想要改变这个对象，就会得到编译错误。

```
struct Immutable {
    int val{12};
};

int main() {
    const int val{12};
    val = 13;     // 对只读变量 val 赋值[1]

    const Immutable immu;
    immu.val = 13;
    // 对只读对象里的成员 Immutable::val 赋值
}
```

如果底层对象是 const，则转型去除 const 的操作可能会导致未定义的行为，参见“ES.50：不要用转型去除 const”。

Con.2 默认情况下，成员函数应声明为 const

声明成员函数为 const 的做法有两个明显的好处。不可变的对象只能调用 const 成员函数，而 const 成员函数不能修改底层对象。下面是个简短的例子，其中包含来自 GCC 的错误信息：

```
struct Immutable {
    int val{12};
    void canNotModify() const {
        val = 13;        // 对只读对象里的成员 Immutable::val 赋值
    }
    void modifyVal() {
        val = 13;
    }
};

int main() {
    const Immutable immu;
    immu.modifyVal();    // 将 const Immutable 传递为 this
                         // 参数丢弃限定符
}
```

1 译者注：本页中的代码注释显示了 GCC 报告的错误信息。

这并不是全部的真相。有时必须区分对象的逻辑常量性和物理常量性。这听起来很奇怪，是吗？

- **物理常量性**（physical constness）：对象被声明为 `const`，因此不能被改变。它在内存中的表示方式是固定的。
- **逻辑常量性**（logical constness）：对象被声明为 `const`，但可以被改变。它的逻辑值是固定的，但它在内存中的表示方式可能在运行期发生变化。

物理上的常量性很容易理解，逻辑上的常量性则比较微妙。让我把前面的例子稍稍修改一下。假设我想在 `const` 成员函数中修改属性 `val`。

```
// mutable.cpp

#include <iostream>

struct Immutable {
    mutable int val{12};            // (1)
    void canNotModify() const {
        val = 13;
    }
};

int main() {

    std::cout << '\n';

    const Immutable immu;
    std::cout << "val: " << immu.val << '\n';
    immu.canNotModify();            // (2)
    std::cout << "val: " << immu.val << '\n';

    std::cout << '\n';

}
```

修饰符 `mutable` (1) 使这种魔法成为可能。这样，该 `const` 对象现在可以调用修改成员变量 `val` 的 `const` 成员函数 (2) 了，参见图 12.1。

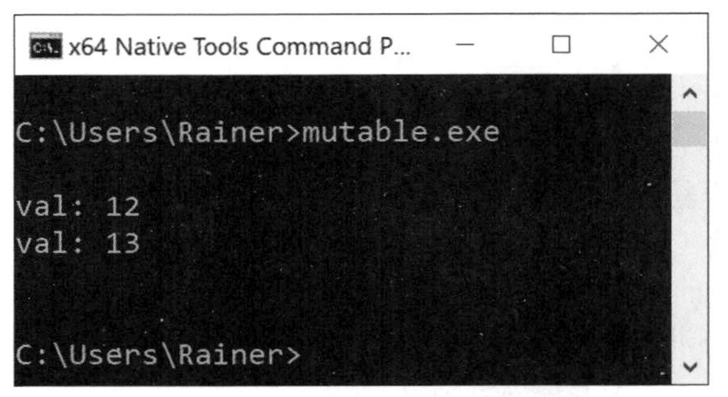

图 12.1 mutable 变量

通常情况下，在类成员变量中使用的互斥量是 mutable。试想一下，类有一个读取操作，它应该是 const。因为同时使用类的数据，必须使用互斥量来保护读成员函数，所以该类得有互斥量，并且你得在读取操作中锁定互斥量。现在你有个问题：因为要对互斥量加锁，所以读成员函数不能是 const。解决办法是将互斥量声明为 mutable。

下面是刚才提出用例的简短代码。如果没有 mutable，这段代码将无法正常工作。

```
struct Immutable {
    mutable std::mutex m;
    int read() const {
        std::lock_guard<std::mutex> lck(m);
        // 临界区
        ...
    }
};
```

Con.3 默认情况下，传递指向 const 对象的指针和引用

如果你将指向 const 对象的指针或引用传递给一个函数，那函数的意图会很明确：指向或引用的对象不会被修改。这一结果与第 4 章中的“参数传递：入与出”一节所涉及的规则相符。

```
void getCString(const char* cStr);
void getCppString(const std::string& cppStr);
```

这两种声明是等效的吗？不是！在函数 getCString 的情况下，指针可能是个空指针。这意味着必须在使用前检查它：if (cStr) ....。

但还不止这些。指针和被指向的对象都可以是 const。

- **const char* cStr**：cStr 指向的 char 是 const；指针指向的对象不能被修改，但指针可以。
- **char* const cStr**：cStr 是个 const 指针；指针不能被修改，但指针指向的对象可以。

- **const char* const cStr**：cStr 是个指向 const 的 char 的 const 指针；不管是指针，还是被指向的对象，都不能被修改。

太复杂了？请从右到左阅读表达式，或改用 const 的引用。

Con.4　使用 const 定义构造后值不可变的对象

如果想在线程之间共享一个不可变的变量 immutable，并且这个变量被声明为 const，那么你不需要做什么。使用 const 变量时不需要同步，并且可以从机器中获得最高性能。原因很简单：数据竞争需要有可变的、共享的状态。我已在讨论并发和并行的章节中写到了数据竞争，参见“CP.2：避免数据竞争”。

在并发环境中使用不可变数据和共享数据时，还有一个问题需要解决：必须以线程安全的方式初始化共享变量。对此，我能想到至少四种做法。

1. 在启动线程前初始化共享变量。
2. 使用函数 std::call_once 与标志 std::once_flag。
3. 使用具有块作用域的 static 变量。
4. 使用 constexpr 变量。

在规则“CP.3：尽量减少对可写数据的显式共享”中，我讨论了这些不同做法。

12.2　使用 constexpr

Con.5　对可以在编译期计算的值使用 constexpr

constexpr 值可以提供更好的性能，会在编译期进行计算，并且永远不会受到数据竞争的影响。必须在编译期初始化 constexpr 值 constexprValue。

```
constexpr double constexprValue = constexprFunction(2);
```

constexpr 函数 constexprFunction 可以在编译期执行。编译期没有任何状态。在编译期执行的 constexpr 函数是纯函数。纯函数有很多优点：

1. 函数调用可以被其结果替换。
2. 函数可以在不同的线程上执行。
3. 函数调用可以被重排。
4. 函数可以很容易地进行单独重构或测试。

关于 constexpr 函数优势的更多信息，请参阅之前的函数规则。

- F.4：如果函数有可能需要在编译期求值，就把它声明为 constexpr。
- F.8：优先使用纯函数。

本章精华

重要

- 默认情况下，使对象不可变。不可变对象不会受到数据竞争的影响。确保以线程安全的方式初始化这些对象。
- 默认情况下，成员函数应声明为 `const`。辨认你的对象是物理 `const` 还是逻辑 `const`。
- 不要用转型从原始 `const` 对象中去除 `const`。如果你试图修改该对象，那这种转换是未定义行为。
- 如果可能，把函数声明为 `constexpr`。`constexpr` 函数可以在编译期运行，它在编译期运行时是纯函数，并提供额外的优化机会。

第 13 章

模板和泛型编程

Cippi 应该走左边还是右边的门

有五十多条关于模板和泛型编程的规则，由于许多原因，这些规则非常独特。

- 它们关注的层次常常很低。它们是针对专家的规则，因此它们与新手无关，或者需要额外的信息。这一问题对本章尤其适用，因此本章提供了额外的信息，以方便大家充分理解 C++ Core Guidelines 的规则。
- 这些规则经常缺乏内容，它们有时甚至相互矛盾。例如，规则“T.5：结合泛型和面向对象技术以扩大其优势，而不是产生开销”将类型擦除（更多内容请参见 https://www.modernescpp.com/index.php/c-core-guidelines-type-erasure）视为一种解决方案，但规则“T.49：尽可能避免类型擦除”恰恰相反。
- 有十多条规则是关于 C++20 中的概念的。附录 B 简要介绍了相关概念。在 C++ Core Guidelines 的例子中，概念经常被注释掉。我也遵循这一惯例。如果你想尝试一下，可以把注释去掉。cppreference.com 提供了当前编译器对概念支持的详细信息。

首先，我使用了“模板”和“泛型编程”这两个术语，尽管模板只是编写泛型代码的一种方式。这里假设你已经知道 C++ 中的模板是什么，但你知道泛型编程的含义吗？下面是我最喜欢的定义，来自维基百科（https://en.wikipedia.org/wiki/Generic_programming）：

*泛型编程是一种计算机编程风格，在这种风格中，编写算法时可以使用一些以后才指定的类型，然后在按需实例化时将这些实际类型作为参数指明。

关于模板的规则侧重于模板的使用、接口和定义。另外还有一些规则讨论了模板层次结构、变参模板、元编程等其他内容。

13.1　关于使用

概念（concept）是编译期在模板上求值的谓词。它们应该模拟语义类别，比如 `Arithmetic`（算术）、`Callable`（可调用）、`Iterator`（迭代器）或者 `Range`（范围），而非语法限制，比如 `HasPlus`（有加法）或 `IsInvocable`（可以被唤起）。也许你会对语义类别和语法限制之间的区别感到困惑。第一条规则有助于区分这些术语。

T.1　使用模板来提高代码的抽象程度

下面是 Guidelines 中的例子，但我把第二个概念重命名为 `Addable`。

```
template<typename T>
    // requires Addable<T>
T sum1(const std::vector<T>& v, T s) {
    for (auto x : v) s += x;
    return s;
}

template<typename T>
    // requires Addable<T>
T sum2(const std::vector<T>& v, T s) {
    for (auto x : v) s = s + x;
    return s;
}
```

这些概念有什么问题？这两个概念都过于具体。这两个概念都基于特定的运算，如增量和 `+` 运算。让我们从语法上的约束再往前移步到语义类别 `Arithmetic`。

```
template<typename T>
    // requires Arithmetic<T>
T sum(const std::vector<T>& v, T s) {
    for (auto x : v) s += x;
    return s;
}
```

现在，该算法已经满足了大部分需求。这个算法还可以，但不是很好。它仅适用于 `std::vector`。这个算法在容器的元素类型上是通用的，但在容器上却不是。下面进一步概括一下这个算法。

```
template<typename Cont, typename T>
    // requires Container<Cont>
    // && Arithmetic<T>
T sum(const Cont& v, T s) {
    for (auto x : v) s += x;
    return s;
}
```

现在，该算法看起来好多了。也许你更喜欢一个简洁的 sum 定义，那就直接使用这些概念，而不是关键字 typename。

```
template<Container Cont, Arithmetic T>
T sum(const Cont& cont, T s) {
    for (auto x : cont) s += x;
    return s;
}
```

T.2 使用模板来表达适用于多种参数类型的算法

当你在 cppreference.com 上研究 std::find 的第一个重载时，它看起来像下面这样：

```
template< class InputIt, class T >
InputIt find(InputIt first, InputIt last, const T& value);
```

迭代器的类型编码在它们的名字里：InputIt 代表输入迭代器，本质上意味着它是一个迭代器，可从被指向的元素中读取至少一次，并允许单向遍历。输入迭代器 It 支持以下操作：

```
++It, It++
*It
It == It2, It != It2
```

这个声明有两个问题：

1. 对迭代器的要求编码在名字里。这种编码让我想起了臭名昭著的匈牙利命名法。
2. 没有明确要求指向的元素可以与值进行比较。

让我直接使用迭代器的概念[1]：

```
template<Input_iterator Iter, typename Val>
    // requires Equality_comparable<Value_type<Iter>, Val>
Iter find(Iter b, Iter e, const Val& v) {
    // ...
}
```

1 译者注：Input_iterator、Equality_comparable 和 Value_type 在 C++20 里分别拼为 input_iterator、equality_comparable 和 iter_value_t。

T.3 使用模板来表达容器和范围

容器得是泛型的。多亏了模板，现在你可以依赖静态类型系统（Per.10）。例如，下面是一个 Vector。

```
template<typename T>
    // requires Regular<T>
class Vector {
    // ...
    T* elem;   // 指向 sz 个 T
    int sz;
};

Vector<double> v(10);
v[7] = 9.9;
```

这里还有一个问题：什么时候类型 T 是规范的？我会在本章后面的“T.46：要求模板参数至少为规范或半规范”一节回答这个问题。

13.2 关于接口

接口是用户和实现者之间的契约。因此，写接口时应当非常小心。

T.40 使用函数对象将操作传递给算法

你常常可以通过提供一个可调用对象来调整标准模板库（STL）中大约一百种算法的行为。可调用对象通常是函数、函数对象或 lambda 表达式。

有多种方法可对一个字符串的 vector 进行排序。

```
// functionObjects.cpp

#include <algorithm>
#include <functional>
#include <iostream>
#include <iterator>
#include <string>
#include <vector>

bool byLessLength(const std::string& f,
                  const std::string& s) {                          // (4)
    return f.size() < s.size();
}
```

```
class ByGreaterLength {
 public:
    bool operator()(const std::string& f, const std::string& s)
                                              const {               // (5)
        return f.size() > s.size();
    }
};

int main() {

    std::vector<std::string> myStrVec = {"523345", "4336893456", "7234",
                                         "564", "199", "433", "2435345"};

    std::cout << '\n';

    std::cout << "Ascending by length with a function \n";
    std::sort(myStrVec.begin(), myStrVec.end(), byLessLength);         // (1)
    for (const auto& str: myStrVec) std::cout << str << " ";
    std::cout << "\n\n";

    std::cout << "Descending by length with a function object \n";
    std::sort(myStrVec.begin(), myStrVec.end(), ByGreaterLength());   // (2)
    for (const auto& str: myStrVec) std::cout << str << " ";
    std::cout << "\n\n";

    std::cout << "Ascending by length with a lambda \n";
    std::sort(myStrVec.begin(), myStrVec.end(),
            [](const std::string& f, const std::string& s){           // (3)
              return f.size() < s.size();
            });
    for (const auto& str: myStrVec) std::cout << str << " ";

    std::cout << "\n\n";

}
```

该程序根据字符串的长度对字符串 `vector` 进行排序。标记 (1)、(2) 和 (3) 分别使用了函数 (4)、函数对象 (5) 和 lambda 表达式 (3)。函数对象是一个类 (5)，对它来说，调用运算符（`operator()`）被重载了。

为完整起见，图 13.1 显示了该程序的输出。

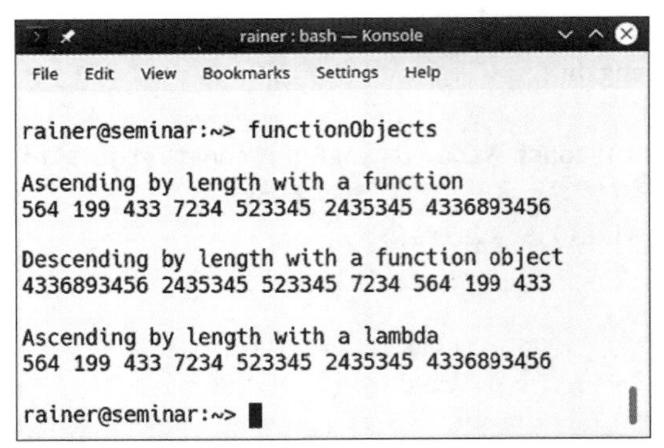

图 13.1 将函数、函数对象和 lambda 表达式用作排序准则

该规则指出，你应该使用函数对象将操作传递给算法。

函数对象的优势

我对函数对象的论证可以归结为三点：性能、表达力和状态。如果我们认为 lambda 函数底下是函数对象，那我论证起来就容易多了。

性能

优化器在本地推理得越多，代码就越好。lambda 表达式 (3) 恰是编译器就地生成的。拿这个与定义在不同翻译单元中的函数进行比较。这种情况下，优化器无法执行所有的优化步骤。

表达力

你的代码应该有很强的表达力，因而不需要任何说明文档，而 lambda 表达式给了你这样的表达能力。这里我就不多讨论了，因为我已经在关于函数的一章中描写了 lambda 的表达力。

状态

与函数成鲜明对比的是，函数对象可以具有状态。下面的代码示例说明了此观点。

```
// sumUpFunctionObject.cpp

#include <algorithm>
#include <iostream>
#include <vector>

class SumMe {
```

```
    int sum{0};
  public:
    SumMe() = default;

    void operator()(int x) {
        sum += x;
    }

    int getSum() const {
        return sum;
    }
};

int main() {

    std::vector<int> intVec{1, 2, 3, 4, 5, 6, 7, 8, 9, 10};

    SumMe sumMe = std::for_each(intVec.begin(), intVec.end(), SumMe());// (1)

    std::cout << '\n';
    std::cout << "Sum of intVec= " << sumMe.getSum() << '\n';         // (2)
    std::cout << '\n';

}
```

(1) 中的调用 `std::for_each` 非常关键。`std::for_each` 是标准模板库中一个很独特的算法，因为它会返回它用到的可调用对象。我使用函数对象 `SumMe` 来调用 `std::for_each`，这样就可以将函数调用的结果直接存储在函数对象中。然后我在 (2) 中就可以取得所有调用的总和，参见图 13.2。

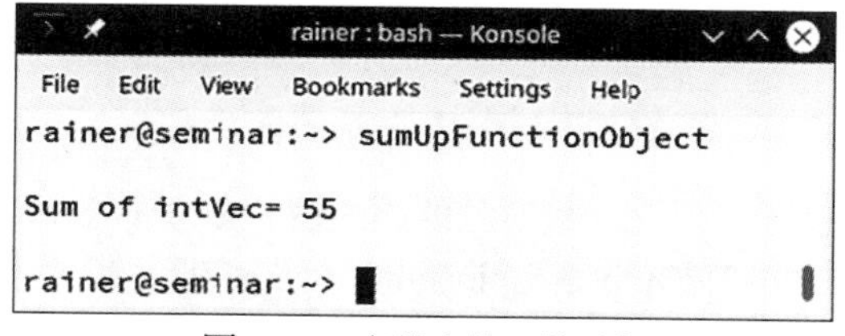

图 13.2　有状态的函数对象

为完整起见，要注意 lambda 表达式也可以有状态。你可以使用 lambda 表达式来累加值。

```
// sumUpLambda.cpp

#include <algorithm>
#include <iostream>
```

```
#include <vector>

int main(){

    std::cout << '\n';

    std::vector<int> intVec{1, 2, 3, 4, 5, 6, 7, 8, 9, 10};

    std::for_each(
        intVec.begin(), intVec.end(),
        [sum = 0](int i) mutable {
            sum += i;
            std::cout << sum << " ";
        }
    );

    std::cout << "\n\n";

}
```

这个 lambda 表达式看起来很吓人。首先，变量 `sum` 表示 lambda 的状态。C++14 支持所谓的 lambda 初始化捕获：`sum = 0` 声明并初始化了一个 `int` 类型的变量，并且该变量只在 lambda 的作用域内有效。lambda 表达式默认为 `const`。通过将其声明为 `mutable`，可将数字相加到 `sum` 上，参见图 13.3。

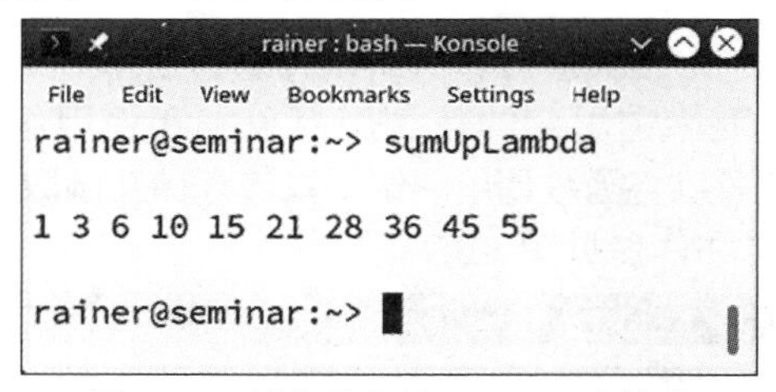

图 **13.3**　具有状态的 lambda 表达式

lambda 表达式是就地实例化函数对象的语法糖。多亏了 C++ Insights，你可以观察到编译器所进行的转换，参见 https://cppinsights.io/s/0a702053。

T.42　使用模板别名来简化写法并隐藏实现细节

从 C++11 开始，我们就有了模板别名（template alias）。模板别名是用来描述一族类型的名称。通过使用模板别名，你的代码可以变得更可读，并摆脱类型特征的使用。本章后面的“元编程”一节提供了更多关于类型特征的信息。

让我们看看 C++ Core Guidelines 中可读性的含义。第一个例子使用了类型特征：

```
template<typename T>
```

```
void user(T& c) {
    // ...
    typename container_traits<T>::value_type x; // 不好，过于冗长
    // ...
}
```

下面是使用模板别名的等效示例：

```
template<typename T>
using value_type = typename container_traits<T>::value_type;

void user2(T& c) {
    // ...
    value_type<T> x;
    // ...
}
```

可读性也是下一条规则的理由。

T.43 优先使用 using 而不是 typedef 来定义别名

从可读性的角度，优先使用 using 而非 typedef 的理由有两个。首先，在使用时 using 最先出现。其次， using 用起来感觉与 auto 非常相似。此外，using 可以很容易地用于模板别名。

```
typedef int (*PFI)(int);        // 可以，但令人费解

using PFI2 = int (*)(int);      // 可以，首选

template<typename T>
typedef int (*PFT)(T);          // 出错 (1)

template<typename T>
using PFT2 = int (*)(T);        // 可以
```

前两行分别定义了一个指向函数的指针（PFI 和 PFI2），函数接收一个 int 类型的参数，并返回一个 int 类型的结果。第一种情况使用了 typedef，第二种情况使用了 using。最后两行分别定义了一个函数模板（PFT 和 PFT2），函数模板接收一个类型参数 T 并返回 int。行 (1) 不是合法代码。

T.44 使用函数模板来推导类模板的参数类型（在可行时）

我们使用像 std::make_tuple 或 std::make_unique 这样的工厂函数的主要原因是，函数模板可以从其函数参数中推导出其模板参数。在这个过程中，编译器会应用

一些简单的转换，比如移除最外层的 `const/volatile` 限定符，并将 C 数组和函数退化为指向 C 数组第一个元素的指针，或指向函数的指针。

这种自动的模板参数推导让程序员的生活舒适多了。

你不必再手工输入：

```
std::tuple<int, double, std::string> myTuple = {2011, 20.11, "C++11"};
```

而是可以使用工厂函数 `std::make_tuple`：

```
auto myTuple = std::make_tuple(2011, 20.11, "C++11");
```

从 C++17 开始，编译器在很多情况下不仅可以从函数参数中推导出模板参数，还可以从构造函数的参数中推导出模板参数。下面是 C++17 中定义 `myTuple` 的方法：

```
std::tuple myTuple = {2017, 20.17, "C++17"};
```

这个 C++17 特性最显而易见的影响是，大多数工厂函数（如 `std::make_tuple`）变得过时了。

下面的程序 `templateArgumentDeduction.cpp` 演示了类和函数参数的推导过程。

```
// templateArgumentDeduction.cpp; C++17

#include <iostream>

template <typename T>
void showMe(const T& t) {
    std::cout << t << '\n';
}

template <typename T>
struct ShowMe{
    ShowMe(const T& t) {
        std::cout << t << '\n';
    }
};

int main() {

    std::cout << '\n';

    showMe(5.5);            // 不用写 showMe<double>(5.5);
    showMe(5);              // 不用写 showMe<int>(5);

    ShowMe a(5.5);          // 不用写 ShowMe<double>(5.5);
    ShowMe b(5);            // 不用写 ShowMe<int>(5);
```

```
    std::cout << '\n';

}
```

注释显示了模板参数的明确说明。通过模板参数推导（见图 13.4），用户调用了函数或类。函数是函数模板，并且类是类模板，这些事实只是实现细节而已。

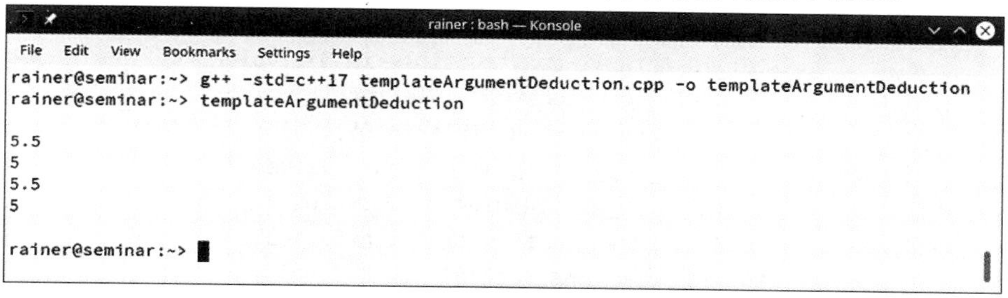

```
rainer : bash — Konsole
File  Edit  View  Bookmarks  Settings  Help
rainer@seminar:~> g++ -std=c++17 templateArgumentDeduction.cpp -o templateArgumentDeduction
rainer@seminar:~> templateArgumentDeduction

5.5
5
5.5
5

rainer@seminar:~>
```

图 13.4 模板参数推导

T.46 要求模板参数至少为规范或半规范

规范（regular）和半规范（semiregular）这两个概念在 C++ 中非常重要。规范类型在 C++ 生态系统中运作良好。规范类型“表现得像 `int`”。它可以被复制，复制操作的结果与原始结果无关，但具有相同的值。

更正式一点来讲，所有的规范类型也都是半规范类型。因此，我从定义一个半规范类型开始。

- **半规范**：一个半规范类型必须支持“六大”操作，还必须可交换。
  - **默认构造函数**：`X()`
  - **拷贝构造函数**：`X(const X&)`
  - **拷贝赋值运算符**：`X& operator = (const X&)`
  - **移动构造函数**：`X(X&&)`
  - **移动赋值运算符**：`X& operator = (X&&)`
  - **析构函数**：`~X()`
  - **可交换**：`swap(X&, X&)`
- **规范**：一个支持相等比较（equality comparable）的半规范类型是规范的。
  - **等价运算符**：`operator == (const X&, const X&)`
  - **不等运算符**：`operator != (const X&, const X&)`

特别要指出，STL 的容器和算法在规范数据类型上运行良好。

什么是常用但不规范的类型？答对了，引用。引用甚至不是半规范类型，因为它不能被默认构造。

```
// semiRegular.cpp; C++17

#include <iostream>
```

```
#include <type_traits>

int main() {

    std::cout << std::boolalpha << '\n';

    std::cout << "std::is_default_constructible<int&>::value: "
              << std::is_default_constructible<int&>::value << '\n';
    std::cout << "std::is_copy_constructible<int&>::value: "
              << std::is_copy_constructible<int&>::value << '\n';
    std::cout << "std::is_copy_assignable<int&>::value: "
              << std::is_copy_assignable<int&>::value << '\n';
    std::cout << "std::is_move_constructible<int&>::value: "
              << std::is_move_constructible<int&>::value << '\n';
    std::cout << "std::is_move_assignable<int&>::value: "
              << std::is_move_assignable<int&>::value << '\n';
    std::cout << "std::is_destructible<int&>::value: "
              << std::is_destructible<int&>::value << '\n';
    std::cout << '\n';
    std::cout << "std::is_swappable<int&>::value: "
              << std::is_swappable<int&>::value << '\n';

    std::cout << '\n';

}
```

类型特征库给出了权威的答案，参见图 13.5。

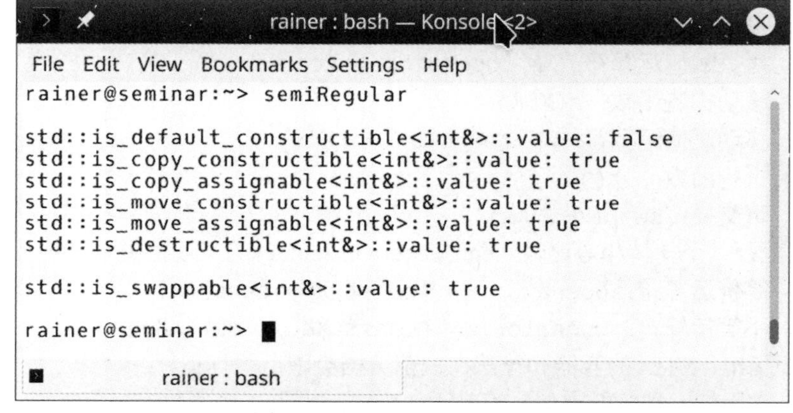

图 13.5　引用不是半规范类型

T.47 避免使用有常见名称的高可见度无约束模板

为了弄清这条规则的意义，我必须先兜个圈子。我们得先讨论一下实参依赖查找，它也被称为 Koenig 查找（因 Andrew Koenig 而得名）。首先，什么是实参依赖查找？

实参依赖查找

实参依赖查找（ADL）是一组用于查找非限定函数名的规则。非限定函数名称会导致在其参数所在的命名空间中进行额外的查找。

非限定函数名是指没有作用域运算符（`::`）的函数。实参依赖查找不好吗？当然不是——ADL 使程序员的生活更加轻松。下面是一个例子。

```
#include <iostream>

int main() {
    std::cout << "Argument-dependent lookup";
}
```

很好。让我去掉运算符重载的语法糖，直接使用函数调用。

```
#include <iostream>

int main() {
    operator << (std::cout, "Argument-dependent lookup");
}
```

这个等效的程序显示了幕后正在发生的事情。函数 `operator <<` 被调用，有两个参数：`std::cout` 和 C 字符串`"Argument-dependent lookup"`。

好还是不好呢？问题出现了：函数 `operator <<` 的定义在哪里？当然，全局命名空间中没有定义。`operator <<` 是一个非限定的函数名称；因此，实参依赖查找开始了。此外，该函数名称还会在其参数的命名空间中进行查找。在这种特殊的情况下，命名空间 `std` 是由于考虑了第一个参数 `std::cout`，查找并发现了匹配的候选：`std::operator << (std::ostream&, const char*)`。通常 ADL 会精准地提供你要找的函数，但有时却……

现在我们有了足够的背景资料来完成这条规则。

在表达式 `std::cout << "Argument-dependent lookup"` 中，重载的输出运算符 `operator <<` 是高可见度的常用名称，因为它定义在命名空间 `std` 中。下面的程序基于 C++ Core Guidelines 中的例子，演示了这条规则的关键点。

```
// argumentDependentLookup.cpp

#include <iostream>
#include <vector>
```

```
namespace Bad {

    struct Number {
        int m;
    };

    template<typename T1, typename T2>      // 泛型相等 (5)
    bool operator == (T1, T2) {
        return false;
    }

}

namespace Util {

    bool operator == (int, Bad::Number) {   // 与 int 相等比较 (4)
        return true;
    }

    void compareSize() {
        Bad::Number badNumber{5};                              // (1)
        std::vector<int> vec{1, 2, 3, 4, 5};

        std::cout << std::boolalpha << '\n';

        std::cout << "5 == badNumber: " <<
                     (5 == badNumber) << '\n';                 // (2)
        std::cout << "vec.size() == badNumber: " <<
                     (vec.size() == badNumber) << '\n';        // (3)

        std::cout << '\n';
    }
}

int main() {

   Util::compareSize();

}
```

我期望在 (2) 和 (3) 两种情况下，都会调用重载的 `Util::operator ==` (4)。因为它需要一个类型为 `Bad::Number` (1) 的参数，所以我应该得到 `true` 两次。图 13.6 显示了实参依赖查找的意外情况。

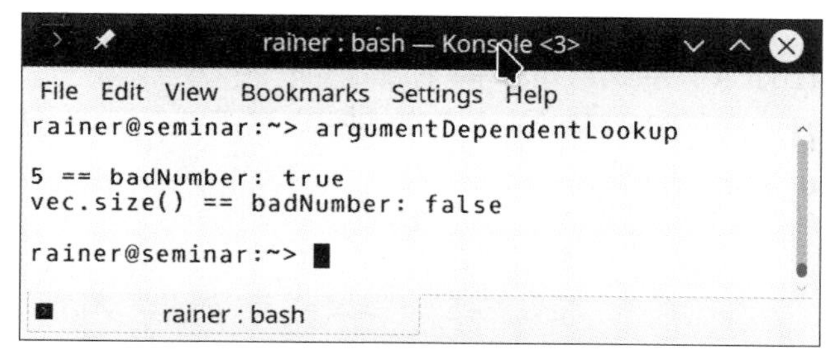

图 13.6 实参依赖查找的意外情况

这里发生了什么？(3) 中的调用居然认定该使用 (5) 中的泛型相等运算符？令人惊讶的原因是，`vec.size()` 返回的值类型为 `std::size_type`，而这是一个无符号整数类型。这意味着在 (4) 中相等运算符需要转换为 `int`。对于泛型相等 (5) 来说，这种转换不是必需的，因为这是一个理想匹配。由于实参依赖查找，泛型相等运算符属于可能的重载集。

该规则规定“避免使用有常见名称的高可见度无约束模板”。让我看看如果我遵循该规则并删除通用等价运算符，会发生什么。下面是示例的代码。

```
// argumentDependentLookupResolved.cpp

#include <iostream>
#include <vector>

namespace Bad {

    struct Number {
        int m;
    };

}

namespace Util {

    bool operator == (int, Bad::Number) {   // 与 int 相等比较 (4)
        return true;
    }

    void compareSize() {
        Bad::Number badNumber{5};                            // (1)
        std::vector<int> vec{1, 2, 3, 4, 5};

        std::cout << std::boolalpha << '\n';

        std::cout << "5 == badNumber: " <<
```

```
                    (5 == badNumber) << '\n';              // (2)
        std::cout << "vec.size() == badNumber: " <<
                    (vec.size() == badNumber) << '\n';     // (3)

        std::cout << '\n';
    }
}

int main() {

    Util::compareSize();

}
```

现在，结果符合预期，见图 13.7。

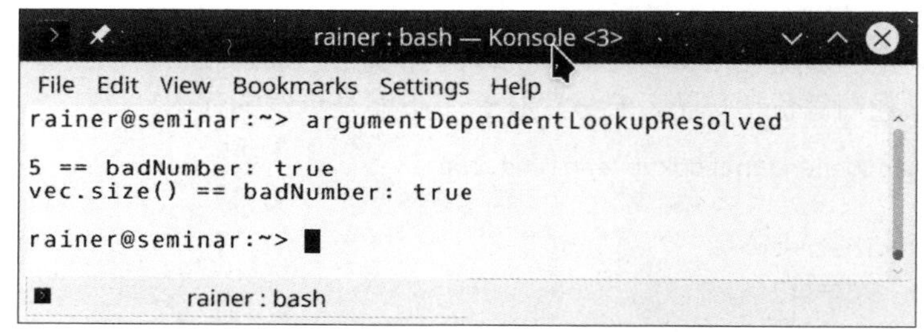

图 13.7　解决了实参依赖查找的意外情况

T.48　如果编译器不支持概念，可以使用 enable_if 来模拟

当我在培训班上介绍 std::enable_if 时，现场有些人被吓坏了。下面是最大公约数算法的泛型简化版本。

```
// enable_if.cpp

#include <iostream>
#include <type_traits>

template<typename T,                                              // (1)
    typename std::enable_if<std::is_integral<T>::value, T>::type = 0>
T gcd(T a, T b) {
    if( b == 0 ){ return a; }
    else{
        return gcd(b, a % b);                                     // (2)
    }
}
```

```
int main() {

    std::cout << '\n';

    std::cout << "gcd(100, 10)= " <<  gcd(100, 10)  << '\n';
    std::cout << "gcd(3.5, 4)= " << gcd(3.5, 4.0) << '\n';

    std::cout << '\n';

}
```

这个算法过于泛化，它应该只适用于整数类型。现在，如图 13.8 所示，类型特征库 (1) 中的 `std::enable_if` 拯救了我。

表达式 `std::is_integral` (1) 对于理解程序至关重要。这一行决定了类型参数 `T` 是否为整数。如果 `T` 不是整数，则返回值为 `false`，那么此特定类型没有模板实例化。

只有当 `std::is_integral` 返回 `true` 时，`std::enable_if` 才会有一个公开的成员类型定义 `type`。这就不是错误了。

C++ 标准规定："当使用推导出的类型替代模板参数失败时，该特化将从重载集中丢弃，而不是引起编译错误。"这条规则有一个缩写：SFINAE（Substitution Failure Is Not An Error，替换失败不是错误）。

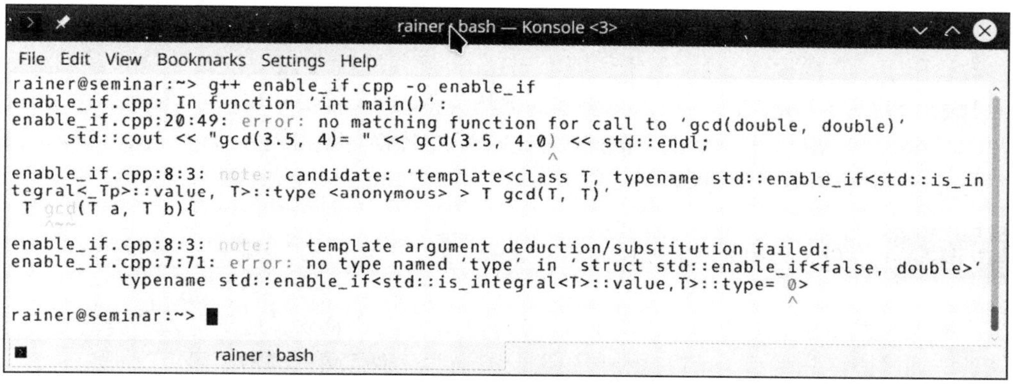

```
rainer : bash — Konsole <3>
File  Edit  View  Bookmarks  Settings  Help
rainer@seminar:~> g++ enable_if.cpp -o enable_if
enable_if.cpp: In function 'int main()':
enable_if.cpp:20:49: error: no matching function for call to 'gcd(double, double)'
     std::cout << "gcd(3.5, 4)= " << gcd(3.5, 4.0) << std::endl;
                                                 ^
enable_if.cpp:8:3: note: candidate: 'template<class T, typename std::enable_if<std::is_in
tegral<_Tp>::value, T>::type <anonymous> > T gcd(T, T)'
 T gcd(T a, T b){
   ^~~
enable_if.cpp:8:3: note:   template argument deduction/substitution failed:
enable_if.cpp:7:71: error: no type named 'type' in 'struct std::enable_if<false, double>'
        typename std::enable_if<std::is_integral<T>::value,T>::type= 0>
                                                                     ^
rainer@seminar:~> 
rainer : bash
```

图 13.8 `std::enable_if`

编译的输出（enable_if.cpp:20:49）显示了问题：对于 `double` 类型，没有可用的模板特化。

13.3 关于定义

在定义模板时，你应该尽量减少依赖，避免过度参数化，并从模板中剔除不依赖其类型参数的代码。

T.60 尽量减少模板的上下文依赖

说实话，我花了一些时间才弄明白这条规则。让我们来看看函数模板 `sort` 和 `algo`。下面是来自 C++ Core Guidelines 的简化了的例子。

```
template<typename C>
void sort(C& c) {
    std::sort(begin(c), end(c));   // 必要和有用的依赖
}

template<typename Iter>
Iter algo(Iter first, Iter last) {
    for (; first != last; ++first) {
        auto x = sqrt(*first);      // 可能令人惊讶的依赖关系:
                                    // 哪个 sqrt()?

        helper(first, x);           // 可能令人惊讶的依赖关系:
                                    // helper 是根据 first 和 x 选择的
}
```

如果模板只对其参数进行操作，这将是最理想的情况，但这并不总是可控的。这个参数适用于函数模板 `sort`，但不适用于 `algo`。函数模板 `algo` 依赖于 `sqrt` 和函数 `helper`。此外，`algo` 的实现引入了更多的依赖关系，远超接口所演示的。例如，对 `sqrt` 和 `helper` 的调用是非限定的，因此，实参依赖查找将会起作用。使用 `std::sqrt` 而不是 `sqrt`，可以减少依赖。

T.61 避免过度参数化成员

如果模板的成员不依赖于模板参数，请将其从模板中移除。成员可以是类型或成员函数。通过遵循此规则，可以减少代码量，因为非泛型代码已经被剔除。

C++ Core Guidelines 中的例子很简单[1]。

```
template<typename T, typename A = std::allocator<T>>
    // requires Regular<T> && Allocator<A>
class List {
public:
    struct Link {       //   不依赖于 A
        T elem;
        T* pre;
```

1 译者注：当前 C++ Core Guidelines 中仍使用了 `Regular` 和 `Allocator` 的拼写，但目前的标准概念里只有 `regular`（小写），且目前仍不存在 `Allocator` 这个可以在编程中自动检查的概念。

```
        T* suc;
    };

    using iterator = Link*;

    iterator first() const { return head; }

    // ...
private:
    Link* head;
};

List<int> lst1;
List<int, My_allocator> lst2;
```

Link 类型不依赖于模板参数 A。因此，你可以把它提取出来，并在 List2 中使用。

```
template<typename T>
struct Link {
    T elem;
    T* pre;
    T* suc;
};

template<typename T, typename A = std::allocator<T>>
    // requires Regular<T> && Allocator<A>
class List2 {
public:
    using iterator = Link<T>*;

    iterator first() const { return head; }

    // ...
private:
    Link* head;
};

List2<int> lst1;
List2<int, My_allocator> lst2;
```

下一条规则同样有助于对抗代码膨胀。

T.62　将非依赖的类模板成员放到非模板基类中

让我们换种不那么正式的说法：将不依赖于模板参数的模板功能放到非模板基类中。

C++ Core Guidelines 中给出了非常简单的例子。

```
template<typename T>
class Foo {
public:
    enum { v1, v2 };
    // ...
};
```

枚举与类型参数 `T` 无关，因此，应该置于非模板基类中。

```
struct Foo_base {
    enum { v1, v2 };
    // ...
};

template<typename T>
class Foo : public Foo_base {
public:
    // ...
};
```

现在 `Foo_base` 可以在没有模板参数和模板实例化的情况下使用。
如果想减少代码量，这种技术会非常有趣。下面是一个简单的类模板 `Array`：

```
// genericArray.cpp

#include <cstddef>
#include <iostream>

template <typename T, std::size_t N>
class Array {
 public:
    Array()= default;
    std::size_t getSize() const{
        return N;
    }
 private:
    T elem[N];
};

int main(){

    Array<int, 100> arr1;
    std::cout << "arr1.getSize(): " << arr1.getSize() << '\n';
```

```
    Array<int, 200> arr2;
    std::cout << "arr2.getSize(): " << arr2.getSize() << '\n';

}
```

如果你研究过类模板 `Array`，你会发现除了类型参数 `N` 之外，成员函数 `getSize` 都是相同的。让我来重构这部分代码：

```
// genericArrayInheritance.cpp

#include <cstddef>
#include <iostream>

class ArrayBase {
protected:
    ArrayBase(std::size_t n): size(n) {}
    std::size_t getSize() const {
        return size;
    };
private:
    std::size_t size;
};

template<typename T, std::size_t N>
class Array: private ArrayBase {
public:
    Array(): ArrayBase(N){}
    std::size_t getSize() const {
        return  ArrayBase::getSize();
    }
private:
    T data[N];
};

int main() {

    Array<int, 100> arr1;
    std::cout << "arr1.getSize(): " << arr1.getSize() << '\n';

    Array<double, 200> arr2;
    std::cout << "arr2.getSize(): " << arr2.getSize() << '\n';

}
```

`Array` 有两个模板参数，它们分别是类型 `T` 和大小 `N`，但 `ArrayBase` 不是模板。

Array 派生自 ArrayBase。这意味着 ArrayBase 在 Array 的所有实例中共享。在具体示例中，Array 的 getSize 成员函数使用 ArrayBase 的 getSize 方法。ArrayBase 在 Array<int, 100> 和 Array<double, 200> 的实例之间共享。

使用特化提供其他实现方式

- T.64：使用特化提供类模板的其他实现。
- T.67：使用特化为非规范类型提供其他实现。

本节中的规则主要解决一个问题：使用模板特化来提供其他实现。

让我们从简单的示例开始。有一个类 Account，我想知道哪个账户比较小。这种情况下，较小意味着余额较少。

```
// isSmaller.cpp

#include <iostream>

class Account {
 public:
    Account() = default;
    Account(double b): balance(b) {}
 private:
    double balance{0.0};
};

template<typename T>                      // (1)
bool isSmaller(T fir, T sec) {
    return fir < sec;
}

int main() {

    std::cout << std::boolalpha << '\n';

    double firDoub{};
    double secDoub{2014.0};

    std::cout << "isSmaller(firDoub, secDoub): "
              << isSmaller(firDoub, secDoub) << '\n';

    Account firAcc{};
    Account secAcc{2014.0};

    std::cout << "isSmaller(firAcc, secAcc): "
              << isSmaller(firAcc, secAcc) << '\n';
```

```
    std::cout << '\n';

}
```

为了让我的工作更容易，我写了一个泛型 `isSmaller` 函数 (1) 来比较两个账户。正如你所预料的那样，我无法比较账户，因为它的运算符 `operator <` 没有被重载，见图 13.9。

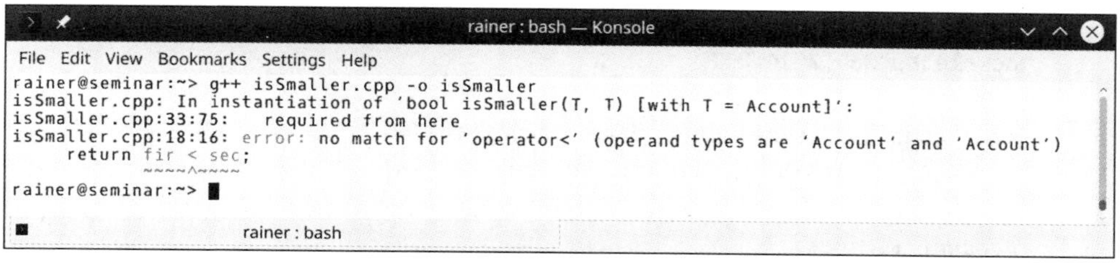

```
rainer : bash — Konsole
File  Edit  View  Bookmarks  Settings  Help
rainer@seminar:~> g++ isSmaller.cpp -o isSmaller
isSmaller.cpp: In instantiation of 'bool isSmaller(T, T) [with T = Account]':
isSmaller.cpp:33:75:   required from here
isSmaller.cpp:18:16: error: no match for 'operator<' (operand types are 'Account' and 'Account')
     return fir < sec;
            ~~~~^~~~~
rainer@seminar:~> 
rainer : bash
```

图 13.9　比较两个账户

现在来看一个有趣的问题：有哪些技术可用来比较两个账户？为了简单起见，我只演示示例程序的核心部分。完整的程序包含在本书源代码中。

对类重载 operator <

重载 `operator <` 可能是最明显的方法。程序 `isSmaller.cpp` 的错误信息也说明了这一点。

```
// accountIsSmaller1.cpp

#include <iostream>

class Account {
 public:
    Account() = default;
    Account(double b): balance(b) {}
    friend bool operator < (Account const& fir, Account const& sec) {
        return fir.getBalance() < sec.getBalance();
    }
    double getBalance() const {
      return balance;
    }
 private:
    double balance{0.0};
};

template<typename T>
```

```
bool isSmaller(T fir, T sec) {
    return fir < sec;
}

int main() {

    std::cout << std::boolalpha << '\n';

    double firDou{};
    double secDou{2014.0};

    std::cout << "isSmaller(firDou, secDou): "
              << isSmaller(firDou, secDou) << '\n';

    Account firAcc{};
    Account secAcc{2014.0};

    std::cout << "isSmaller(firAcc, secAcc): "
              << isSmaller(firAcc, secAcc) << '\n';

    std::cout << '\n';

}
```

比较函数的全特化

如果你无法改变 Account，你至少可以针对 Account 将 isSmaller 函数全特化。

```
// accountIsSmaller2.cpp

#include <iostream>

class Account{
 public:
    Account() = default;
    Account(double b): balance(b) {}
    double getBalance() const {
        return balance;
    }
 private:
    double balance{0.0};
};

template<typename T>
```

```
bool isSmaller(T fir, T sec){
    return fir < sec;
}

template<>
bool isSmaller<Account>(Account fir, Account sec){
    return fir.getBalance() < sec.getBalance();
}

int main() {

    std::cout << std::boolalpha << '\n';

    double firDou{};
    double secDou{2014.0};

    std::cout << "isSmaller(firDou, secDou): "
              << isSmaller(firDou, secDou) << '\n';

    Account firAcc{};
    Account secAcc{2014.0};

    std::cout << "isSmaller(firAcc, secAcc): "
              << isSmaller(firAcc, secAcc) << '\n';

    std::cout << '\n';

}
```

顺便说一下，非泛型函数 `bool isSmaller(Account fir, Account sec)` 也能达到同样的效果。

扩展比较函数

还有一个办法：扩展 `isSmaller` 函数。我使用了额外的类型参数 `Pred` 来扩展泛型函数，这个参数可以容纳一个二元谓词（binary predicate）。这种方式在标准模板库中被大量使用。

```
// accountIsSmaller3.cpp

#include <functional>
#include <iostream>
#include <string>
```

```
class Account {
 public:
    Account() = default;
    Account(double b): balance(b){}
    double getBalance() const {
        return balance;
    }
 private:
    double balance{0.0};
};

template <typename T, typename Pred = std::less<T> >         // (1)
bool isSmaller(T fir, T sec, Pred pred = Pred() ) {          // (2)
    return pred(fir, sec);                                   // (3)
}

int main() {

    std::cout << std::boolalpha << '\n';

    double firDou{};
    double secDou{2014.0};

    std::cout << "isSmaller(firDou, secDou): "
              << isSmaller(firDou, secDou) << '\n';

    Account firAcc{};
    Account secAcc{2014.0};

    auto res = isSmaller(firAcc, secAcc,                     // (4)
               [](const Account& fir, const Account& sec){
                   return fir.getBalance() < sec.getBalance();
               }
    );

    std::cout << "isSmaller(firAcc, secAcc): " <<  res << '\n';

    std::cout << '\n';

    std::string firStr = "AAA";
    std::string secStr = "BB";

    std::cout << "isSmaller(firStr, secStr): "
              <<  isSmaller(firStr, secStr) << '\n';
```

```
    auto res2 = isSmaller(firStr, secStr,                       // (5)
                [](const std::string& fir, const std::string& sec){
                    return fir.length() < sec.length();
                }
    );

    std::cout << "isSmaller(firStr, secStr): " <<  res2 << '\n';

    std::cout << '\n';

}
```

泛型函数使用预定义的函数对象 `std::less<T>` 作为默认顺序 (1)。二元谓词 `Pred` 在 (2) 中被实例化，并在 (3) 中使用。此外，还可以提供二元谓词，正如 (4) 或 (5) 中那样。lambda 表达式非常适合这项工作。

最后，图 13.10 显示了该程序的输出。

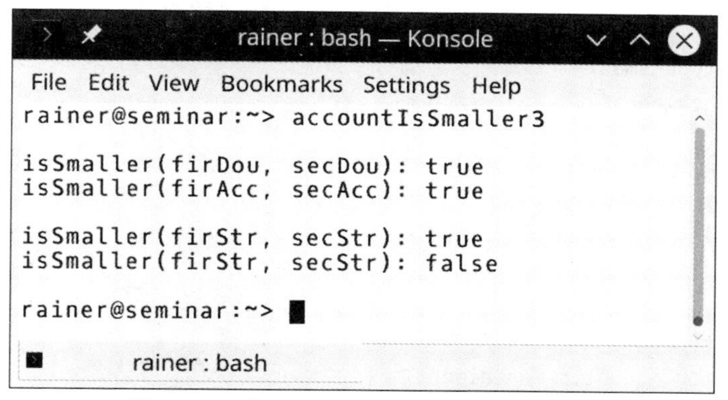

图 13.10　使用二元谓词对两个账户进行比较

比较这三种技术

这三种技术之间有什么区别（见表 13.1）？

表 13.1　比较三种技术

	通用解决方案	配置期	扩展	可变性
operator <	是	编译期	类型	否
全特化	否	编译期	函数	否
带谓词的扩展	是	运行期	函数	是

全特化并不是一个通用的解决方案。它仅适用于函数 `isSmaller`。相比之下，运算符 `operator <` 却非常合适，任何类型都可以使用带有谓词的扩展。运算符 `operator <`

和全特化都是静态的，这意味着顺序是在编译期定义的，并被编码在类型或泛型函数中。相反，带谓词的扩展可以用不同的谓词来调用。决策发生在运行时[1]。运算符 `operator <` 扩展了类型，其他两个变体都是函数。带谓词的扩展允许它以各种方式对你的类型进行排列。例如，可以按词典顺序或按长度来比较字符串。

基于上述比较，一种好的做法是为你的类型实现运算符 `operator <`，并在必要时为你的泛型函数添加扩展。

13.4 层次结构

模板中使用的虚函数很特别，下面就是原因。

T.80 不要天真地模板化类层次结构

下面是 C++ Core Guidelines 中一个天真地模板化类层次结构的例子。

```
template<typename T>
struct Container {          // 接口
    virtual T* get(int i);
    virtual T* first();
    virtual T* next();
    virtual void sort();
};

template<typename T>
class Vector : public Container<T> {
public:
    // ...
};

Vector<int> vi;
Vector<std::string> vs;
```

这很天真，因为基类 `Container` 有很多虚函数。所呈现的设计引入了不必要的代码膨胀：对于类模板中使用的每个类型，所有虚成员函数都必须实例化。这一结果适用于 `Container` 和 `Vector<int>`，以及 `Vector<std::string>`。反过来，非虚函数只在使用时实例化。

1 译者注：精确地说，决策可以发生在运行时。在作者给出的例子里，使用 lambda 的情况下行为仍然是编译期决定的。但如果 `isSmaller` 的第三个参数是函数指针的话，行为就只能在运行期决定了。

T.83　不要声明虚的成员函数模板

让我尝试使用一个虚成员函数模板。

```
// virtualMemberFunctions.cpp

class Shape {
    template<class T>
    virtual void intersect(T* p) {};
};

int main(){

    Shape shape;

}
```

GCC 的错误信息非常清楚：模板不可以为虚（见图 13.11）。

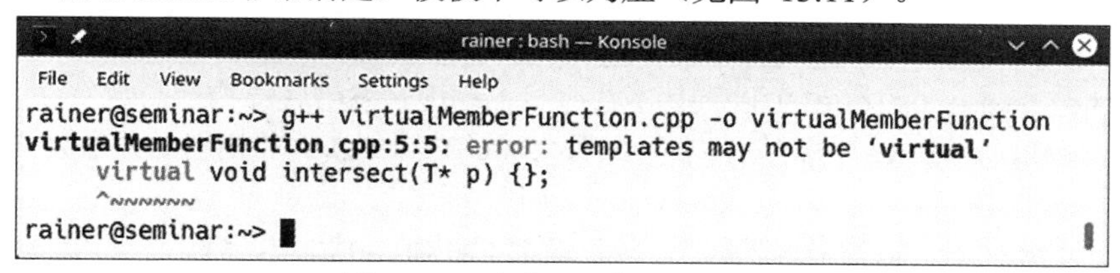

图 13.11　虚成员函数的编译错误

13.5　变参模板

- T.100：当需要一个可以接受可变数量的多种类型参数的函数时，请使用变参模板。
- T.101：如何将参数传递给变参模板。
- T.102：如何处理变参模板的参数。

这三条关于变参模板的规则内容很少。因此，我不得不发挥一下。让我以 `std::make_unique` 为例。顺便提一下，我将在本节中写出的 `std::make_unique` 的三行代码，是我所了解的现代 C++ 中最令人印象深刻的三行代码。

`std::make_unique` 是一个函数模板，它返回一个动态分配的对象，封装在 `std::unique_ptr` 里面。下面是一些实际用例。

```
// makeUnique.cpp

#include <memory>
```

```
struct MyType{
    MyType(int, double, bool){};
};

int main(){

    int lvalue{2020};

    std::unique_ptr<int> uniqZero = std::make_unique<int>();
    auto uniqEleven = std::make_unique<int>(2011);
    auto uniqTwenty = std::make_unique<int>(lvalue);
    auto uniqType = std::make_unique<MyType>(lvalue, 3.14, true);

}
```

基于上面这些用例，`std::make_unique` 的要求是什么？

1. `std::make_unique` 可以处理任意数量的参数。上面它分别有 0、1 和 3 个参数。

2. `std::make_unique` 可以接受左值和右值。上面它得到了右值（`2011`）和左值（`lvalue`）。最后一次调用甚至同时得到左值和右值。

3. `std::make_unique` 可以将其参数原封不动地转发给底层构造函数。这意味着如果 `std::make_unique` 得到左值/右值，那么 `std::unique` 的构造函数也会得到左值/右值。

这些要求对工厂函数来说很典型，如 `std::make_unique`、`std::make_shared`、`std::make_tuple`，还有 `std::thread`。现代 C++ 中的工厂函数依赖于 C++11 中两个强大的功能：

- 完美转发（perfect forwarding）
- 变参模板（variadic template）

现在我想创建工厂函数 `createT`。让我们从完美转发开始。

13.5.1 完美转发

什么是完美转发？

完美转发允许保留参数的值类别（左值/右值）和 `const/volatile` 类型限定符。

完美转发遵循一种典型模式，由转发引用（之前也被称为“万能引用”）和 `std::forward` 组成[1]。

```
template<typename T>          // (1)
void createT(T&& t) {         // (2)
```

1 译者注：Scott Meyers 发明了“万能引用”（universal reference）这一术语，但目前 C++ 里关于这一概念的标准术语是“转发引用”（forwarding reference）。

```
    std::forward<T>(t);      // (3)
}
```

完美转发模式的三个部分如下所示。

1. 从模板参数 T 开始：typename T。
2. 通过转发引用绑定 T：T&& t。
3. 对参数调用 std::forward：std:forward<T>(t)。

关键的一点是 T&&(2) 可以绑定左值或右值，而 std::forward(3) 可以完美转发。std::forward 是有条件的 std::move：它移动右值，拷贝左值。

现在是时候创建 createT 工厂函数的原型了，它最终应该与程序 makeUnique.cpp 中的 std::make_unique 行为类似。我只是用 createT 替换了 std::make_unique，并添加了 createT 工厂函数，还注释掉了两行。此外，我删除了头文件 <memory>（std::make_unique），并为 std::forward 添加了头文件 <utility>。

```
// createT1.cpp

#include <utility>

struct MyType {
    MyType(int, double, bool) {};
};

template <typename T, typename Arg>
T createT(Arg&& arg) {
    return T(std::forward<Arg>(arg));
}

int main() {

    int lvalue{2020};

    // std::unique_ptr<int> uniqZero = std::make_unique<int>();
    auto uniqEleven = createT<int>(2011);
    auto uniqTwenty = createT<int>(lvalue);
    // auto uniqType = std::make_unique<MyType>(lvalue, 3.14, true);

}
```

太棒了！右值（2011）和左值（lvalue）通过了我的测试。

13.5.2 变参模板

有时候，点（.）是很重要的。在正确的位置插入正好九个点，注释掉的两行代码就可以工作了。

```
// createT2.cpp

#include <utility>

struct MyType {
    MyType(int, double, bool) {};
};

template <typename T, typename ... Args>
T createT(Args&& ... args) {
    return T(std::forward<Args>(args) ... );
}

int main() {

    int lvalue{2020};

    int uniqZero = createT<int>();
    auto uniqEleven = createT<int>(2011);
    auto uniqTwenty = createT<int>(lvalue);
    auto uniqType = createT<MyType>(lvalue, 3.14, true);

}
```

魔法是如何工作的？三个点代表省略号。使用它们时，`Args` 或 `args` 就构成了参数包。更确切地说，`Args` 是模板参数包，而 `args` 是函数参数包。你只能对参数包进行两种操作：打包或解包。如果省略号在 `Args` 左边，则是打包参数包；如果省略号在 `Args` 的右边，则是解包参数包。对于表达式 `std::forward<Args>(args)...`，这意味着表达式将会被解包，直到参数包被消耗殆尽，并且会在解包后的各个部分之间放置一个逗号。这样就可以了。

C++ Insights 可以帮助你将这个解包过程可视化。

现在我差不多完成了。还缺少下面这两步：

- 创建一个 `std::unique_ptr<T>`，而不是一个普通的 `T`。
- 将该函数重命名为 `make_unique`。

瞧，就像下面这样：

```
template <typename T, typename ... Args>
std::unique_ptr<T> make_unique(Args&& ... args) {
    return std::unique_ptr<T>(new T(std::forward<Args>(args) ... ));
}
```

13.6　元编程

图 13.12 展示了常量表达式、类型特征库与模板元编程之间的关系。

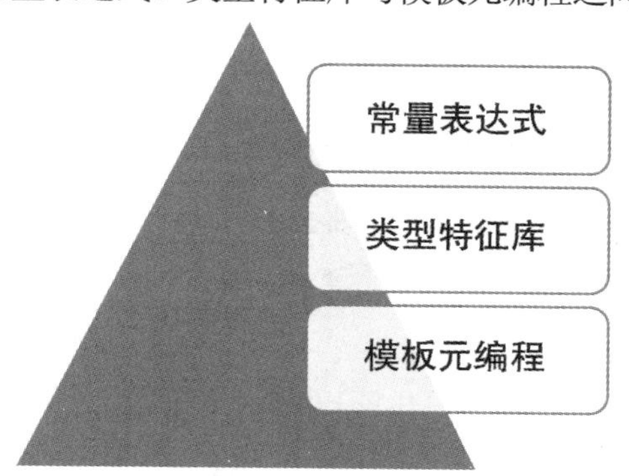

图 13.12　关系示意图

元编程是编译期编程。模板元编程始于 C++98，在 C++11 的类型特征库中正式引入，并且自 C++11 以来一直在稳步改进。主要的驱动力是常量表达式。C++ Core Guidelines 中对模板元编程的介绍非常特别："所需的语法和技巧相当恐怖。"

我的看法是，模板元编程并没有那么恐怖，C++ Core Guidelines 缺乏足够的内容，而且没有对元编程进行直接介绍。因此，本节将对元编程进行简要介绍。在介绍各种概念时，我将提到关于元编程的四条规则。

13.6.1　模板元编程

本节讨论模板元编程，参见图 13.13。

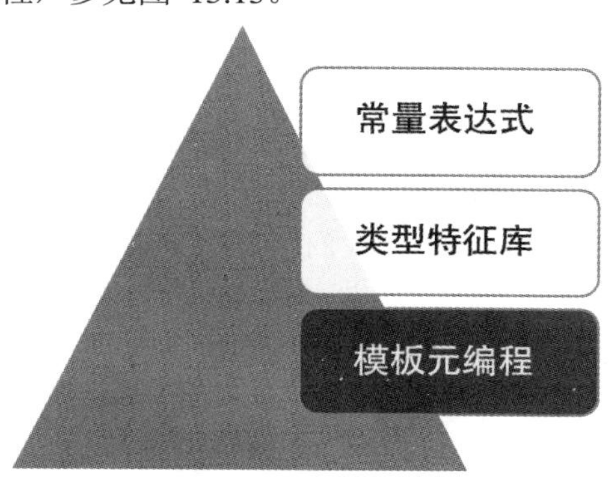

图 13.13　模板元编程

- T.120：只在真正需要的时候使用模板元编程。
- T.122：使用模板（通常是模板别名）在编译期计算类型。

这一切是怎么开始的

1994 年，Erwin Unruh 在 C++ 委员会的会议上演示了一个无法编译的程序。这可能是最著名的从来无法编译的程序。

```
// Erwin Unruh 的质数计算
template <int i> struct D { D(void*); operator int(); };

template <int p, int i> struct is_prime {
    enum { prim = (p%i) && is_prime<(i > 2 ? p : 0), i -1> :: prim };
};

template < int i > struct Prime_print {
    Prime_print<i-1> a;
    enum { prim = is_prime<i, i-1>::prim };
    void f() { D<i> d = prim; }
};

struct is_prime<0,0> { enum {prim=1}; };
struct is_prime<0,1> { enum {prim=1}; };
struct Prime_print<2> { enum {prim = 1}; void f() {
    D<2> d = prim; }
};
#ifndef LAST
#define LAST 10
#endif
main () {
    Prime_print<LAST> a;
}
```

Erwin Unruh 使用了 Metaware 编译器，但在最新的 C++ 编译器中这个程序并没有生成所呈现的错误信息。作者较新的程序变体可以在 http://www.erwin-unruh.de/ prim.html 上找到。为什么这个程序如此有名？让我们仔细看看原始的错误信息（见图 13.14）。

```
01 | Type `enum{}' can't be converted to txpe `D<2>' ("primes.cpp",L2/C25).
02 | Type `enum{}' can't be converted to txpe `D<3>' ("primes.cpp",L2/C25).
03 | Type `enum{}' can't be converted to txpe `D<5>' ("primes.cpp",L2/C25).
04 | Type `enum{}' can't be converted to txpe `D<7>' ("primes.cpp",L2/C25).
05 | Type `enum{}' can't be converted to txpe `D<11>' ("primes.cpp",L2/C25).
06 | Type `enum{}' can't be converted to txpe `D<13>' ("primes.cpp",L2/C25).
07 | Type `enum{}' can't be converted to txpe `D<17>' ("primes.cpp",L2/C25).
08 | Type `enum{}' can't be converted to txpe `D<19>' ("primes.cpp",L2/C25).
09 | Type `enum{}' can't be converted to txpe `D<23>' ("primes.cpp",L2/C25).
10 | Type `enum{}' can't be converted to txpe `D<29>' ("primes.cpp",L2/C25).
```

图 13.14 在编译期计算质数

我把重要的部分加粗显示。我想你已经注意到了：该程序能在编译期计算出前 10 个质数。这意味着模板实例化给了你在编译期进行数学运算的能力。实际上甚至更好：模板元编程是图灵完备的，因此，可以用来解决任何计算问题。当然，图灵完备仅在理论上适用于模板元编程，因为递归深度（C++11 要求至少为 1024）和模板实例化时生成的名称长度产生了一些限制。

魔法是如何工作的

让我把发生的事情一步步地分解一下。

编译期计算

计算数字的阶乘就是模板元编程里的“Hello World”。

```
// factorial.cpp

#include <iostream>

template <int N>                                              // (2)
struct Factorial {
    static int const value = N * Factorial<N-1>::value;
};

template <>                                                   // (3)
struct Factorial<1> {
    static int const value = 1;
};

int main() {

    std::cout << '\n';

    std::cout << "Factorial<5>::value: "
              << Factorial<5>::value << '\n';               // (1)
    std::cout << "Factorial<10>::value: "
              << Factorial<10>::value << '\n';

    std::cout << '\n';

}
```

调用 `factorial<5>::value` (1) 使得主模板（也称为通用模板） (2) 进行了实例化。这个实例化会触发对 `factorial<4>::value` 的调用。这个递归以全特化的类模板 `Factorial<1>` 作为边界条件 (3) 而结束，参见图 13.15。

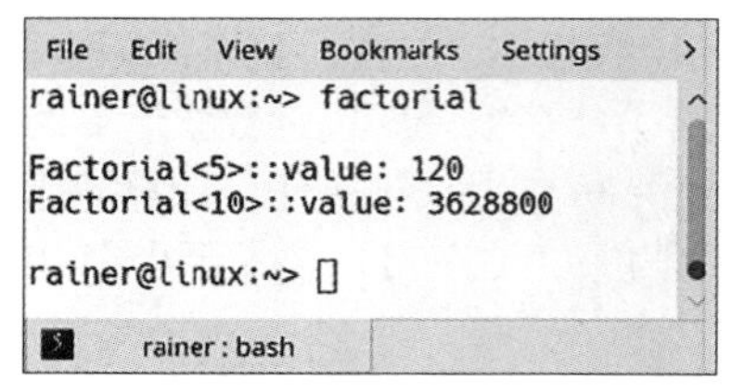

图 13.15　在编译期计算 5 的阶乘

C++ Insights 允许将这种编译期计算可视化。这个阶乘程序不错，但对模板元编程来说不是惯用法。

编译期类型操纵

在编译期操纵类型是模板元编程的典型做法。例如，下面是 `std::move` 在概念上所做的事：

```
static_cast<std::remove_reference<decltype(arg)>::type&&>(arg);
```

`std::move` 接收参数 `arg`，推导其类型（`decltype(arg)`），移除其引用 `remove_reference`，然后将其转型为右值引用 `static_cast<...:type&&>`。本质上，`std::move` 是一个右值引用转型。现在移动语义可以起作用了。

函数是如何从它的参数中移除常量属性的？

```
// removeConst.cpp

#include <iostream>
#include <type_traits>

template<typename T >
struct removeConst {
    using type = T;          // (1)
};

template<typename T >
struct removeConst<const T> {
    using type = T;          // (2)
};

using std::boolalpha;
using std::cout;
using std::is_same;

int main() {

    cout << boolalpha;
```

```
    cout << is_same<int, removeConst<int>::type>::value << '\n';
    cout << is_same<int, removeConst<const int>::type>::value << '\n';

}
```

main 函数中调用 is_same 的两个函数都返回 true。

我按照 std::remove_const 在类型特征库中的可能实现方式实现了 removeConst。类型特征库中的 std::is_same_v 有助于在编译期检查两种类型是否相同。对于 removeConst<int>，主模板（即通用类模板）会生效；而对于 removeConst<const int>，针对 const T 的偏特化会起作用。关键是，两个类模板都通过别名 type 返回 (1) 和 (2) 中的底层类型。正如期望的那样，参数的常量属性被移除了。

还有其他令人兴奋的结果：

- 模板（偏或全）特化表达了编译期的条件执行。让我明确一点：当对一个非常量 int 使用 removeConst 时，编译器选择了主模板（即通用模板）；而当使用一个常量 int 时，编译器选择了针对 const T 的偏特化。
- 表达式 type = T 这里当返回值使用，此处返回的是一个类型。

更多“元”

在运行期，我们使用数据和函数；在编译期，则使用元数据和元函数。这种叫法很合逻辑，因为我们在进行元编程。

元数据：元函数在编译期使用的值有三种类型。

- 类型，比如 int 或 double。
- 非类型，比如整数、枚举项、指针或引用。
- 模板，比如 std::vector 或 std::deque。

元函数：在编译期执行的函数。

诚然，这听起来很奇怪。类型在模板元编程中是用来模拟函数的。根据元函数的定义，可以在编译期执行的 constexpr 函数也是元函数。下面是两个元函数。

```
template <int a, int b>
struct Product {
    static int const value = a * b;
};


template<typename T>
struct removeConst<const T> {
    using type = T;
};
```

第一个元函数 Product 返回一个值，而第二个元函数 removeConst 返回一个类型。名字 value 和 type 只是对返回值的命名规则。如果元函数返回一个值，则它被称为 value；如果返回一个类型，则它被称为 type。类型特征库遵循的正是这条命名规则。

我认为对函数和元函数进行的比较有助于大家理解。

函数和元函数

下面的函数 power 和元函数 Power 分别在运行期和编译期计算 pow(2, 10)。

```
// power.cpp

#include <iostream>

int power(int m, int n) {
    int r = 1;
    for(int k = 1; k <= n; ++k) r *= m;
    return r;
}

template<int m, int n>
struct Power {
    static int const value = m * Power<m, n-1>::value;
};

template<int m>
struct Power<m, 0> {
    static int const value = 1;
};

int main() {

    std::cout << '\n';

    std::cout << "power(2, 10)= " << power(2, 10) << '\n';
    std::cout << "Power<2,10>::value= " << Power<2, 10>::value << '\n';

    std::cout << '\n';

}
```

下面是主要的区别。

- **参数**：函数参数放在圆括号里（(...)），元函数参数放在尖括号（<...>）里。这结果同样适用于函数和元函数的定义。函数使用圆括号，元函数使用尖括号。每个元函数参数会产生一个新类型。
- **返回值**：函数使用 return 语句，而元函数使用一个静态整型常量值。

我将在本章后面讨论常量表达式的小节中详细阐述对函数和元函数的比较。图 13.16 演示了该程序的输出。

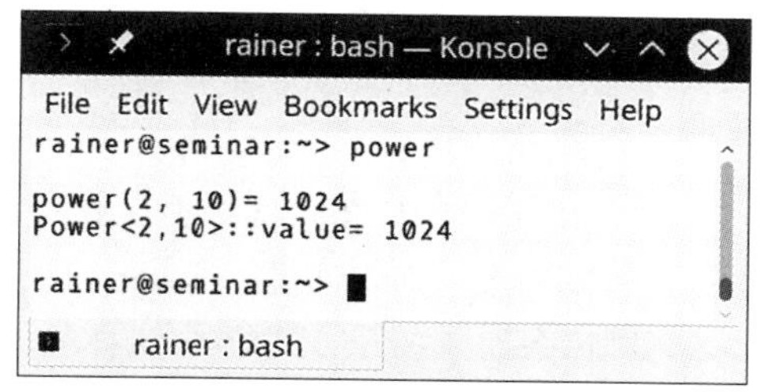

图 13.16　在运行期和编译期进行计算

power 在运行期执行，而 Power 在编译期执行，但下面的例子中发生了什么？

```
// powerHybrid.cpp

#include <iostream>

template<int n>
int power(int m) {
    return m * power<n-1>(m);
}

template<>
int power<1>(int m) {
    return m;
}

template<>
int power<0>(int m) {
    return 1;
}

int main() {

    std::cout << '\n';

    std::cout << "power<10>(2): " << power<10>(2) << '\n'; // (1)

    std::cout << '\n';

    auto power2 = power<2>;                             // (2)

    for (int i = 0; i <= 10; ++i){                      // (3)
        std::cout << "power2(" << i << ") = "
                  << power2(i) << '\n';
    }
```

```
    std::cout << '\n';

}
```

调用 `power<10>(2)` (1) 使用了尖括号和圆括号来计算 2 的 10 次幂。这意味着 10 是编译期参数，而 2 是运行期参数。换句话说，`power` 既是函数又是元函数（见图 13.17）。现在我可以对 2 实例化类模板，并将其命名为 `power2` (2)。

函数的参数是运行期参数，因此，可被用于 `for` 循环 (3) 。

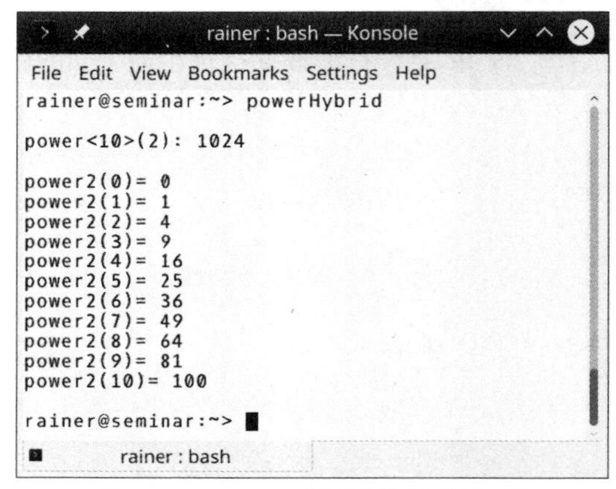

图 13.17 `power` 既是函数又是元函数

13.6.2 类型特征库

现在讨论类型特征库，参见图 13.18。

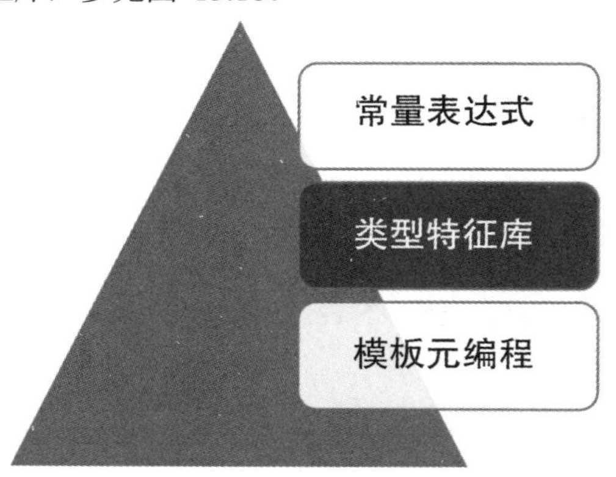

图 13.18 类型特征库

- T.124：优先使用标准库的模板元编程工具。

类型特征库是 C++11 的一部分，在编译期支持类型检查、类型比较和类型修改。该库有一百多个函数，并且总量随着每个新 C++ 标准的发布而增长。

类型检查

每种类型都正好属于 14 个主要类型种类之一。

主要类型种类

它们是:

```
template <class T> struct is_void;
template <class T> struct is_integral;
template <class T> struct is_floating_point;
template <class T> struct is_array;
template <class T> struct is_pointer;
template <class T> struct is_null_pointer;
template <class T> struct is_member_object_pointer;
template <class T> struct is_member_function_pointer;
template <class T> struct is_enum;
template <class T> struct is_union;
template <class T> struct is_class;
template <class T> struct is_function;
template <class T> struct is_lvalue_reference;
template <class T> struct is_rvalue_reference;
```

下面的程序给出了示例，这些主要类型种类中的每一个都有类型可以符合相应的检查。

```
// primaryTypeCategories.cpp

#include <iostream>
#include <type_traits>

struct A {
    int a;
    int f(int) { return 2011; }
};

enum E {
  e= 1,
};

union U {
  int u;
};


int main() {
```

```
    using namespace std;

    cout <<  boolalpha <<  '\n';

    cout << is_void<void>::value << '\n';
    cout << is_integral<short>::value << '\n';
    cout << is_floating_point<double>::value << '\n';
    cout << is_array<int []>::value << '\n';
    cout << is_pointer<int*>::value << '\n';
    cout << is_null_pointer<nullptr_t>::value << '\n';
    cout << is_member_object_pointer<int A::*>::value <<  '\n';
    cout << is_member_function_pointer<int (A::*)(int)>::value << '\n';
    cout << is_enum<E>::value << '\n';
    cout << is_union<U>::value << '\n';
    cout << is_class<string>::value << '\n';
    cout << is_function<int * (double)>::value << '\n';
    cout << is_lvalue_reference<int&>::value << '\n';
    cout << is_rvalue_reference<int&&>::value << '\n';

    cout <<  '\n';

}
```

在主程序中，对类型特征函数的 14 次调用每次都返回 `true`。复合类型种类可以从这些主要类型种类中组合出来。

复合类型种类

表 13.2 给出了主要类型种类和复合类型种类之间的关系。

表 13.2 复合类型种类与主要类型种类

复合类型种类	主要类型种类
std::is_arithmetic	std::is_floating_point 或 std::is_integral
std::is_fundamental	std::is_arithmetic 或 std::is_void 或 std::is_null_pointer
std::is_object	std::is_scalar 或 std::is_array 或 std::is_union 或 std::is_class
std::is_scalar	std::is_arithmetic 或 std::is_enum 或 std::is_pointer 或 std::is_member_pointer 或 std::is_null_pointer
std::is_compound	!std::is_fundamental
std::is_reference	std::is_lvalue_reference 或 std::is_rvalue_reference
std::is_member_pointer	std::is_member_object_pointer 或 std::is_member_function_pointer

类型属性

类型特征库提供了对类型属性的额外检查。

```
template <class T> struct is_const;
template <class T> struct is_volatile;
template <class T> struct is_trivial;
template <class T> struct is_trivially_copyable;
template <class T> struct is_standard_layout;
template <class T> struct is_pod;
template <class T> struct is_literal_type;
template <class T> struct is_empty;
template <class T> struct is_polymorphic;
template <class T> struct is_abstract;
template <class T> struct is_signed;
template <class T> struct is_unsigned;
template <class T, class... Args> struct is_constructible;
template <class T> struct is_default_constructible;
template <class T> struct is_copy_constructible;
template <class T> struct is_move_constructible;
template <class T, class U> struct is_assignable;
template <class T> struct is_copy_assignable;
template <class T> struct is_move_assignable;
template <class T> struct is_destructible;
template <class T, class... Args> struct is_trivially_constructible;
template <class T> struct is_trivially_default_constructible;
template <class T> struct is_trivially_copy_constructible;
template <class T> struct is_trivially_move_constructible;
template <class T, class U> struct is_trivially_assignable;
template <class T> struct is_trivially_copy_assignable;
template <class T> struct is_trivially_move_assignable;
template <class T> struct is_trivially_destructible;
template <class T, class... Args> struct is_nothrow_constructible;
template <class T> struct is_nothrow_default_constructible;
template <class T> struct is_nothrow_copy_constructible;
template <class T> struct is_nothrow_move_constructible;
template <class T, class U> struct is_nothrow_assignable;
template <class T> struct is_nothrow_copy_assignable;
template <class T> struct is_nothrow_move_assignable;
template <class T> struct is_nothrow_destructible;
template <class T> struct has_virtual_destructor;
```

许多元函数，像 `std::is_trivially_copyable`，名字里有“trivially”（平凡）。这意味着编译器提供的特殊非静态成员函数不需要实际地做任何事情（默认构造函数和析构函数），或者只需要进行简单的内存复制（其他特殊非静态成员函数）。要想了解更多关于特殊非静态成员函数的细节，可以参考 https://zh.cppreference.com/w/cpp/language/member_functions 里面的“特殊成员函数”部分。

类型特征库中有更多的元函数，详情请参阅 cppreference.com。

类型比较

类型特征库支持三种比较：

- `std::is_base_of<Base, Derived>`
- `std::is_convertible<From, To>`
- `std::is_same<T, U>`

下面的例子使用了这三个函数。

```
// compare.cpp

#include <cstdint>
#include <iostream>
#include <type_traits>

class Base{};
class Derived: public Base{};

int main() {

  std::cout << std::boolalpha << '\n';

  std::cout << "std::is_base_of<Base, Derived>::value: "
           << std::is_base_of<Base, Derived>::value << '\n';
  std::cout << "std::is_base_of<Derived, Base>::value: "
           << std::is_base_of<Derived, Base>::value << '\n';
  std::cout << "std::is_base_of<Derived, Derived>::value: "
           << std::is_base_of<Derived, Derived>::value << '\n';

  std::cout << '\n';

  std::cout << "std::is_convertible<Base*, Derived*>::value: "
           << std::is_convertible<Base*, Derived*>::value << '\n';
  std::cout << "std::is_convertible<Derived*, Base*>::value: "
           << std::is_convertible<Derived*, Base*>::value << '\n';
  std::cout << "std::is_convertible<Derived*, Derived*>::value: "
           << std::is_convertible<Derived*, Derived*>::value << '\n';

  std::cout << '\n';

  std::cout << "std::is_same<int, int32_t>::value: "
           << std::is_same<int, int32_t>::value << '\n';
  std::cout << "std::is_same<int, int64_t>::value: "
           << std::is_same<int, int64_t>::value << '\n';
```

```
  std::cout << "std::is_same<long int, int64_t>::value: "
            << std::is_same<long int, int64_t>::value << '\n';

  std::cout << '\n';

}
```

该程序产生了预期的结果（见图 13.19）。

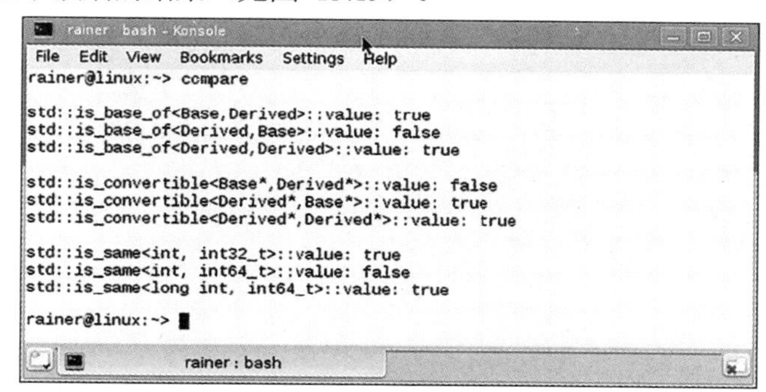

图 13.19　类型比较

使用类型特征函数进行模板元编程

让我们退一步思考一下类型特征库的功能。下面是一些观察结果：

- 类型特征库中的函数是元函数，因为它们在编译期运行。元函数是类模板。
- 尖括号 `<...>` 中元函数的参数是元数据。在这种情况下，元数据就是类型。
- 函数的返回值是 `::value`。`value` 是一个静态 `constexpr` 数据成员。从 C++17 开始，有一种更简单的形式可以获取结果：只需要键入 `std::is_void_v<void>`，而不是 `std::is_void<void>::value`。

如果这些让你想起了上一节中关于模板元编程的内容，那并不是巧合：这些正是出自那里的惯例。

类型修改

类型修改属于模板元编程的领域，因此，类型特征库支持类型修改。
类型特征库提供了许多元函数来操作类型。下面是最有趣的一些元函数。

```
// const-volatile 修改:
remove_const;
remove_volatile;
remove_cv;
add_const;
add_volatile;
add_cv;
```

```
// 引用修改：
remove_reference;
add_lvalue_reference;
add_rvalue_reference;

// 符号修改：
make_signed;
make_unsigned;

// 指针修改：
remove_pointer;
add_pointer;

// 其他转换：
decay;
enable_if;
conditional;
common_type;
underlying_type;
```

要从 `int` 或 `const int` 中获取 `int`（类型），必须使用 `::type` 来请求其类型。

```
std::is_same<int, std::remove_const<int>::type>::value;       // true
std::is_same<int, std::remove_const<const int>::type>::value; // true
```

从 C++14 开始，可以直接使用 `_t` 来获取类型，比如使用 `std::remove_const_t`。

```
std::is_same<int, std::remove_const_t<int>>::value;           // true
std::is_same<int, std::remove_const_t<const int>>::value;     // true
```

为了了解这些来自类型特征库的元函数有多大用处，下面有几个例子。

- **`std::decay`** 被 `std::thread` 应用于其参数。`std::thread` 把待执行的函数 `f` 和它的函数参数 `args` 当作参数。"退化"（decay）意味着自动进行从数组到指针和从函数到指针的隐式转换，并去除 `const/volatile` 限定符以及引用。
- **`std::enable_if`** 是使用 SFINAE 的一种便捷方式。SFINAE 代表 Substitution Failure Is Not An Error（替换失败不是错误），可在函数模板重载决策中使用。这意味着，如果替换模板参数失败了，那么将会从重载集中丢弃该特化，但这个失败不会导致编译错误。
- **`std::conditional`** 是编译期的三元运算符。
- **`std::common_type`** 决定了所有类型中的公共类型，即所有类型都可以被转换为该类型。
- **`std::underlying_type`** 决定了枚举的底层整数类型。

也许你还不相信类型特征库的好处。让我用类型特征库中的两个主要目标来结束我对它的简要介绍——正确性和性能优化。

正确性

正确性一方面意味着可以使用类型特征库来实现 `Integral`、`SignedIntegral` 和 `UnsignedIntegral` 等概念[1]。

```
template <typename T>
concept Integral = std::is_integral<T>::value;

template <typename T>
concept SignedIntegral = Integral<T> && std::is_signed<T>::value;

template <typename T>
concept UnsignedIntegral = Integral<T> && !SignedIntegral<T>;
```

而这也意味着，你可以用它们来使你的算法更安全。

```
// gcd2.cpp

#include <iostream>
#include <type_traits>

template<typename T>
T gcd(T a, T b) {
    static_assert(std::is_integral<T>::value,
                  "T should be an integral type!");
    if( b == 0 ) { return a; }
    else{
        return gcd(b, a % b);
    }
}

int main() {

    std::cout << gcd(100, 33) << '\n';      // (1)
    std::cout << gcd(3.5,4.0) << '\n';      // (2)
    std::cout << gcd("100","10") << '\n';  // (3)

}
```

错误信息已经很明确了，见图 13.20。

---

1 译者注：目前 C++ 标准库中的实际名称为 `integral`、`signed_integral` 和 `unsigned_integral`。

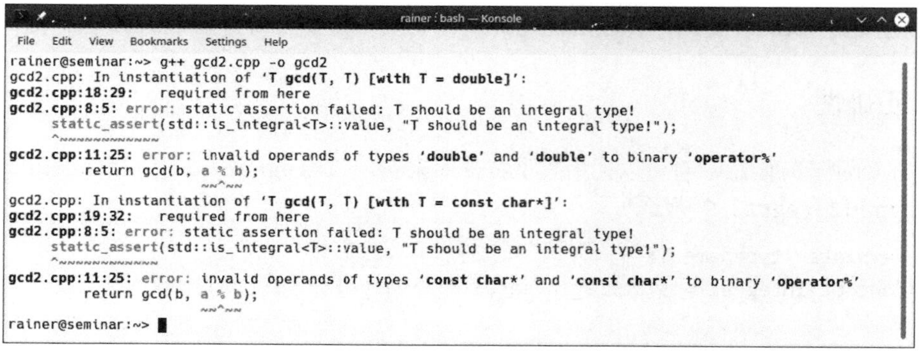

```
rainer@seminar:~> g++ gcd2.cpp -o gcd2
gcd2.cpp: In instantiation of 'T gcd(T, T) [with T = double]':
gcd2.cpp:18:29:   required from here
gcd2.cpp:8:5: error: static assertion failed: T should be an integral type!
     static_assert(std::is_integral<T>::value, "T should be an integral type!");
     ^~~~~~~~~~~~~
gcd2.cpp:11:25: error: invalid operands of types 'double' and 'double' to binary 'operator%'
       return gcd(b, a % b);
                     ~~^~~
gcd2.cpp: In instantiation of 'T gcd(T, T) [with T = const char*]':
gcd2.cpp:19:32:   required from here
gcd2.cpp:8:5: error: static assertion failed: T should be an integral type!
     static_assert(std::is_integral<T>::value, "T should be an integral type!");
     ^~~~~~~~~~~~~
gcd2.cpp:11:25: error: invalid operands of types 'const char*' and 'const char*' to binary 'operator%'
       return gcd(b, a % b);
                     ~~^~~
rainer@seminar:~>
```

图 13.20　使用类型特征函数表达正确性

编译器会立即抱怨 double 或 const char* 不是整数类型。

类型特征库的附加价值不仅表现在它所允许的正确性，还体现在性能优化方面。

性能优化

类型特征库的关键思想很简单。编译器分析使用的类型并决定应创建的代码。对于标准模板库的算法 std::copy、std::fill 或 std::equal，这意味着在某种情况下，该算法会被逐一应用到范围内的每个元素或整个内存上。在其他情况下，会使用 C 函数，比如 memcpy、memmove、memset 或 memcmp，这样算法会更快。memcpy 和 memmove 之间的小区别是，memmove 可以用来处理重叠的内存区域。

下面三个来自 GCC 6 实现（排版进行了调整）的代码片段明确了一点：类型特征检查有助于生成更加优化的代码。

```
// fill
// 特化：对于 char 类型，可以使用 memset
template<typename _Tp>
  inline typename
  __gnu_cxx::__enable_if<__is_byte<_Tp>::__value, void>::__type  // (1)
  __fill_a(_Tp* __first, _Tp* __last, const _Tp& __c)
  {
    const _Tp __tmp = __c;
    if (const size_t __len = __last - __first)
      __builtin_memset(__first, static_cast<unsigned char>(__tmp), __len);
  }

// copy
template<bool _IsMove, typename _II, typename _OI>
  inline _OI
  __copy_move_a(_II __first, _II __last, _OI __result)
  {
    typedef typename iterator_traits<_II>::value_type _ValueTypeI;
```

```
    typedef typename iterator_traits<_OI>::value_type _ValueTypeO;
    typedef typename iterator_traits<_II>::iterator_category _Category;
    const bool __simple = (__is_trivial(_ValueTypeI)           // (2)
                           && __is_pointer<_II>::__value
                           && __is_pointer<_OI>::__value
                           && __are_same<_ValueTypeI, _ValueTypeO>::__value);

    return std::__copy_move<_IsMove, __simple,
                         _Category>::__copy_m(__first, __last, __result);
  }

// lexicographical_compare
template<typename _II1, typename _II2>
  inline bool
  __lexicographical_compare_aux(_II1 __first1, _II1 __last1,
    _II2 __first2, _II2 __last2)
  {
    typedef typename iterator_traits<_II1>::value_type _ValueType1;
    typedef typename iterator_traits<_II2>::value_type _ValueType2;
    const bool __simple =                                      // (3)
      (__is_byte<_ValueType1>::__value
       && __is_byte<_ValueType2>::__value
       && !__gnu_cxx::__numeric_traits<_ValueType1>::__is_signed
       && !__gnu_cxx::__numeric_traits<_ValueType2>::__is_signed
       && __is_pointer<_II1>::__value
       && __is_pointer<_II2>::__value);

    return std::__lexicographical_compare<__simple>::__lc(__first1,
                                                          __last1,
                                                          __first2,
                                                          __last2);
  }
```

记号 (1) 到 (3) 展示了如何使用类型特征库来生成更优化的代码。在内部，GCC 6 编译器使用 `__enable_if` 或 `__is_pointer` 来提供像 `std::enable_if`、`std::is_pointer` 这样的类型特征函数。

13.6.3 常量表达式

本节讨论常量表达式，参见图 13.21。

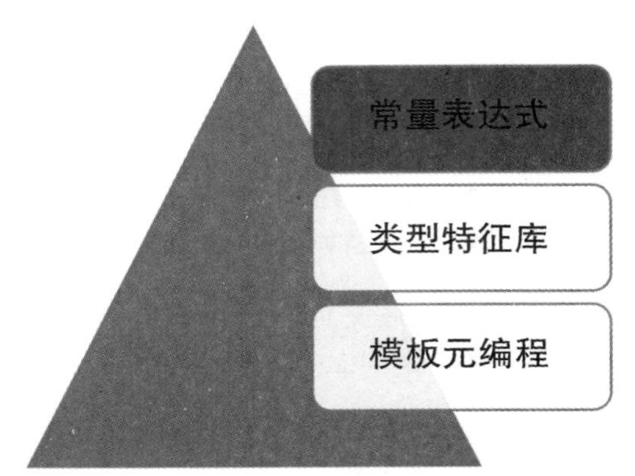

图 13.21 常量表达式

- T.123：使用 `constexpr` 函数在编译期进行值计算。

最后，我们到达了三角形的顶点。

`constexpr` 允许在编译期使用典型的 C++ 语法进行编程。本节的重点不是提供 `constexpr` 的所有细节，而是比较模板元编程和 `constexpr` 函数。在比较这两种技术之前，此处先简要概述 `constexpr`。常量表达式的优点是什么？

使用 `constexpr` 的常量表达式有三种形式：

变量

- 是隐式常量。
- 必须由常量表达式初始化。

函数

- 可以调用其他 `constexpr` 函数。
- 可以有变量，变量必须初始化。
- 可以使用条件表达式或循环。
- 是隐式内联。
- 不可以有 `static` 或 `thread_local` 数据。
- 不可以使用异常处理。

用户定义类型

- 必须有一个构造函数，它是一个常量表达式。
- 不可以有虚函数。
- 不可以有虚基类。

优点

一个常量表达式：

- 可以在编译期求值。
- 让编译器深入了解代码。
- 是隐式线程安全的。
- 可以构造到只读存储器中（能放进 ROM）。

constexpr 函数只能依赖于其他常量表达式。作为 constexpr 函数，并不意味着该函数在编译期被执行：它意味着该函数有可能在编译期被执行。constexpr 函数也可在运行期执行。编译器和优化级别决定了 constexpr 函数是在编译期还是在运行期运行。

在两种情况下，constexpr 函数 func 必须在编译期运行。

1. constexpr 函数被用于编译期求值的上下文。这可以是 static_assert 表达式、模板的实例化，或 C 数组的初始化。

2. 在编译期明确请求 constexpr 函数的值：constexpr auto res = func(5)。

要想在实践中理解这个理论，请研究“Per.11：将计算从运行期移至编译期”规则中的 gcd.cpp 程序。

最后，我要谈一下我的主要观点。

模板元编程与 constexpr 函数的比较

表 13.3 大致展示了模板元编程与 constexpr 函数的比较。

表 13.3　模板元编程与 constexpr 函数的比较

特点	模板元编程	constexpr 函数
执行时间	编译期	编译期和运行期
参数	类型、非类型和模板	值
编程范式	函数式	命令式
修改	不可以	可以
控制结构	递归	条件和循环
有条件执行	模板特化	条件语句

我想对这张表补充几点意见。

- 模板元程序在编译期运行，但是 constexpr 函数可以在编译期或运行期运行。
- 模板元程序的参数可以是类型、非类型（例如 5）和模板。constexpr 函数潜在可以在编译期运行。
- 模板元编程在编译期没有状态，因此没有什么可修改。这意味着模板元编程是一种纯函数式的编程方式。从函数式风格的角度来看，其特点如下：

  在模板元编程中，你不能修改值，而是每次返回一个新的值。

  在编译期不可能通过对变量（如 i）增一来控制 for 循环：for (int i; i <= 10; ++i)。因此，模板元编程用递归来代替循环。

  在模板元编程中，条件执行被模板特化所取代。

不可否认，这种比较有点简略。对元函数和 constexpr 函数进行的图示比较应该可以回答剩下的问题。这两个函数都用于计算一个数字的阶乘。

- constexpr 函数的函数参数对应于元函数的模板参数，见图 13.22。

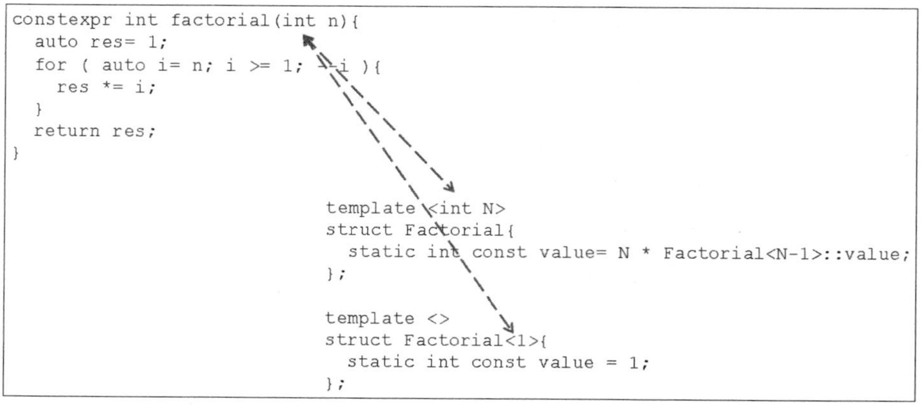

```
constexpr int factorial(int n){
  auto res= 1;
  for ( auto i= n; i >= 1; --i ){
    res *= i;
  }
  return res;
}

              template <int N>
              struct Factorial{
                static int const value= N * Factorial<N-1>::value;
              };

              template <>
              struct Factorial<1>{
                static int const value = 1;
              };
```

图 13.22 函数与模板参数

- constexpr 函数可以使用变量并对其进行修改。元函数只能生成新值，参见图 13.23。

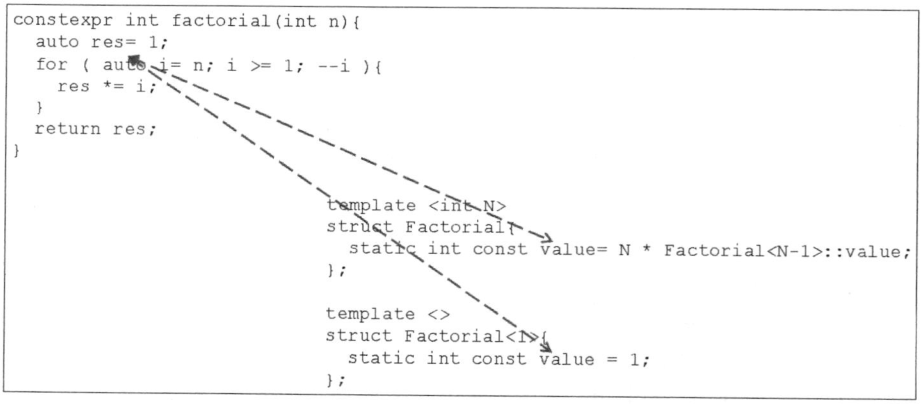

```
constexpr int factorial(int n){
  auto res= 1;
  for ( auto i= n; i >= 1; --i ){
    res *= i;
  }
  return res;
}

              template <int N>
              struct Factorial{
                static int const value= N * Factorial<N-1>::value;
              };

              template <>
              struct Factorial<1>{
                static int const value = 1;
              };
```

图 13.23 修改值与新值

- 元函数使用递归来模拟循环，见图 13.24。

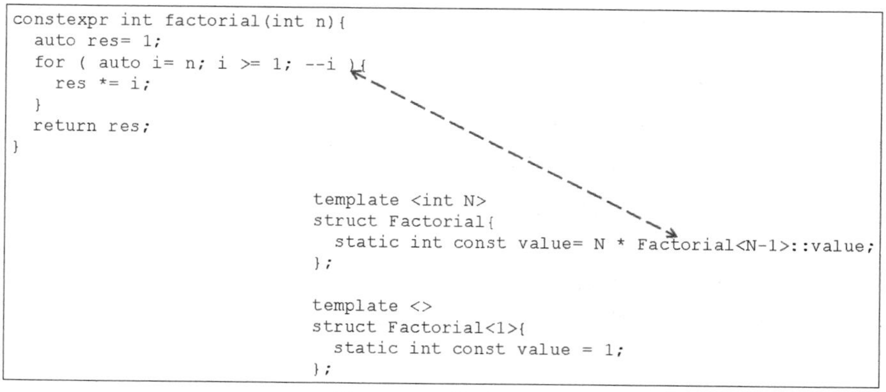

```
constexpr int factorial(int n){
  auto res= 1;
  for ( auto i= n; i >= 1; --i ){
    res *= i;
  }
  return res;
}

              template <int N>
              struct Factorial{
                static int const value= N * Factorial<N-1>::value;
              };

              template <>
              struct Factorial<1>{
                static int const value = 1;
              };
```

图 13.24 递归与循环

- 元函数使用模板的全特化来结束递归，而不是结束条件。此外，元函数使用偏特化或全特化来进行条件执行，比如 `if` 语句，参见图 13.25。

```
constexpr int factorial(int n){
  auto res= 1;
  for ( auto i= n; i >= 1; --i ){
    res *= i;
  }
  return res;
}

                                        template <int N>
                                        struct Factorial{
                                          static int const value= N * Factorial<N-1>::value;
                                        };

                                        template <>
                                        struct Factorial<1>{
                                          static int const value = 1;
                                        };
```

图 13.25 条件执行的模板特化

- 元函数在每次迭代中都会产生一个新值，而不是更新的值 `res`，见图 13.26。

```
constexpr int factorial(int n){
  auto res= 1;
  for ( auto i= n; i >= 1; --i ){
    res *= i;
  }
  return res;
}

                                        template <int N>
                                        struct Factorial{
                                          static int const value= N * Factorial<N-1>::value;
                                        };

                                        template <>
                                        struct Factorial<1>{
                                          static int const value = 1;
                                        };
```

图 13.26 更新值与新值

- 元函数没有 `return` 语句，但使用 `value` 作为返回值，见图 13.27。

```
constexpr int factorial(int n){
  auto res= 1;
  for ( auto i= n; i >= 1; --i ){
    res *= i;
  }
  return res;
}

                                        template <int N>
                                        struct Factorial{
                                          static int const value= N * Factorial<N-1>::value;
                                        };

                                        template <>
                                        struct Factorial<1>{
                                          static int const value = 1;
                                        };
```

图 13.27 模拟返回值

constexpr 函数的优点

除了更容易编写和维护，以及可以在编译期和运行期运行等优点外，constexpr 函数还有一个额外的好处。

```
constexpr double average(double fir , double sec) {
    return (fir + sec) / 2;
}

int main() {
    constexpr double res = average(2, 3);
}
```

constexpr 函数可以处理浮点数，而模板元编程只能接受整数[1]。

13.7 其他规则

有一些关于模板的规则不太适合放在前面几节里，它们主要针对代码质量。

T.140 给所有可能重用的操作命名

老实说，我不太确定为什么这条规则属于模板部分。也许因为模板的目的就是代码重用？C++ Core Guidelines 中的例子使用了 STL 的 std::find_if 算法。考虑到这一点，从代码质量的角度来看，这条规则是非常基础的。

想象一下，你有一个记录的 vector。每条记录由名字、地址和标识符组成。通常，你想找到具有特定名称的记录，但为了更加有挑战性，你还要忽略名称的大小写。

```
// records.cpp

#include <algorithm>
#include <cctype>
#include <iostream>
#include <string>
#include <vector>

struct Rec {                                              // (1)
    std::string name;
    std::string addr;
    int id;
};
```

1 译者注：在 C++20 之前是这样。C++20 允许在非类型模板参数中使用浮点数类型。

```
int main() {

    std::cout << '\n';

    std::vector<Rec> vr{ {"Grimm", "Munich", 1},                    // (2)
                         {"huber", "Stuttgart", 2},
                         {"Smith", "Rottenburg", 3},
                         {"black", "Hanover", 4} };

    std::string name = "smith";

    auto rec = std::find_if(vr.begin(), vr.end(), [&name](Rec& r) {   // (3)
        if (r.name.size() != name.size()) return false;
        for (std::string::size_type i = 0; i < r.name.size(); ++i) {
            if (std::tolower(r.name[i]) != std::tolower(name[i])) return false;
        }
        return true;
    });

    if (rec != vr.end()) {
        std::cout << rec->name << ",  "
                  << rec->addr << ", " << rec->id << '\n';
    }

    std::cout << '\n';

}
```

结构体 `Rec` (1) 只有公共成员；因此，可以使用聚合初始化直接初始化所有成员 (2)。在 (3) 处，我使用了 lambda 表达式来搜索名字为 `"smith"` 的记录。我首先检查两个名字是否具有相同的大小，然后在进行不区分大小写的比较时，检查字符是否相同，参见图 13.28。

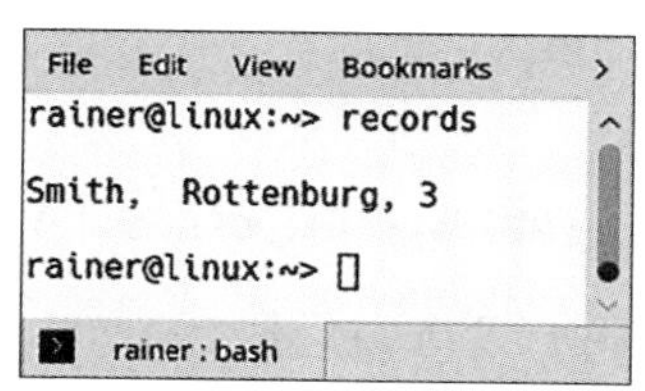

图 13.28　结构体中不区分大小写的搜索

这段代码有什么问题？这种对字符串进行不区分大小写的比较的需求非常普遍，因此，应该把这个解决方案放在它自己的软件实体中，并起一个名字，这样就可以重复使用了。

```
bool compare_insensitive(const std::string& a,
```

```
                        const std::string& b) {                    // (1)
    if (a.size() != b.size()) return false;
    for (std::string::size_type i = 0; i < a.size(); ++i) {
        if (std::tolower(a[i]) != std::tolower(b[i])) return false;
    }
    return true;
}

std::string name = "smith";

auto res = std::find_if(vr.begin(), vr.end(),
    [&name](Rec& r) { return compare_insensitive(r.name, name); }
);

std::vector<std::string> vs{"Grimm", "huber", "Smith", "black"};    // (2)

auto res2 = std::find_if(vs.begin(), vs.end(),
    [&name](std::string& r) { return compare_insensitive(r, name); }
);
```

函数 `compare_insensitive` (1) 为这个通用的概念起了名字。现在，我可以对字符串 `vector` (2) 重复使用这个函数。

T.141 如果只需要在一个地方使用简单的函数对象，使用无名的 lambda 即可

诚然，我经常在课堂上进行这种讨论：什么时候该使用有名字的可调用对象（函数或函数对象）？或，什么时候该用 lambda 表达式？对不起，我没有简单的答案。在这里，代码质量的两条原则是相互矛盾的：

1. 不要重复自己（DRY）。
2. 明确优于隐晦（《Python 之禅》）。

我从 Python 中借鉴了第二点，但这是什么意思呢？想象一下，你的团队里有一位老派的 Fortran 程序员，他会告诉你：“每个名字必须有三个大写字符。”因此，你会得到下面这样的代码。

```
auto EUE = std::remove_if(USE.begin(), USE.end(), IGH);
```

`IGH` 这个名字代表什么？`IGH` 代表 `id` 要大于 100。现在，你必须记录谓词的含义。但如果你使用 lambda，代码就能自我描述了。

```
auto earlyUsersEnd = std::remove_if(users.begin(), users.end(),
                     [](const User &user) { return user.id > 100; });
```

现在待解决的问题是，什么时候该使用有名字的实体（DRY）？或，什么时候该用 lambda 表达式（《Python 之禅》）？我的经验法则是，如果重复使用通用概念三次以上，

那就使用有名字的实体。

T.143　不要在无意中写出非泛型代码

一个简短的例子比一个冗长的解释更能说明问题。在下面的例子里，我对 std::vector、std::deque 和 std::list 进行了遍历。

```
// notGeneric.cpp

#include <deque>
#include <list>
#include <vector>

template <typename Cont>
void justIterate(const Cont& cont) {
    const auto itEnd = cont.end();
    for (auto it = cont.begin(); it < itEnd; ++it) {  // (1)
        // 处理事务
    }
}

int main() {

    std::vector<int> vecInt{1, 2, 3, 4, 5};
    justIterate(vecInt);                              // (2)

    std::deque<int> deqInt{1, 2, 3, 4, 5};
    justIterate(deqInt);                              // (3)

    std::list<int> listInt{1, 2, 3, 4, 5};
    justIterate(listInt);                             // (4)

}
```

代码看起来毫无问题，但当我编译程序时，编译却中断了。我得到了大约一百行错误信息，见图 13.29。

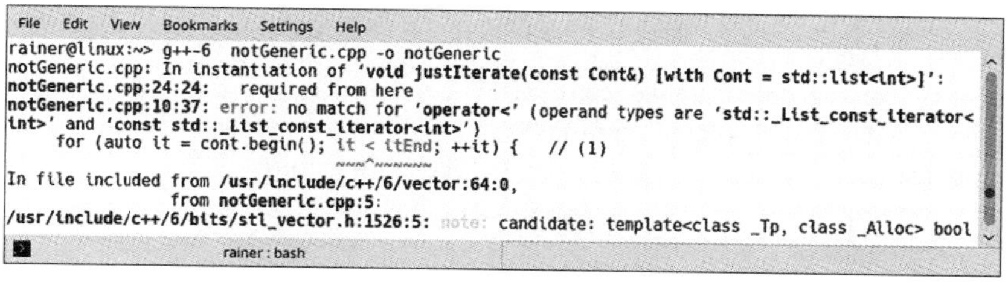

```
File  Edit  View  Bookmarks  Settings  Help
rainer@linux:~> g++-6  notGeneric.cpp -o notGeneric
notGeneric.cpp: In instantiation of 'void justIterate(const Cont&) [with Cont = std::list<int>]':
notGeneric.cpp:24:24:   required from here
notGeneric.cpp:10:37: error: no match for 'operator<' (operand types are 'std::_List_const_iterator<
int>' and 'const std::_List_const_iterator<int>')
     for (auto it = cont.begin(); it < itEnd; ++it) {   // (1)
                                  ~~~^~~~~~~
In file included from /usr/include/c++/6/vector:64:0,
                 from notGeneric.cpp:5:
/usr/include/c++/6/bits/stl_vector.h:1526:5: note: candidate: template<class _Tp, class _Alloc> bool
rainer : bash
```

图 13.29　遍历几个容器

错误信息的开头显示了问题：“notGeneric.cpp:10:37: error: no match for ‘operator<’ (operand types are ‘std::_List_const_iterator<int>’ …)”。

有什么问题？问题出在 (1)。迭代器比较 (1) 对 `std::vector` (2) 和 `std::deque` (3) 有效，但对 `std::list` (4) 无效。每个容器都返回一个代表其结构的迭代器。在 `std::vector` 和 `std::deque` 的情况下，迭代器是一个随机访问迭代器，而在 `std::list` 的情况下，迭代器是一个双向迭代器。不妨查看一下迭代器的分类，会有很大的帮助（见表 13.4）。

表 13.4 迭代器的分类

迭代器类别	属性	容器
前向迭代器	++It, It++, *It	std::unordered_set
		std::unordered_map
	It == It2, It != It2	std::unordered_multiset
		std::unordered_multimap
		std::forward_list
双向迭代器	–It, It–	std::set
		std::map
		std::multiset
		std::multimap
		std::list
随机访问迭代器	It[I]	std::array
	It += n, It -= n	
	It + n, It -n	std::vector
	n + It	
	It + It2	std::deque
	It < It2, It <= It2	
	It < It2, It >= It2	std::string

随机访问迭代器类别是双向迭代器类别的超集，而双向迭代器类别是前向迭代器类别的超集。现在的问题很明显：`std::list` 提供的迭代器不支持 `<` 比较。这个错误很容易修复：每种迭代器都支持 `!=` 比较。

下面是改进后的 `justIterate` 函数模板：

```
template <typename Cont>
void justIterate(const Cont& cont) {
    const auto itEnd = cont.end();
    for (auto it = cont.begin(); it != itEnd; ++it) {
        // 处理事务
    }
}
```

顺便说一下，在容器中显式地循环通常是个坏主意。我所说的“显式”，是指手动增加计数器变量。这是标准模板库算法的工作：应当优先使用算法，而不是原始的循环。

T.144 不要特化函数模板

这条规则很特别。因此，对于是否应该包含这一条，我考虑了很久。最后，我还是将其包括在内，原因有二：首先，它有助于给出模板偏特化的概念；其次，规则很容易理解。

模板特化

模板定义了类和函数族的行为。通常，特殊参数必须单独处理。为了支持这种情况，可以全特化模板。类模板还可以偏特化。

下面的代码片段介绍了总体的思路。

```
template <typename T, int Line, int Column>          // (1)
class Matrix;

template <typename T>                                // (2)
class Matrix<T, 3, 3> {};

template <>                                          // (3)
class Matrix<int, 3, 3> {};
```

(1) 处是主模板，也称为通用模板。这个模板必须至少被声明，而且必须在偏特化或全特化的模板之前声明。(2) 处是偏特化，而 (3) 处是全特化。

为了使你更好地理解偏特化和全特化，我想提出一个直观的解释。想想一个由模板参数组成的 n 维空间。在主模板 (1) 中，你可以选择任意类型和两个任意的 int。在 (2) 处偏特化的情况下，只能选择类型。这种偏特化意味着三维空间被压缩为一条线。相比之下，全特化代表了三维空间中的一个点。

当使用模板时会发生什么？

```
Matrix<int, 3, 3> m1;          // class Matrix<int, 3, 3>

Matrix<double, 3, 3> m2;       // class Matrix<T, 3, 3>

Matrix<std::string, 4, 3> m3;  // class Matrix<T, Line, Column> => 错误
```

m1 使用全特化，m2 使用偏特化，m3 使用主模板。

这里有三条规则，编译器使用这些规则来决定该选择哪个特化：

1. 如果编译器只能匹配到一个特化，那么使用此特化。
2. 如果编译器找到多个特化，那么使用其中最特殊的特化。如果这样的结果不唯一，

那么编译器会报错。

3. 如果编译器没有找到特化，那么它会使用主模板。

现在，我必须解释“A 是比 B 更特殊的模板”是什么意思。以下是 cppreference.com 上的非正式定义：“A 接受的类型是 B 所接受类型的子集。”

在初步概述之后，下面我就可以对函数模板更深入一些了。

函数模板的特化与重载

函数模板既使模板特化的工作变得更加容易，又使其变得更加困难。

- 更容易是因为函数模板仅支持全特化。
- 更困难是因为函数重载会开始发挥作用。

从设计的角度来看，可以使用模板特化或重载来对函数模板进行“特化”。

```
// functionTemplateSpecialization.cpp

#include <iostream>
#include <string>

template <typename T>              // (1)
std::string getTypeName(T) {
    return "unknown type";
}

template <>                        // (2)
std::string getTypeName<int>(int) {
    return "int";
}

std::string getTypeName(double) {  // (3)
    return "double";
}

int main() {

    std::cout << '\n';

    std::cout << "getTypeName(true): " << getTypeName(true) << '\n';
    std::cout << "getTypeName(4711): " << getTypeName(4711) << '\n';
    std::cout << "getTypeName(3.14): " << getTypeName(3.14) << '\n';

    std::cout << '\n';

}
```

(1) 是主模板，(2) 是 `int` 的全特化，(3) 是 `double` 的重载。编译器会推导出类型，然后调用正确的函数或函数模板。在函数重载的情况下，当函数重载非常合适时，编译器会优先选择函数重载而不是函数模板，见图 13.30。

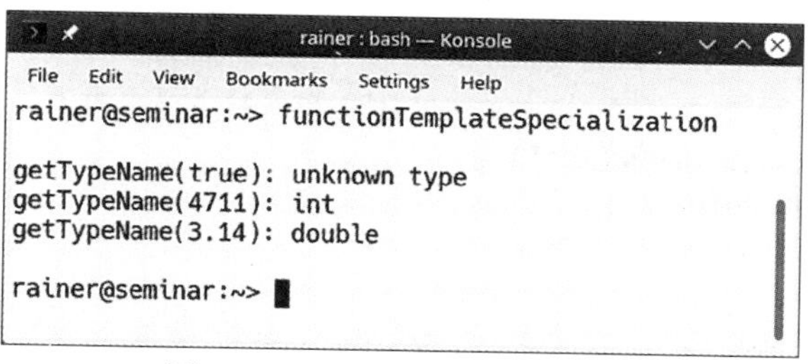

图 13.30　函数模板的特化和重载

现在来看看这条规则的原因。

意外

这条规则的原因很简单：函数模板的特化不参与重载。让我们看看这意味着什么。我的程序是基于 Dimov/Abrahams 的代码片段。

```
// dimovAbrahams.cpp

#include <iostream>
#include <string>

// getTypeName

template<typename T>                    // (1) 主模板
std::string getTypeName(T) {
    return "unknown";
}

template<typename T>                    // (2) 主模板，重载了 (1)
std::string getTypeName(T*) {
    return "pointer";
}

template<>                              // (3) 对 (2) 的显式特化
std::string getTypeName(int*) {
    return "int pointer";
}

// getTypeName2
```

```
template<typename T>              // (4) 主模板
std::string getTypeName2(T) {
    return "unknown";
}

template<>                        // (5) 对 (4) 的显式特化
std::string getTypeName2(int*) {
    return "int pointer";
}

template<typename T>              // (6) 主模板，重载了 (4)
std::string getTypeName2(T*) {
    return "pointer";
}

int main() {

    std::cout << '\n';

    int *p;

    std::cout << "getTypeName(p): " << getTypeName(p) << '\n';
    std::cout << "getTypeName2(p): " << getTypeName2(p) << '\n';

    std::cout << '\n';

}
```

我承认，这段代码看起来相当无聊，但请不要着急。我在 (1) 处定义了主模板 `getTypeName`，(2) 是指针的重载，(3) 是 `int` 指针的全特化。在 `TypeName2` 的情况下，我做了一个小小的改动，把显式特化 (5) 放在了指针重载 (6) 之前，参见图 13.31。

这种重排会带来一些令人惊讶的结果。

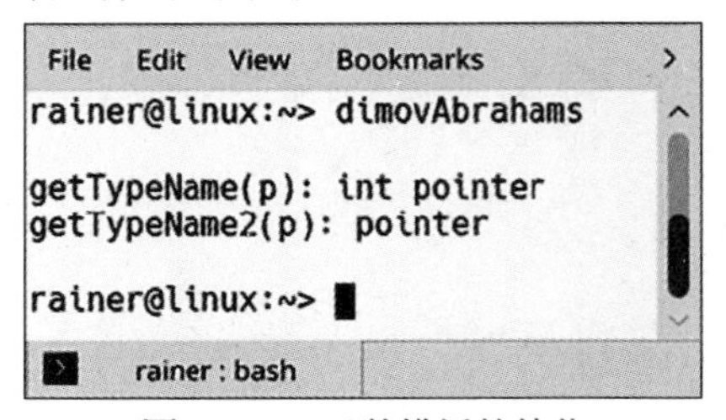

图 13.31 函数模板的特化

在第一种情况下，会调用 `int` 指针的全特化，而在第二种情况下，会调用指针的重载。什么情况？这种非直观的行为的原因是，重载决策忽略了函数模板的特化。重载决策对主模板和函数起作用。在这两种情况下，重载决策都能找到两个主模板。在第一种情况（`getTypeName`）下，指针形式更合适，因此选择了 `int` 指针的显式特化。而在第二种情况（`getTypeName2`）下，也选择了指针形式，但那个全特化属于主模板 (4)。因此，它会被忽略。这就是这条规则建议你不要对函数模板进行特化的原因。

13.8 相关规则

规则“T.84：使用非模板的核心实现来提供 ABI 稳定的接口”已经是之前规则“T.62：将非依赖的类模板的成员置于非模板基类中”的主题。

规则“T.141：如果只需要在一个地方使用简单的函数对象，使用无名的 lambda 即可”提出了 lambda 表达式的用例。关于 lambda 表达式的章节针对该何时使用 lambda 的问题提供了更多信息。

本章精华

重要

- 概念是模板的谓词，在编译期被求值。它们应该模拟语义类别，如 `Arithmetic` 或 `Iterator`，而不是进行语法限制，比如 `HasPlus` 或 `IsInvocable`。
- 使用函数对象将操作传递给算法。与函数相比，它们具有更高的优化潜力和更强的表达能力。此外，它们可以有状态。
- 让编译器推导出模板参数的类型。
- 模板参数应至少为规范或半规范类型。
- 将不依赖于类模板参数的成员放在非模板基类中，以减少代码量。
- 当用户定义类型 `MyType` 需要支持像 `isSmaller` 这样的泛型函数时，有多种可能的方式。可以扩展 `MyType` 并加入所需的操作，可以针对 `MyType` 实现 `isSmaller` 的全特化，也可通过提供特殊的谓词来扩展 `isSmaller`。
- 虚成员函数在类模板中为每个类型进行实例化，因此会导致代码膨胀。成员函数模板不能是虚的。
- 像 `std::make_unique` 这样的工厂函数依赖于 C++11 中的两个强大功能：完美转发和可变模板。得益于完美转发和可变模板，工厂函数可以接受任意数量的参数。这些参数可以是左值或右值。
- C++ 中元编程的三种典型方式是模板元编程、类型特征库和 `constexpr` 函数。优先选择使用 `constexpr` 函数，而后考虑类型特征库，最后考虑模板元编程。
- 如果就地需要简单的操作，可使用 lambda 表达式。给有可能重用的操作起一个名字。

第 14 章

C 风格编程

Cippi 将 C 与 C++ 代码混合在一起

由于 C 和 C++ 的共同历史，这两种语言有着密切的联系。因为它们不是彼此的子集，所以你必须知道一些规则才能混用它们。

C++ Core Guidelines 的这一部分由三条规则组成。这三条规则涵盖了处理老式代码时遇到的典型问题。

CPL.1 优先使用 C++ 而不是 C

不用多说，以下是 C++ Core Guidelines 偏爱 C++ 的原因："C++ 提供（比 C）更好的类型检查和更多的写法支持。它为高级编程提供了更好的支持，并往往生成更快的代码。"

CPL.2 如果必须使用 C，请使用 C 和 C++ 的公共子集，并以 C++ 的方式编译 C 代码

当混合使用 C 和 C++ 时，你必须回答的第一个问题是，你能用 C++ 编译器编译整个代码库吗？

14.1　完整的源代码可用

如果完整的源代码都可用，那就差不多没什么问题了。我说“差不多”，是因为 C 不是 C++ 的子集。下面是一个又小又糟糕的 C 程序，如果用 C++ 编译器，它就会出问题。

```
// cStyle.c

#include <stdio.h>

int main() {

    double sq2 = sqrt(2);                                // (1)

    printf("\nsizeof(\'a\'): %d\n\n", sizeof('a')); // (2)

    char c;
    void* pv = &c;
    int* pi = pv;                                        // (3)

    int class = 5;                                       // (4)

}
```

首先，按 C90 标准编译程序并执行。编译成功，但出现了一些警告（见图 14.1）。

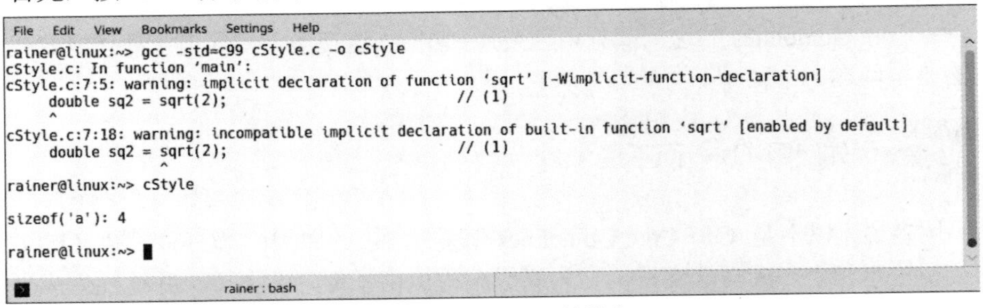

```
File  Edit  View  Bookmarks  Settings  Help
rainer@linux:~> gcc -std=c99 cStyle.c -o cStyle
cStyle.c: In function 'main':
cStyle.c:7:5: warning: implicit declaration of function 'sqrt' [-Wimplicit-function-declaration]
    double sq2 = sqrt(2);                                // (1)
    ^
cStyle.c:7:18: warning: incompatible implicit declaration of built-in function 'sqrt' [enabled by default]
    double sq2 = sqrt(2);                                // (1)
                 ^
rainer@linux:~> cStyle

sizeof('a'): 4

rainer@linux:~> 
rainer : bash
```

图 14.1　C 编译器的警告

程序 cStyle.c 有一些问题：`sqrt` 函数没有声明 (1)；(3) 执行了从 `void` 指针到 `int` 指针的隐式转换；(4) 使用了 `class` 关键字。

让我们看看 C++ 编译器对相同代码的反应，见图 14.2。

```
rainer@linux:~> g++ cStyle.cpp -o cStyle
cStyle.cpp: In function 'int main()':
cStyle.cpp:7:24: error: 'sqrt' was not declared in this scope
     double sq2 = sqrt(2);                              // (1)
                        ^
cStyle.cpp:13:15: error: invalid conversion from 'void*' to 'int*' [-fpermissive]
     int* pi = pv;                                      // (3)
               ^
cStyle.cpp:15:5: error: expected primary-expression before 'int'
     int class = 5;                                     // (4)
     ^
cStyle.cpp:15:5: error: expected ';' before 'int'
rainer@linux:~>
```

图 14.2　C++ 的编译错误

我终于得到了该有的结果：三个编译错误。`cStyle.c` 这个程序显示了 C 和 C++ 编译器之间比较微妙的差别。现将程序简化到 (2) ，即 `printf("\nsizeof(\'a\'): %d\n\n", sizeof('a'));` ，输出结果如图 14.3 所示。

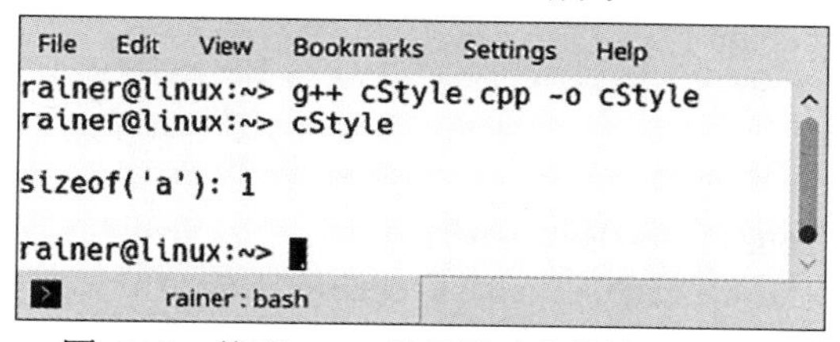

图 14.3　使用 C++ 编译器时字符的不同大小

在 C++ 编译器中，`sizeof('a')`的结果不再是 4（比如在 C 编译器中），而是 1。**在 C 中，`'a'` 是 `int` 类型。**

14.2　没有完整的源代码

下面是一些要点：

1. **使用 C++ 编译器编译 `main` 函数。**与 C 编译器不同，C++ 编译器会生成在 `main` 函数之前执行的额外启动代码。例如，启动代码会调用全局（静态）对象的构造函数。

2. **使用 C++ 编译器链接程序。**在使用 C++ 编译器链接程序时，它会把 C++ 标准库自动链接进来。

3. **使用来自同一供应商的 C 和 C++ 编译器，它们应该具有相同的调用约定。**调用约定规定了编译器在访问函数时该如何进行设置。这包括参数的分配顺序、参数的传递方式，以及是由调用方还是被调用方处理栈。请在维基百科上参阅 x86 调用约定的完整细节，网址为 https://en.wikipedia.org/wiki/X86_calling_conventions。

CPL.3　如果必须使用 C 作为接口，则在调用此类接口的代码里使用 C++

与 C 相比，C++ 支持函数重载。这意味着可以定义名称相同但参数不同的函数。

编译器在调用函数时选择正确的函数。

```
// functionOverloading.cpp

#include <iostream>

void print(int) {
    std::cout << "int" << '\n';
}

void print(double) {
    std::cout << "double" << '\n';
}

void print(const char*) {
    std::cout << "const char* " << '\n';
}

void print(int, double, const char*) {
    std::cout << "int, double, const char* " << '\n';
}


int main() {

    std::cout << '\n';

    print(10);
    print(10.10);
    print("ten");
    print(10, 10.10, "ten");

    std::cout << '\n';

}
```

输出正如预期（见图 14.4）。

现在值得关注的问题是，C++ 编译器是如何区分各种函数的呢？C++ 编译器将参数的类型和数目编码到函数名称中，这个过程被称为“名字重编”，并且每个 C++ 编译器都可能有自己的特定方式。这一过程没有被标准化，也常常被称作“名字修饰”。

借助 Compiler Explorer，我们很容易看到 `functionOverloading.cpp` 中被重编的名称，你只需要禁用 Demangle 按钮。

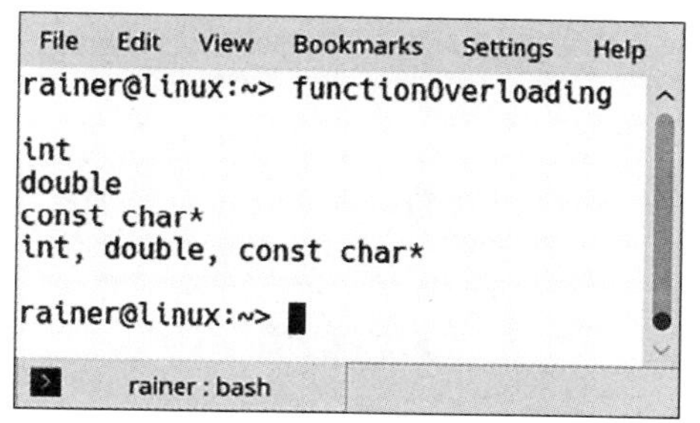

图 14.4　函数重载

表 14.1 展示了在 GCC 8.3 和 MSVC 19.16 中函数名字是如何重编的。

表 14.1　名字重编

函数	GCC 8.3	MSVC 19.16
print(int)	_Z5printi	?print@@YAXH@Z
print(double)	_Z5printd	?print@@YAXN@Z
print(const char*)	_Z5printPKc	?print@@YAXPEBD@Z
print(int, double, const char*)	_Z5printidPKc	?print@@YAXHNPEBD@Z

通过使用 `extern "C"` 链接说明符，可以防止 C++ 编译器重编这些名字。这样，你既可以从 C++ 调用 C 函数，也可从 C 调用 C++ 函数。

可以把 `extern "C"` 用在：

- 每个函数前。

```
extern "C" void foo(int);
```

- 一个作用域内的每个函数。

```
extern "C" {
    void foo(int);
    double bar(double);
}
```

- 整个头文件（通过使用包含防护宏）。当使用 C++ 编译器时，宏 `__cplusplus` 会被定义。

```
#ifdef __cplusplus
extern "C" {
#endif
    void foo(int);
    double bar(double);
    .
    .
    .
#ifdef __cplusplus
```

```
}
#endif
```

本章精华

重要

- 如果必须支持 C 代码，请使用 C++ 编译器编译 C 代码。如果不可能那样做，请使用 C++ 编译器编译 `main` 函数，并使用 C++ 链接器链接程序。使用同一供应商的 C 和 C++ 编译器。
- 通过使用 `extern "C"` 链接说明符，可以防止 C++ 编译器重编名字。这样，你既可以从 C++ 调用 C 函数，也可从 C 调用 C++ 函数。

第 15 章

源　文　件

Cippi 在抛接源文件

在 C++20 中我们有了模块，但在用模块之前，我们应该区分代码的实现和接口。

C++ Core Guidelines 对源文件的观点非常明确："区分声明（用作接口）和定义（用作实现）。使用头文件表示接口并强调逻辑结构。"因此，关于源文件的规则有十多条。大多数规则都相当简略。开头的规则关注接口和实现文件，其余规则讨论命名空间。

15.1 接口和实现文件

声明或接口通常在 `*.h` 文件中，定义或实现则在 `*.cpp` 文件中。

SF.1 如果你的项目还没有采用其他约定，那代码文件使用 `.cpp` 后缀，接口文件使用 `.h` 后缀

当你有 C++ 项目时，头文件应该命名为 `*.h`，而实现文件应该命名为 `*.cpp`。不过，如果你的项目已经采纳其他策略，现有惯例优先于此规则。

我经常看到关于头文件和实现文件命名的其他约定。以下是我能想到的一些：

- 头文件

  `*.h`
  `*.hpp`
  `*.hxx`
  `*.inl`

- 实现文件

  `*.cpp`
  `*.c`
  `*.cc`
  `*.cxx`

SF.2 `.h` 文件不可含有对象定义或非内联函数定义

如果你的头文件含有对象定义或非内联函数的定义，你的链接器可能会抱怨。这种抱怨就是这条规则产生的原因。更具体地说，C++ 有“单一定义规则”。

单一定义规则

ODR 是 One Definition Rule（单一定义规则）的缩写。下面是它在函数方面的规定：

- 一个函数在任何翻译单元中不能有一个以上的定义。
- 一个函数在程序中不能有一个以上的定义。
- 有外部链接的内联函数可以在一个以上的翻译单元中被定义。这些定义必须满足一个要求：它们全部相同。

在现代编译器中，`inline` 这个关键词相当具有误导性。现代编译器几乎完全忽略了它。`inline` 的典型用例是为了 ODR 正确性而对函数进行标记。

让我们看看当我试图链接一个破坏 ODR 的程序时，我的链接器会怎么说。下面的代码例子有一个头文件（`header.h`）和两个实现文件。每个实现文件都包含这个头文件，因为存在 `func` 的两个定义，所以它破坏了 ODR 规则。

```
// header.h

void func(){}
// impl.cpp
```

```
#include "header.h"
// main.cpp

#include "header.h"

int main() {}
```

链接器在这个具体例子中会抱怨函数 func 有多个定义，参见图 15.1。

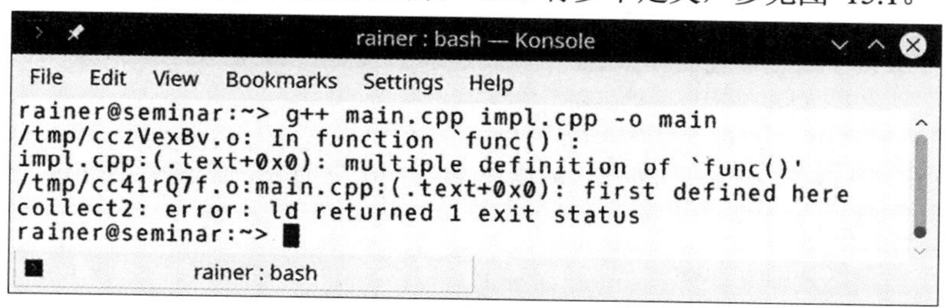

图 15.1 函数的多个定义

SF.5 .cpp 文件必须包含定义其接口的 .h 文件

有趣的问题来了：如果你没有在 *.cpp 文件中包含 *.h 文件，并且接口文件 *.h 和实现文件 *.cpp 之间存在不匹配，这时会发生什么呢？

假设我今天心情糟糕。我定义了一个函数 func，它接受 int 并返回 int 值。

```
// impl.cpp

// #include "impl.h" (1)

int func(int) {
    return 5;
}
```

我的错误是，我在头文件 impl.h 中声明了这个函数，接受 int，但返回了 std::string。

```
// impl.h

#include <string>

std::string func(int);
```

我使主程序中包含这个头文件，因为我想在主程序中调用这个函数。

```
// main.cpp

#include "impl.h"
```

```
int main() {

    auto res = func(5);

}
```

问题是，在程序构建时，这个错误会延迟到链接时才暴露，见图 15.2。这太晚了。

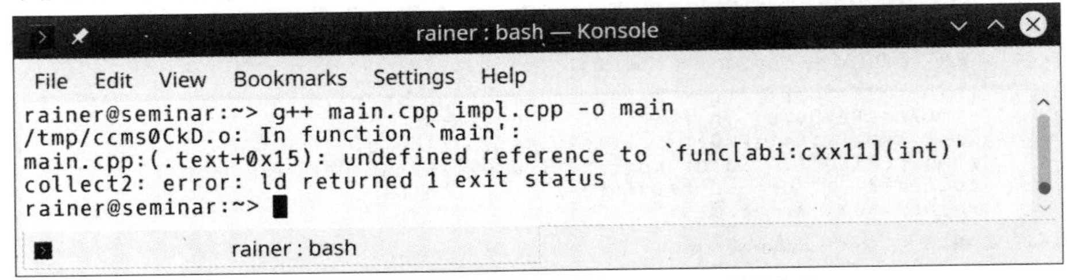

图 15.2 函数声明和定义不匹配导致的链接错误

当 impl.cpp (1) 中包含头文件 impl.h 时，我将会得到编译期错误，见图 15.3。

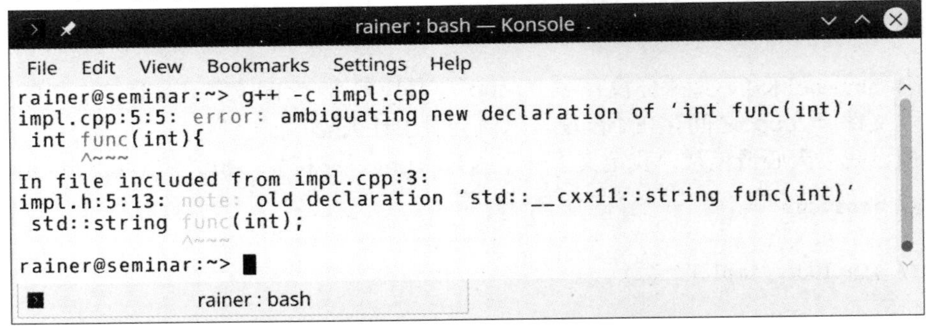

图 15.3 函数声明和定义不匹配导致的编译错误

SF.8 为所有的 .h 文件使用 #include 防护宏

通过在头文件首尾放置包含防护宏，头文件就只会被包含一次。下面是 C++ Core Guidelines 中的一个小示例。

```
// 文件 foobar.h:
#ifndef LIBRARYNAME_FOOBAR_H
#define LIBRARYNAME_FOOBAR_H
// ... 声明 ...
#endif // LIBRARYNAME_FOOBAR_H
```

有两点需要注意：

- 给你的防护宏一个唯一的名字。如果你多次使用同一个防护宏名字，可能导致本应包含的头文件被排除在外。
- `#pragma` 预处理指令不标准，但广泛受到支持。这个 pragma 指令意味着下面这种头文件 `foobar.h` 的写法是不可移植的。

```
// 文件 foobar.h:
#pragma once

// ... 声明 ...
```

SF.9 避免源文件间的循环依赖

什么是源文件之间的循环依赖？假设你有以下源文件：

```
// a.h

#ifndef LIBRARY_A_H
#define LIBRARY_A_H
#include "b.h"

class A {
  B b;
};

#endif // LIBRARY_A_H
// b.h

#ifndef LIBRARY_B_H
#define LIBRARY_B_H
#include "a.h"

class B {
  A a;
};

#endif // LIBRARY_B_H
// main.cpp

#include "a.h"

int main() {
  A myA;
}
```

程序的编译失败（见图 15.4）。

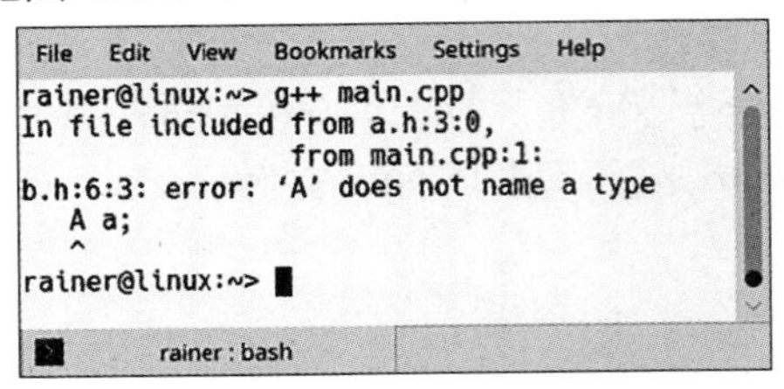

图 15.4　源文件间的循环依赖

问题是，头文件 a.h 和 b.h 之间存在循环依赖关系。当在主程序中创建 myA 时，问题就会显现出来。要创建类型 A 的对象，编译器就必须计算出类型 B 的对象的大小。要创建类型 B 的对象，编译器则必须计算出 A 的大小。如果 A 类型和 B 类型的各自成员 a 或 b 是对象，这是不可能的。只有当 a 或 b 之一是指针或引用时，才可能确定大小。

因此，直接的解决方法是，在 b.h 中前置声明 A，或在 a.h 中前置声明 B。根据你的平台，引用或指针的大小为 32 或 64 位。下面是修改后的头文件 a.h：

```
#ifndef LIBRARY_A_H
#define LIBRARY_A_H

class B;

class A {
  B* b;
  B& b2 = *b;
};

#endif // LIBRARY_A_H
```

标准库头文件 <iosfwd> 中有标准输入/输出库的前置声明。

SF.10　避免对隐含 #include 进来的名字的依赖

例如，以下程序使用 GCC 5.4 时可以编译，但若使用微软编译器 19.00.23506 版本，则会失败。

```
#include <iostream>

int main() {

    std::string s = "Hello World";
    std::cout << s;

}
```

我忘了将必要的头文件 `<string>`放入程序中。GCC 5.4 在头文件 `<iostream>` 中包含了 `<string>`，但在微软的编译器中则没有发生这种自动包含的情况。

SF.11 头文件应当是自包含的

这条规则很简略，但很重要。一个自包含的头文件可被包含在翻译单元的**最上面**。自包含的意思是，头文件不依赖于之前包含的其他头文件。如果你不遵循这条规则，使用你头文件的用户可能会被难以理解的错误信息吓到。有时头文件似乎能工作，有时不能。这仅取决于之前包含了哪个头文件。

15.2 命名空间

命名空间为标识符提供作用域。标识符可以是类型、函数或变量的名称。

SF.6 （仅）对代码迁移、基础程序库（比如 std）或者在局部作用域中使用 using namespace 指令

说实话，我想重新表述一下这条规则：不要像下面的例子那样使用 `using namespace` 指令。

```
#include <cmath>
using namespace std;

int g(int x) {
    int sqrt = 7;
    // ...
    return sqrt(x); // 出错
}
```

该程序不能编译，因为有名字冲突的问题。这还不是我反对 `using` 指令的主要原因。我的主要论点是， `using` 指令隐藏了名称的来源，且破坏了代码的可读性。

```
// namespaceDirective.cpp

#include <iostream>
#include <chrono>

using namespace std;
using namespace std::chrono;
using namespace std::literals::chrono_literals;
```

```
int main() {

  cout << '\n';

  auto schoolHour = 45min;

  auto shortBreak = 300s;
  auto longBreak = 0.25h;

  auto schoolWay = 15min;
  auto homework = 2h;

  auto schoolDayInSec = 2 * schoolWay + 6 * schoolHour +
                        4 * shortBreak + longBreak + homework;

  cout << "School day in seconds: " << schoolDayInSec.count() << endl;

  duration<double, ratio<3600>> schoolDayInHours = schoolDayInSec;
  duration<double, ratio<60>> schoolDayInMin = schoolDayInSec;
  duration<double, ratio<1, 1000>> schoolDayInMilli = schoolDayInSec;

  cout << "School day in hours: " << schoolDayInHours.count() << endl;
  cout << "School day in minutes: " << schoolDayInMin.count() << endl;
  cout << "School day in milliseconds: "
       << schoolDayInMilli.count() << endl;

  cout << endl;

}
```

你能记住哪个函数或对象是在哪个 namespace 中声明的吗？如果不能，那么寻找定义可能会是个挑战。如果你是新手，这一点会尤为明显。

在这个例子中，只有内置的字面量（如 45min 或 300s）是不需要解释的。下面是个合适的程序，这次没有对 std 和 std::chrono 使用 using 指令。

```
// namespaceDirectiveRemoved.cpp

#include <iostream>
#include <chrono>

using namespace std::literals::chrono_literals;

int main() {

  std::cout << std::endl;
```

```
    auto schoolHour = 45min;

    auto shortBreak = 300s;
    auto longBreak = 0.25h;

    auto schoolWay = 15min;
    auto homework = 2h;

    auto schoolDayInSec = 2 * schoolWay + 6 * schoolHour +
                          4 * shortBreak + longBreak + homework;

    std::cout << "School day in seconds: "
              << schoolDayInSec.count() << std::endl;

    std::chrono::duration<double, std::ratio<3600>> schoolDayInHours =
      schoolDayInSec;
    std::chrono::duration<double, std::ratio<60>> schoolDayInMin =
      schoolDayInSec;
    std::chrono::duration<double, std::ratio<1, 1000>> schoolDayInMilli =
      schoolDayInSec;

    std::cout << "School day in hours: "
              << schoolDayInHours.count() << std::endl;
    std::cout << "School day in minutes: "
              << schoolDayInMin.count() << std::endl;
    std::cout << "School day in milliseconds: "
              << schoolDayInMilli.count() << std::endl;

    std::cout << std::endl;

}
```

SF.7 不要在头文件的全局作用域中使用 using namespace

以下是这一重要规则的基本原理。

头文件中全局作用域的 using namespace 会将名字注入包括该头文件的每个文件中。这种注入有一些不好的后果：

- 当你使用这个头文件时，你无法再撤销其中的 using 指令。
- 名字冲突的可能性急剧增加。
- 对被包含的 namespace 的改变可能会破坏你的编译，比如因为其中引入了一个新的名字。

SF.20 使用 namespace 表示逻辑结构

很明显，在 C++ 标准中我们用命名空间来表示逻辑结构。这里有几个例子：

```
std
std::chrono
std::literals
std::literals::chrono_literals
std::filesystem
std::placeholders

std::view      // C++20
```

SF.21 不要在头文件中使用无名（匿名）命名空间

以及

SF.22 为所有的内部/不导出的实体使用无名（匿名）命名空间

无名 namespace 使用内部链接。内部链接意味着无名 namespace 内的名称只能在当前的翻译单元内引用，而不能导出。这同样适用于在无名 namespace 中声明的名称。那是什么意思呢？

```
namespace {
    int i;  // 定义 ::(唯一名称)::i
}
void inc() {
    i++;  // 自增 ::(唯一名称)::i
}
```

当你在翻译单元内引用 i 时，你是通过一个隐含的唯一名称来进行的，该名称为当前编译单元所特有，因此，不会有名称冲突。例如，你可以在匿名 namepspace 内定义一个 add 函数，而链接器不会对此进行抱怨。这种情况下，即使你的头文件被包含了不止一次，你也不会违反“单一定义规则”。

当你在头文件中使用无名 namespace 时，每个翻译单元都定义了这个无名 namespace 的唯一实例。头文件中的无名 namespace 会导致：

- 所产生的可执行文件大小会膨胀。
- 无名 namespace 中的任何声明都是指每个翻译单元中的不同实体。这可能不是所期望的行为。

无名 namespace 的用法类似于 C 语言里使用的 static 关键字。

```
namespace { int i1; }
static int i2;
```

本章精华

重要

- 头文件不应包含对象定义或非内联函数。它们应该是自包含的，并有 `#include` 防护宏。不要在头文件中使用 `using namespace`。
- 源文件应该包含必要的头文件，并避免循环依赖。
- 命名空间应该表达软件的逻辑结构。如果可能的话，应当避免使用 `using namespace` 指令以提升可读性。

第 16 章

标 准 库

Cippi 欣赏 ISO 标准

尽管标准库至关重要，但本节的介绍并不详尽。许多规则被遗漏了，提到的规则也往往太简略，另一些规则已经是 C++ Core Guidelines 其他部分的主题。因此，在必要的时候，我会用额外的信息来补充这些规则。

16.1 容器

让我从一条重要的规则开始。

SL.con.1 优先采用 STL 的 array 或 vector 而不是 C 数组

假设你了解 `std::vector`。为什么要选择 `std::vector` 而不是 C 数组呢？

std::vector

与 C 数组相比，std::vector 的一大优势是可以自动管理内存。当然，所有的标准容器都是如此。下面的程序可以让我们对 std::vector 的自动内存管理进行近距离观察。

```
// vectorMemory.cpp

#include <iostream>
#include <string>
#include <vector>

template <typename T>
void showInfo(const T& t, const std::string& name) {

  std::cout << name << " t.size(): " << t.size() << '\n';
  std::cout << name << " t.capacity(): " << t.capacity() << '\n';

}

int main() {

  std::cout << '\n';

  std::vector<int> vec;                                         // (1)

  std::cout << "Maximal size: " << '\n';
  std::cout << "vec.max_size(): " << vec.max_size() << '\n'; // (2)
  std::cout << '\n';

  std::cout << "Empty vector: " << '\n';
  showInfo(vec, "Vector");
  std::cout << '\n';

  std::cout << "Initialized with five values: " << '\n';
  vec = {1,2,3,4,5};
  showInfo(vec, "Vector");                                      // (3)
  std::cout << '\n';

  std::cout << "Added four additional values: " << '\n';
  vec.insert(vec.end(),{6,7,8,9});
  showInfo(vec,"Vector");                                       // (4)
  std::cout << '\n';

  std::cout << "Resized to 30 values: " << '\n';
```

```
    vec.resize(30);
    showInfo(vec,"Vector");                             // (5)
    std::cout << '\n';

    std::cout << "Reserved space for at least 1000 values: " << '\n';
    vec.reserve(1000);
    showInfo(vec,"Vector");                             // (6)
    std::cout << '\n';

    std::cout << "Shrinked to the current size: " << '\n';
    vec.shrink_to_fit();                                // (7)
    showInfo(vec,"Vector");

}
```

为了避免打字，我写了一个小函数 showInfo。showInfo 打印出该 vector 的大小和容量。vector 的大小是指它的元素数；容器的容量是指一个 vector 在没有额外的内存分配的情况下可以容纳的元素数。因此，一个 vector 的容量至少要和它的大小一样大。可以用方法 resize 来调整一个 vector 的大小；也可以用成员函数 reserve 来调整一个容器的容量。

让我们回到源代码，从上往下看。在 (1) 处，我创建了一个空 vector，之后，程序显示了该 vector 最多可以放多少个元素 (2)，每次操作后，我都会输出其大小和容量：vector 的初始化 (3)，增加四个新元素 (4)，将容器的大小调整为 30 个元素 (5)，以及为至少 1000 个元素保留额外的内存 (6)。在 C++11 中，你可以用成员函数 shrink_to_fit (7) 来缩小 vector，它将 vector 的容量设置为跟它的大小一样。

在展示图 16.1 中的程序输出之前，我有几点需要说明。

- 容器大小和容量的调整是自动完成的。不需要使用任何像 new 和 delete 那样的内存操作。
- 通过调用成员函数 vec.resize(n)，如果 n > vec.size()，那么 vec 这个 vector 里面的元素会默认初始化。
- 通过使用成员函数 vec.reserve(n)，如果 n > vec.capacity()，那么容器 vec 会获得至少能容纳 n 个元素的新内存。
- shrink_to_fit 的调用是没有约束力的。这意味着 C++ 运行时并非必须按容器的大小来调整其容量。但是到目前为止，我在 GCC、Clang 或 cl.exe 中用到的成员函数 shrink_to_fit 总是会释放不必要的内存。

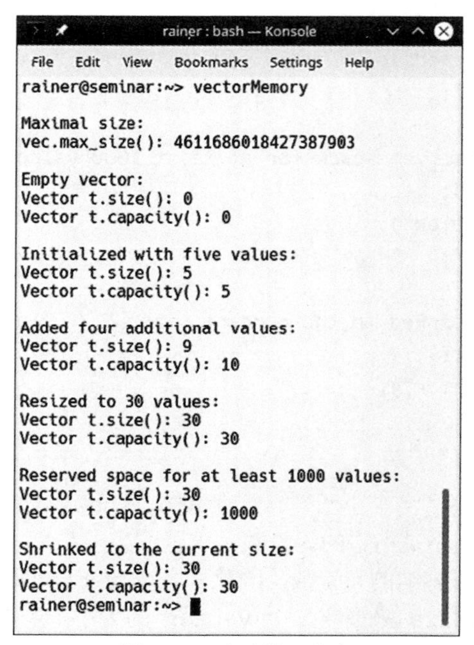

图 16.1　自动管理内存

std::array

让我们先看看 C 数组和 C++ 数组之间有什么区别。

std::array 结合了两个世界的优点。一方面，std::array 具有 C 数组的大小和效率；另一方面，std::array 具有 std::vector 那样的接口。

我的小程序比较了 C 数组、C++ 数组（std::array）和 std::vector 的内存效率，参见图 16.2。

```
// sizeof.cpp

#include <iostream>
#include <array>
#include <vector>

int main() {

  std::cout << '\n';

  std::cout << "sizeof(int)= " << sizeof(int) << '\n';

  std::cout << '\n';

  int cArr[10] = {1, 2, 3, 4, 5, 6, 7, 8, 9, 10};
```

```
    std::array<int, 10> cppArr = {1, 2, 3, 4, 5, 6, 7, 8, 9, 10};

    std::vector<int> cppVec = {1, 2, 3, 4, 5, 6, 7, 8, 9, 10};

    std::cout << "sizeof(cArr)= " << sizeof(cArr) << '\n';     // (1)

    std::cout << "sizeof(cppArr)= " << sizeof(cppArr) << '\n'; // (2)

                                                                // (3)
    std::cout << "sizeof(cppVec) = " << sizeof(cppVec) + sizeof(int)
                                 * cppVec.capacity() << '\n';
    std::cout << "              = sizeof(cppVec): "
              << sizeof(cppVec) << '\n';
    std::cout << "              + sizeof(int)* cppVec.capacity(): "
              << sizeof(int)* cppVec.capacity() << '\n';

    std::cout << '\n';

}
```

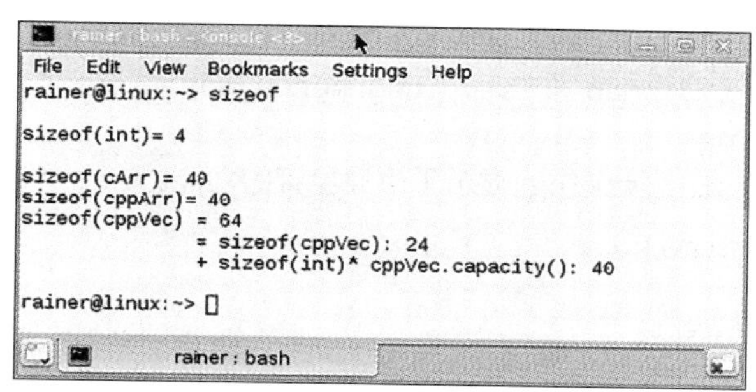

图 16.2 C 数组、C++ 数组和 std::vector 的大小

C 数组 (1) 和 C++ 数组 (2) 都占用了 40 个字节，这正好是 sizeof(int) * 10。相比之下，std::vector 需要额外的 24 字节 (3) 来管理它在堆上的数据。

这是 std::array 的 C 部分，另外，std::array 在很大程度上支持 std::vector 的接口。特别是，支持 std::vector 的接口意味着 std::array 知道自己的长度。

SL.con.2 默认应优先采用 STL 的 vector，除非有理由使用别的容器

如果你想在运行期向你的容器中添加元素或从你的容器中删除元素，请使用 std::vector；否则，请使用 std::array。此外，std::vector 可以比 std::array 大得多，因为它的元素会放在堆里。std::array 使用的缓冲区则和使用它的上下文在一起。

std::array 和 std::vector 具有以下优点：

- 最快的通用访问（随机访问，包括对 CPU 向量化友好）。
- 最快的默认访问模式（从头到尾或从尾到头的访问对 CPU 缓存预取友好）。
- 最低的空间开销（连续布局的每个元素额外开销为零，对 CPU 缓存友好）。

std::array 和 std::vector 支持索引操作符，本质上就是指针算术。因此，第一个优点是明显的。第二个优点在关于性能的章节中讨论过。请阅读规则“Per.19：以可预测的方式访问内存”中的细节。上一条规则“SL.con.1：优先采用 STL 的 array 或 vector 而不是 C 数组”已经涵盖了第三个优点。std::array 的大小与 C 数组相当，而 std::vector 增加了 24 字节。

SL.con.3 避免边界错误

C 数组并没有为检测边界错误提供什么帮助。漏进行的 C 数组边界检查可能会在被发现前存在太久。第 8 章中的规则“ES.103：避免上溢”和“ES.104：避免下溢”清楚地阐明了这种风险。

C 数组本身不支持检测边界错误。而 STL 的许多容器都支持一个检查边界的 at 成员函数。在访问一个不存在的元素的情况下，会抛出一个 std::out_of_range 异常。下面的容器都有一个带边界检查的 at 成员函数。

- 序列容器：std::array、std::vector 和 std::deque
- 关联容器：std::map 和 std::unordered_map
- std::string

下面例子中的 std::string 显示了边界检查的功能。

```
// stringBoundsCheck.cpp

#include <stdexcept>
#include <iostream>
#include <string>

int main() {

    std::cout << '\n';

    std::string str("1123456789");

    str.at(0) = '0';                                // (1)

    std::cout << str << '\n';

    std::cout << "str.size(): " << str.size() << '\n';
    std::cout << "str.capacity() = " << str.capacity() << '\n';

    try {
```

```
        str.at(12) = 'X';                        // (2)
    }
    catch (const std::out_of_range& exc) {
        std::cout << exc.what() << '\n';
    }

    std::cout << '\n';

}
```

可将字符串 `str` 的第一个字符设置为 `'0'` (1)，但若访问长度之外的字符，则会导致错误。甚至如果访问的元素在 `std::string` 容量之内但在长度之外，同样会抛异常。

- `std::string str` 的长度是 `str` 的元素个数。
- `str` 的容量是指 `str` 在不分配额外内存的情况下可以拥有的元素个数。

用 GCC 8.2 编译该程序并执行，会产生一个相当明确的错误信息，见图 16.3。

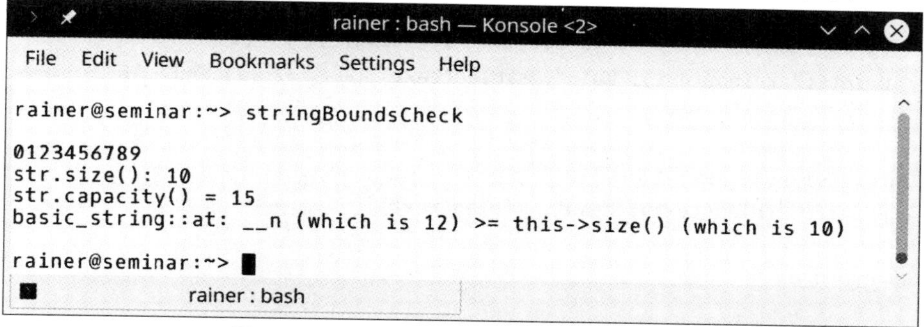

图 16.3 访问 `std::string` 中不存在的元素

16.2 文本

文本有很多种，呈现文本的方式也有很多。在深入探讨规则之前，请参考表 16.1 给出的概述。

表 16.1 各种类型的文本

文本	语义	规则
std::string	拥有一个字符序列	SL.str.1
std::string_view	指向一个字符序列	SL.str.2
char*	指向单个字符	SL.str.4
std::byte	描述字节值（不一定是字符）	SL.str.5

总结一下，只有 std::string 是一个所有者，其他的都是指向已有的文本。

SL.str.1　使用 std::string 来拥有字符序列

也许你知道另一种拥有字符序列的字符串：C 字符串。不要使用 C 字符串！为什么？因为你必须手动处理内存管理、字符串终止符和字符串的长度。

```
// stringC.c

#include <stdio.h>
#include <string.h>

int main( void ) {

  char text[10];

  strcpy(text, "The Text is too long for text."); // (1) 太长
  printf("strlen(text): %u\n", strlen(text));     // (2) 漏了 '\0'
  printf("%s\n", text);

  text[sizeof(text)-1] = '\0';
  printf("strlen(text): %u\n", strlen(text));

  return 0;

}
```

这个简单的程序 stringC.c 中含有未定义行为 (1) 和 (2)，见图 16.4。看起来可以用陈旧的 GCC 4.8 编译它。

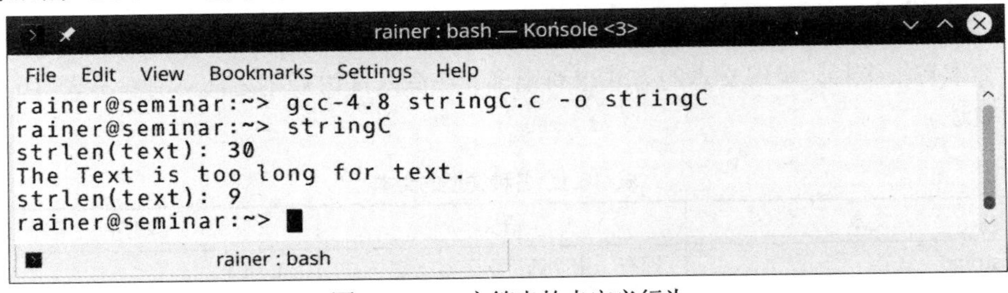

图 16.4　C 字符串的未定义行为

而等效的 C++ 版本则没有这个问题。

```
// stringCpp.cpp

#include <iostream>
#include <string>
```

```
int main() {

    std::string text{"The Text is not too long."};

    std::cout << "text.size(): " << text.size() << '\n';
    std::cout << text << '\n';

    text +=" And can still grow!";

    std::cout << "text.size(): " << text.size() << '\n';
    std::cout << text << '\n';

}
```

在 C++ 字符串的情况下，你不会犯错，因为 C++ 运行时会处理内存管理和终止符。此外，如果你用 `at` 成员函数（而不是索引运算符）来访问 C++ 字符串的元素，就会自动检测到边界错误。请参阅“SL.con.3：避免边界错误”中关于 `at` 成员函数的细节。

SL.str.2 使用 std::string_view 来指向字符序列

`std::string_view` 指向一个字符序列。说得更明确些，`std::string_view` 并不拥有该字符序列。它代表的是一个字符序列的视图。这个字符序列可以是一个 C++ 字符串或 C 字符串。`std::string_view` 需要两样信息：指向字符序列的指针和长度。它支持 `std::string` 接口的读取部分。除了 `std::string` 之外，`std::string_view` 还有两个修改操作：`remove_prefix` 和 `remove_suffix`。

`std::string_view` 在内存分配方面优点很突出。

```
// stringView.cpp; C++20

#include <cassert>
#include <iostream>
#include <string>

#include <string_view>

void* operator new(std::size_t count) {                         // (1)
  std::cout << " " << count << " bytes" << '\n';
  return malloc(count);
}

void getString(const std::string& str) {}

void getStringView(std::string_view strView) {}
```

```
int main() {

  std::cout << '\n';

  std::cout << "std::string" << '\n';
                                                              // (2)
  std::string large = "0123456789-123456789-123456789-123456789";
  std::string substr = large.substr(10);                      // (2)

  std::cout << '\n';

  std::cout << "std::string_view" << '\n';
                                                              // (3)

  std::string_view largeStringView{large.c_str(), large.size()};
  largeStringView.remove_prefix(10);                          // (3)

  assert(substr == largeStringView);

  std::cout << '\n';

  std::cout << "getString" << '\n';

  getString(large);
  getString("0123456789-123456789-123456789-123456789");     // (2)
  const char message []= "0123456789-123456789-123456789-123456789";
  getString(message);                                         // (2)

  std::cout << '\n';

  std::cout << "getStringView" << '\n';

  getStringView(large);                                       // (3)
  getStringView("0123456789-123456789-123456789-123456789");
  getStringView(message);                                     // (3)

  std::cout << '\n';

}
```

我重载了全局 operator new (1) 来追踪每一个内存分配。(2) 会发生内存分配，但 (3) 却没有，参见图 16.5。

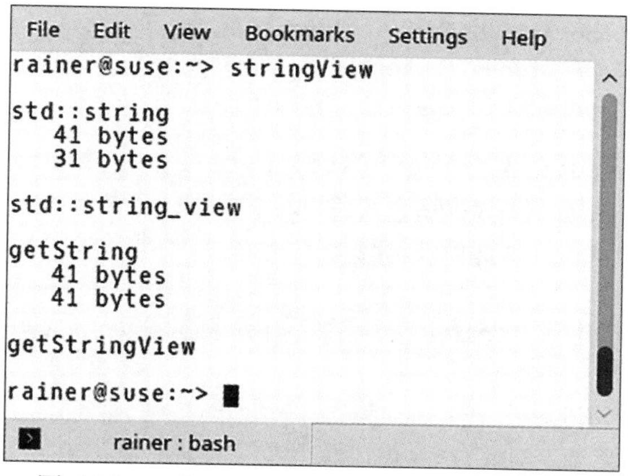

```
File   Edit   View   Bookmarks   Settings   Help
rainer@suse:~> stringView

std::string
   41 bytes
   31 bytes

std::string_view

getString
   41 bytes
   41 bytes

getStringView

rainer@suse:~>
rainer : bash
```

图 16.5　std::string_view 不会进行内存分配

SL.str.4　用 char* 来指向单个字符

如果你不遵循这条规则，使用 const char* 作为 C 字符串，你可能会遇到类似下面的严重问题。

```
char arr[] = {'a', 'b', 'c'};

void print(const char* p) {
    std::cout << p << '\n';
}

void use() {
    print(arr); // 未定义行为
}
```

arr 在充当函数 print 的参数时退化为一个指针。问题是，arr 不是零结尾的。调用 print(arr) 有未定义行为。

SL.str.5　使用 std::byte 来指向未必表示字符的字节值

std::byte（C++17）是实现 C++ 语言定义中规定的字节概念的一个独立类型。这意味着字节既不是整数，也不是字符。它的作用是访问对象存储。std::byte 的接口包含了比特位逻辑操作的方法。

```
template <class IntType>
    constexpr byte operator << (byte b, IntType shift);
template <class IntType>
    constexpr byte operator >> (byte b, IntType shift);
constexpr byte operator | (byte l, byte r);
```

```
constexpr byte operator & (byte l, byte r);
constexpr byte operator ~ (byte b);
constexpr byte operator ^ (byte l, byte r);
```

可以使用函数 `std::to_integer(std::byte b)` 将 `std::byte` 转换为整数类型，也可以用 `std::byte{integer}` 进行反向转换。这里 `integer` 必须是一个小于 `std::numeric_limits<unsigned char>::max()` 的非负值。

SL.str.12 对当作标准库 string 使用的字符串字面量使用后缀 s

在 C++14 之前，没办法不用 C 字符串来创建 C++ 字符串。这很奇怪，因为我们想摆脱 C 字符串的束缚。到了 C++14，我们有了 C++ 字符串字面量，它们是 C 字符串字面量加上后缀 s：`"cStringLiteral"s`。

让我给你看一个例子来说明我的观点：C 字符串字面量和 C++ 字符串字面量是不同的。

```
// stringLiteral.cpp

#include <iostream>
#include <string>
#include <utility>

int main() {

    std::string hello = "hello";
    auto firstPair = std::make_pair(hello, 5);

    auto secondPair = std::make_pair("hello", 15);       // (2)  错误

     using namespace std::string_literals;               // (1)
    // auto secondPair = std::make_pair("hello"s, 15);   // (3)  可以

    if (firstPair < secondPair) std::cout << "true\n";   // (4)

}
```

我必须将命名空间 `std::string_literals` (1) 放入程序中来使用 C++ 字符串字面量。(2) 处和 (3) 处是本例中的关键行。我使用 C 字符串字面值 `"hello"` 来创建一个 C++ 字符串 (2)。所以 `firstPair` 的类型是 `(std::string, int)`，但是 `secondPair` 的类型是 `(const char*, int)`。最后，当我使用 (2) 时，程序无法编译。当我使用 (3) 时，程序可以编译，比较 (4) 可以工作。

16.3 输入和输出

当你与外部世界交互时，有两个输入/输出库发挥作用：基于流的 I/O 库（简称为 iostream 库）和 C 风格 I/O 函数。当然你应该优先使用 iostream 库。C++ Core Guidelines 对 iostream 库做了很好的概述：“**iostream** 是一种用于流式 I/O 的类型安全、可扩展、支持有格式和无格式输出的库。它支持多种（用户可扩展的）缓冲策略和多种地域设置。它可被用于传统的 I/O、对内存的读写（字符串流），以及用户定义的扩展，如跨网络的流（asio：尚未标准化）。”

SL.io.1 仅在必要时使用字符级输入

下面是一个来自 Guidelines 的反面例子：对一个以上的字符使用字符级输入。

```
char c;
char buf[128];
int i = 0;
while (cin.get(c) && !isspace(c) && i < 128)
    buf[i++] = c;
if (i == 128) {
    // ... 处理太长的字符串 ...
}
```

老实说，对于一项简单的工作来说，这是一个糟糕的解决方案。下面是正确的方法：

```
std::string s;
std::cin >> s;
```

SL.io.2 当进行读取时，始终要考虑非法输入的情况

每个流都有一个与之相关联的状态，用标志位来表示，见表 16.2。

表 16.2 流的状态

标志位	标志位的查询	描述	示例
std::ios::goodbit	stream.good()	无标志位被置位	
std::ios::eofbit	stream.eof()	文件结束标志位置位	• 读取超出了最后一个有效字符
std::ios::failbit	stream.fail()	错误	• 有格式读取无效 • 读取超出了最后一个有效字符 • 打开文件失败
std::ios::badbit	stream.bad()	未定义行为	• 流缓冲长度无法调整 • 流缓冲区代码转换失败 • 流中抛出异常

只有当流处于 `std::ios::goodbit` 状态时，对流的操作才会产生影响。当流处于 `std::ios::badbit` 状态时，它不能被重置为 `std::ios::goodbit` 状态。

```
// streamState.cpp

#include <ios>
#include <iostream>

int main() {

    std::cout << std::boolalpha << '\n';

    std::cout <<  "In failbit-state: " << std::cin.fail() << '\n';

    std::cout << '\n';

    int myInt;
    while (std::cin >> myInt){
        std::cout << "Output: " << myInt << '\n';
        std::cout <<  "In failbit-state: " << std::cin.fail() << '\n';
        std::cout << '\n';
    }

    std::cout <<  "In failbit-state: " << std::cin.fail() << '\n';
    std::cin.clear();
    std::cout <<  "In failbit-state: " << std::cin.fail() << '\n';

    std::cout << '\n';

}
```

输入文字 `wrongInput` 会导致流 `std::cin` 处于 `std::ios::failbit` 状态。因此，`wrongInput` 和 `std::cin.fail()` 不能被显示。你必须先将流 `std::cin` 设置为 `std::ios::goodbit` 状态才行。

SL.io.3 优先使用 iostream 进行 I/O 操作

为什么你应该选择 iostream 库而不是 `printf`？`printf` 和 iostream 库之间有一个微妙但关键的区别：`printf` 的格式字符串指定格式和显示值的类型，而 iostream 库的格式操纵器只指定格式。反过来说，**在使用 iostream 库时，编译器会自动推断出正确的类型。**

下面的程序清楚地表明了我的观点。当你在格式字符串中指定了错误的类型，就会产生未定义行为。

```
// printfIostreamsUndefinedBehavior.cpp

#include <cstdio>

#include <iostream>

int main() {

    printf("\n");

    printf("2011: %d\n",2011);
    printf("3.1416: %d\n",3.1416);
    printf("\"2011\": %d\n","2011");
    // printf("%s\n",2011);    // 段错误

    std::cout << '\n';
    std::cout << "2011: " <<  2011 << '\n';
    std::cout << "3.146: " << 3.1416 << '\n';

    std::cout << "\"2011\": " << "2011" << '\n';

    std::cout << '\n';

}
```

图 16.6 显示了这种未定义行为在我的计算机上的表现。

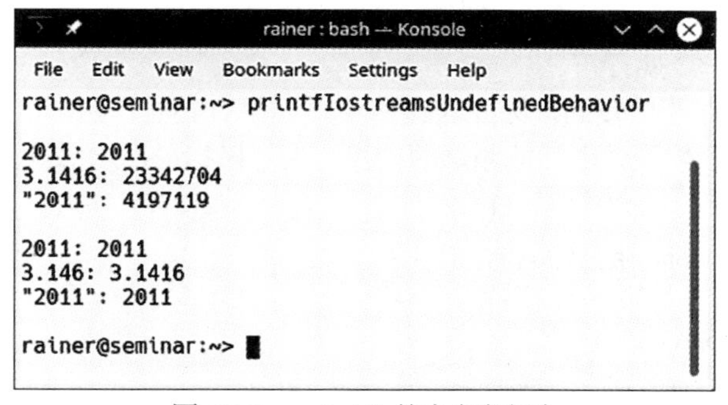

图 16.6 printf 的未定义行为

也许你会假定在格式字符串错误的时候，编译器会发出警告，但这并没有保证。再者，我们都知道项目最后期限过后会发生什么，你会忽略这些警告，也许决定以后再研究。与其以后面对这些错误的后果，不如在一开始就避免这些错误。

SL.io.10 除非你要使用 printf 系列函数，否则应调用 ios_base::sync_with_stdio(false)

默认情况下，对 C++ 流的操作与 C 流的操作是同步的。这种同步发生在每个输入或输出操作之后。

- **C++ 流**：std::cin、std::cout、std::cerr、std::clog、std::wcin、std::wcout、std::wcerr 和 std::wclog
- **C 流**：stdin、stdout 和 stderr

这种同步允许混合 C++ 和 C 的输入或输出操作，因为对 C++ 流的操作会不加缓冲地进入 C 流中。从并发的角度来看，还需要注意的是，同步的 C++ 流是线程安全的。所有的线程都可以写到 C++ 流，而不需要同步机制，有可能会出现字符交错的效果，但不会有数据竞争。

当你设置 std::ios_base::sync_with_stdio(false) 时，C++ 流和 C 流之间的同步不会发生，因为 C++ 流可能会把它们的输出放到一个缓冲区里。有了缓冲区之后，输入和输出的操作可能会变得更快。你应该在任何输入或输出操作之前调用 std::ios_base::sync_with_stdio(false)。如果不这样做，行为将由实现决定。

SL.io.50 避免使用 endl

为什么要避免 std::endl？或者换一种说法，操纵器 std::endl 和 '\n' 之间有什么区别？

- **std::endl**：写一个换行符并刷新输出缓冲区。
- **'\n'**：写一个换行符。

刷新缓冲区操作代价较高，因此应该避免。如果有必要，缓冲区会被自动刷新。说实话，我也很好奇，想看一下性能测试的结果。为了模拟最坏的情况，下面是我的程序，它在每个字符后都放一个换行符 (1)。

```
// syncWithStdioPerformanceEndl.cpp

#include <chrono>
#include <fstream>
#include <iostream>
#include <random>
#include <sstream>
#include <string>

constexpr int iterations = 500;                          // (2)

std::ifstream openFile(const std::string& myFile){
```

```
  std::ifstream file(myFile, std::ios::in);
  if ( !file ){
    std::cerr << "Can't open file "+ myFile + "!" << '\n';
    exit(EXIT_FAILURE);
  }
  return file;

}

std::string readFile(std::ifstream file){

  std::stringstream buffer;
  buffer << file.rdbuf();

  return buffer.str();

}

template <typename End>
auto writeToConsole(const std::string& fileContent, End end){

  auto start = std::chrono::steady_clock::now();
  for (auto c: fileContent) std::cout << c << end;        // (1)
  std::chrono::duration<double> dur = std::chrono::steady_clock::now()
                                      - start;
  return dur;
}

template <typename Function>
auto measureTime(std::size_t iter, Function&& f){
  std::chrono::duration<double> dur{};
  for (int i = 0; i < iter; ++i){
    dur += f();
  }
  return dur / iter;
}

int main(int argc, char* argv[]){

  std::cout << '\n';

  // 读取文件名
  std::string myFile;
```

```
    if ( argc == 2 ){
      myFile= argv[1];
    }
    else {
      std::cerr << "Filename missing !" << '\n';
      exit(EXIT_FAILURE);
    }

    std::ifstream file = openFile(myFile);

    std::string fileContent = readFile(std::move(file));
                                                           // (3)
    auto averageWithFlush = measureTime(iterations, [&fileContent] {
      return writeToConsole(fileContent,
            std::endl<char, std::char_traits<char>>);
    });
                                                           // (4)
    auto averageWithoutFlush = measureTime(iterations, [&fileContent] {
      return writeToConsole(fileContent, '\n');
    });

    std::cout << '\n';
    std::cout << "With flush(std::endl) " << averageWithFlush.count()
                                          << " seconds" << '\n';
    std::cout << "Without flush(\\n): " << averageWithoutFlush.count()
                                        << " seconds" << '\n';
    std::cout << "With Flush/Without Flush: "
              << averageWithFlush/averageWithoutFlush << '\n';

    std::cout << '\n';

}
```

在第一种情况下，我用 `std::endl` (3) 执行程序；在第二种情况下，我用 `'\n'` (4) 执行。当我用 500 次迭代 (2) 来执行程序时，我得到了预期的结果：`'\n'` 在 Linux（GCC）和 Windows（cl.exe）上比 `std::endl` 快了大约 10%～20%[1]。

下面是具体的数字。

- GCC（见图 16.7）。

1 译者注：作者没有测试输出被重定向到文件的情况。在这种情况下，使用 `'\n'` 的收益可能是 `std::endl` 的几十倍。

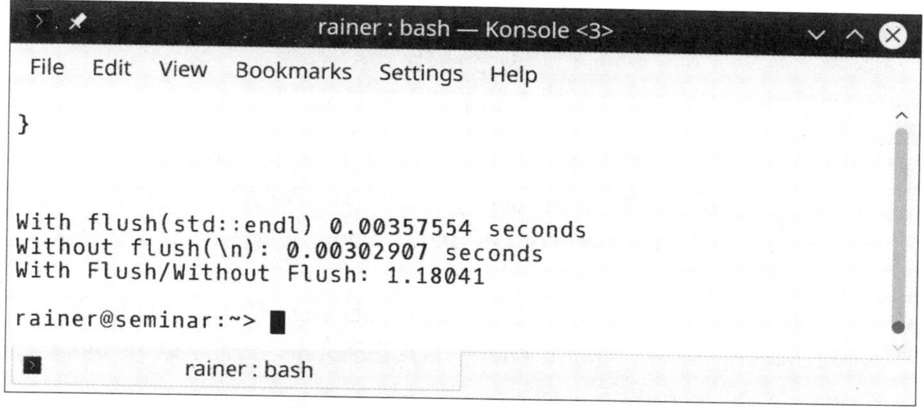

图 16.7 Linux 上有/无刷新的性能

- cl.exe（见图 16.8）。

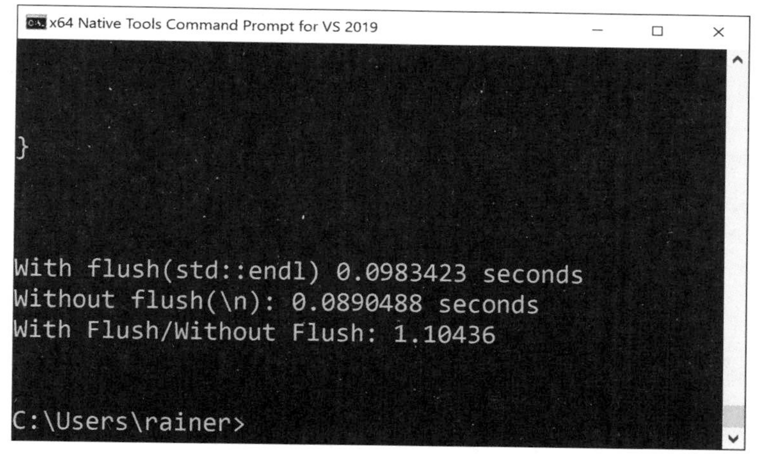

图 16.8 Windows 上有/无刷新的性能

16.4 相关规则

标准库是 C++ 标准的一个重要组成部分，参见“ES.1：优先使用标准库，而不是其他库和‘手工代码’”。这意味着本书中的规则涉及库的各个方面。突出的例子是第 7 章中的智能指针，还有第 10 章中的线程组件。

许多规则介绍了 STL 容器相比于 C 数组的优点。为了完整起见，下面是其他一些规则：

- P.4：理想情况下，程序应该是静态类型安全的。
- I.13：不要用单个指针来传递数组。
- ES.42：保持指针的使用简单明了。
- ES.55：避免对范围检查的需要。

本章精华

重要

- 使用 `std::array` 或 `std::vector` 而不是 C 数组。如果容器必须在运行期增长，或者元素的数量对 `std::array` 来说太大，那么首选 `std::vector` 而不是 `std::array`。`std::vector` 和 `std::array` 支持使用 `at` 成员函数对元素进行安全访问。
- C++ 有多种文本支持方式。`std::string` 是文本的所有者，而 `std::string_view`、`const char*` 只是指向文本。另外，`std::byte` 包含字节值（不一定是字符）。
- 在输入/输出功能方面，首选 iostream 库而不是 C 风格的函数。读取文本时，始终要考虑非法输入。

第 17 章

架构观念

本章是辅助章节的第一部分，相当短。它只有三条规则，每条也就几句话的内容。它们关注的重点是与编程语言无关的，这让我想起了理念章节。

A.1 从不稳定的代码中分离稳定的代码

以下是 C++ Core Guidelines 中的一句话：“隔离不稳定的代码有助于单元测试、接口改进、重构和最终的废弃。”这句话是什么意思？

在稳定的和不太稳定的代码之间放置一个接口是一种分离的方式。由于接口的存在，不稳定的代码变成了一种子系统，你可以单独测试或重构它。这样你不仅可以测试子系统，还可测试子系统与系统的集成。第一种测试通常被称为子系统测试，第二种被称为子系统集成测试。子系统有两个进入系统的通道：功能通道和非功能通道。两者都必须被测试。功能通道提供了子系统的功能；非功能通道则传播了可能发生的异常，系统可以对其做出反应。由于接口的存在，具体的子系统是接口的实现，因此可以很快被另一个可能更稳定的实现所替代。

A.2 将潜在可复用的部分表达为程序库

这个想法很简单，但立即就会有几个问题：

- 什么时候软件的某个部分有可重用的潜力？
- 什么时候实现库的成本能得到回报？
- 什么是合适的抽象？

这三个问题相当模糊，在一般情况下很难回答，最后一个问题尤其如此。让我解释一下。

首先，基于“你不会需要它”（you aren’t gonna need it，YAGNI）原则，不要在代码中预先投入过多的精力以使其成为可重用的库，而是要先写出代码，使其有可能被复用。这意味着要遵循一些简单的准则，比如书写代码要满足可理解、可维护、可测试和其他质量要求。你或其他程序员很可能在将来还会需要使用自己的代码。就用 Philip Wadler 的话来说吧：“让你的代码可读。要假定下一个维护你代码的人是个精神病患者，并且他知道你的住处。”

第二条原则是“不要重复自己”（DRY）原则，当你不止一次需要相同或类似的功能时，它就会发生作用。这时，你应该考虑一下如何抽象。当我有两个类似的函数时，我会写第三个函数来提供实现，而那两个类似的函数则成为使用这个实现函数的封装。下面我把这个想法用代码表达出来，以说明我的观点。

```
std::vector<void*> myAlloc;

void* newImpl(std::size_t sz, char const* file, int line){  // (3)
    static int counter{};
    void* ptr = std::malloc(sz);
    std::cerr << file << ": " << line << " " << ptr << '\n';
    myAlloc.push_back(ptr);
    return ptr;
}
                                                            // (1)
void* operator new(std::size_t sz, char const* file, int line){

    return newImpl(sz, file, line);
}

                                                            // (2)
void* operator new[](std::size_t sz,char const* file, int line){
    return newImpl(sz, file, line);
}
```

简单形式的 `new` 操作符重载 (1) 和数组形式的 `new` 操作符重载 (2) 调用了 (3) 中的通用实现。

我不想回答第三个问题，因为它非常主观，可能受到许多因素的影响。答案可能取决于软件的领域。例如，该软件是在桌面、嵌入式设备，还是在高频服务器上运行？它取决于很多因素，比如可维护性、可测试性、可扩展性等特征，当然还有性能。它甚至可能取决于用户的技能水平，因为你的库有可能是一个基础设施库，或者可能要提供给你的客户。

以库的形式编写可复用的软件，比做一次性的实现要多花三到四倍的精力。我的经验法则是，**当知道你会重复使用某功能时，应该考虑库的问题。而只有当你会重用某功能至少两次时，才应该把它写成一个库。**

A.4 程序库之间不应有循环依赖

库 `c1` 和 `c2` 之间的循环依赖使你的软件系统更加复杂。首先，这会使你的库很难测试，也不可能独立进行重用。其次，你的库变得更难理解、维护和扩展。当发现这种依赖关系时，应该打破它。有几个选择，多谢 John Lakos（*Large Scale C++ Software Design*

第 185 页；中文版可参考《大规模 C++ 程序设计》，李师贤等译，中国电力出版社，2003）：

- 重新包装 c1 和 c2，使它们不再相互依赖。
- 在物理上将 c1 和 c2 合并成一个单独组件 c12。
- 把 c1 和 c2 放一起考虑，把两者当作一个单独组件 c12。

第 18 章

伪规则和误解

假设你已经知道了许多关于 C++ 的伪规则和误解。其中一些伪规则和误解在现代 C++ 之前就存在，有时甚至与现代 C++ 技术相矛盾。有些时候，这些伪规则和误解曾是写出好的 C++ 代码的**最佳实践**。C++ Core Guidelines 讨论了最受抗拒的一些“不要”，同时提供了替代方案。

NR.1 不要坚持认为声明都应当放在函数的最上面

这条规则是 C89 标准的遗留问题。C89 不允许在语句之后声明一个变量。这导致变量声明和使用之间有很大的距离。通常，这样的变量不会被初始化。这正是 C++ Core Guidelines 所提供的例子中发生的情况：

```
int use(int x) {
    int i;
    char c;
    double d;
    // ... 做些事情 ...
    if (x < i) {
        // ...
        i = f(x, d);
    }

    if (i < x) {
        // ...
        i = g(x, c);
    }
    return i;
}
```

假设你已经发现了这个代码片段中的问题：变量 `i`（ `c` 和 `d` 也是如此）没有被初始化，因为它是一个在局部范围内使用的内置类型变量。因此，该程序有未定义行为。那么，你应该怎么做呢？

- 将 i 的声明直接放在其第一次使用之前。
- 始终初始化一个变量，如 int i{}，或者最好使用 auto。编译器无法从 auto i 这样的声明中猜出 i 的类型，因此，会拒绝该程序。反过来说，auto 迫使你初始化变量。

NR.2　不要坚持在一个函数中只保留一条 return 语句

当你遵循这条规则时，你隐含地应用了第一条伪规则。

```
template<class T>
std::string sign(T x) {
    std::string res;
    if (x < 0)
        res = "negative";
    else if (x > 0)
        res = "positive";
    else
        res = "zero";
    return res;
}
```

使用一个以上的 return 语句，可以使代码更容易阅读，也更快。

```
template<class T>
std::string sign(T x) {
    if (x < 0)
        return "negative";
    else if (x > 0)
        return "positive";
    return "zero";
}
```

如果自动返回类型推导返回不同的类型，会怎样？

```
// differentReturnTypes.cpp

template <typename T>
auto getValue(T x) {
  if (x < 0)            // int
    return -1;
  else if (x > 0)
    return 1.0;         // double
  else return 0.0f;     // float
}
```

```
int main(){
    getValue(5.5);
}
```

正如所料，该程序无效，见图 18.1。

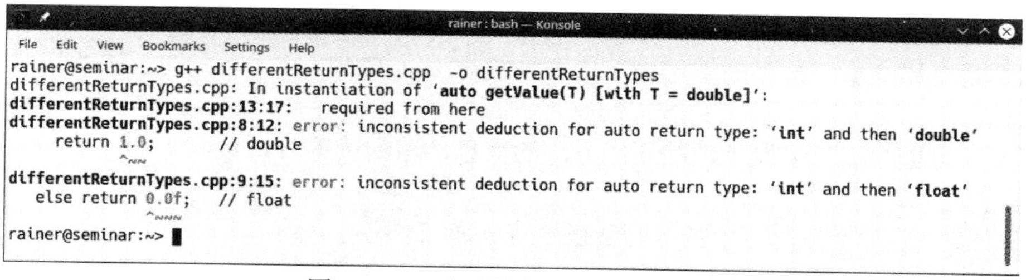

```
rainer : bash — Konsole
File  Edit  View  Bookmarks  Settings  Help
rainer@seminar:~> g++ differentReturnTypes.cpp  -o differentReturnTypes
differentReturnTypes.cpp: In instantiation of 'auto getValue(T) [with T = double]':
differentReturnTypes.cpp:13:17:   required from here
differentReturnTypes.cpp:8:12: error: inconsistent deduction for auto return type: 'int' and then 'double'
    return 1.0;       // double
           ^~~
differentReturnTypes.cpp:9:15: error: inconsistent deduction for auto return type: 'int' and then 'float'
   else return 0.0f;   // float
               ^~~~
rainer@seminar:~>
```

图 18.1　一个函数中返回不同的类型

NR.3　不要避免使用异常

该规则首先说明了反对异常的四个主要原因：

- 异常是低效的。
- 异常会导致泄漏和错误。
- 异常的性能不可预测。
- 异常处理的运行需要太多空间。

C++ Core Guidelines 对这些说法有深入的探讨：

第一点里，异常处理的效率是与直接终止或显示错误代码的程序相比的。而异常处理的实现经常都很差，在这些情况下，比较也就没有什么意义。我想明确引用 *Technical Report on C++ Performance*（《C++ 性能技术报告》，TR18015.pdf），其中介绍了编译器用来实现异常的两种典型方式。

- 基于代码的方法，代码与每个 `try` 块相关联。
- 基于数据表的方法，使用编译器生成的静态数据表。

简单而言，基于代码方法的异常处理有一个缺点——即使没有抛出异常，也必须对异常处理堆栈进行簿记处理，因此，与错误处理无关的代码也会变慢。基于数据表的方法则没有这个缺点，因为它在没有抛出异常时不会引入栈或运行期的开销。不过，相比之下，数据表方法的实现看起来更复杂，而且静态数据表可能会变得相当大。

对于第二点，我没有什么要补充的。缺少资源管理策略的话，可不能怪到异常头上。

第三，如果你必须保证硬实时，应答晚就是应答错，那么如刚才所说，基于数据表的异常处理方法在正常情况下并不会影响程序的运行时间。老实说，即使你有一个硬实时系统，这种硬实时的限制通常也只会影响系统的一小部分。

与其争论伪规则错在哪里，不如讨论一下使用异常的原因。

通过使用异常，可以：

- 明确区分错误的返回和普通的返回。

- 不会被遗忘或忽视。
- 可以系统地使用。

让我补充一个曾经在老式代码库中遇到的轶事。该系统使用错误码来表示一个函数的成功或失败。他们检查了这些错误码，这没啥问题。但是，由于错误码的存在，这些函数没有使用返回值。后果是，这些函数在全局变量上操作，因而也不用参数，因为它们用的是全局变量。故事的结局是，这个系统无法维护或测试，而我的工作就是对它进行重构。

要获得更多关于错误处理的正确方法的信息，请阅读第 11 章。

NR.4 不要坚持把每个类声明放在独立的源文件中

组织代码的合适方式并不是用文件，正确方式是使用命名空间。若为每个类的声明使用一个独立的文件，将产生过多的文件，进而使你的程序更难管理，编译更慢。

NR.5 不要采用两阶段初始化

显然，构造函数的工作很简单：**在执行构造函数后，应该有一个完整初始化的对象。**因此，以下来自 C++ Core Guidelines 的代码片段不好：

```
class Picture {
    int mx;
    int my;
    char * data;
 public:
    Picture(int x, int y) {
        mx = x,
        my = y;
        data = nullptr;
    }

    ~Picture() {
        Cleanup();
    }

    bool Init() {
        // 不变式检查
        if (mx <= 0 || my <= 0) {
            return false;
        }
        if (data) {
            return false;
        }
```

```
        data = (char*) malloc(x*y*sizeof(int));
        return data != nullptr;
    }

    void Cleanup() {                    // (2)
        if (data) free(data);
        data = nullptr;
    }
};

Picture picture(100, 0);
// 这里会失败...                         // (1)
if (!picture.Init()) {
    puts("Error, invalid picture");
}
```

`picture(100, 0)` 没有被初始化，因此，(1) 中对 `picture` 的所有操作都是在一个无效的图片对象上操作。这个问题的解决方法简单而有效：把所有的初始化放到构造函数里去。

```
class Picture {
    std::size_t mx;
    std::size_t my;
    std::vector<char> data;

    static size_t check_size(size_t s) {
        Expects(s > 0);
        return s;
    }
 public:
    Picture(size_t x, size_t y)
        : mx(check_size(x))
        , my(check_size(y))
        , data(mx * my * sizeof(int)) {
    }
};
```

此外，第二个例子中的 `data` 是 `std::vector`，而不是原始指针。这意味着第一个例子中的清理函数 (2) 也不再是必需的，因为编译器会自动进行清理。由于静态函数 `check_size` 的存在，构造函数可以验证它的参数。当然，现代 C++ 给我们带来的好处远不止这些。

你也许经常使用构造函数来设置一个对象的默认行为。不要这样做，而应直接在类的主体中设置对象的默认行为。构造函数只是用来改变默认行为，参见“C.45：不要定义一个只初始化数据成员的默认构造函数，而应使用成员初始化器”。

init 成员函数经常被用来把常见的初始化或验证流程放在一个地方。你在构造函数调用后立即调用它们。很好，你遵循了基本的 DRY（不要重复自己）原则，但却在无意中破坏了另外一条重要原则：对象应该在构造函数调用之后被完整初始化。你怎样才能解决这个问题呢？很容易。从 C++11 开始，我们就已经有了委托构造函数。这意味着你可以把通用的初始化和验证逻辑放到一个聪明的构造函数中，而其他的构造函数只是一种包装，参见“C.51：使用委托构造函数来表示类的所有构造函数的共同动作”。

NR.6 不要把所有清理操作放在函数末尾并使用 goto exit

我们可以并且应该做得比 C++ Core Guidelines 中的以下代码更好：

```
void do_something(int n) {
    if (n < 100) goto exit;
    // ...
    int* p = (int*) malloc(n);
    // ...
exit:
    free(p);
}
```

顺便问一下，你发现了这个错误吗？跳转 goto exit 绕过了指针 p 的定义。

我经常在老式的 C 代码中看到下面这样的代码结构：

```
// lifecycle.c

#include <stdio.h>

void initDevice(const char* mess) {
    printf("\n\nINIT: %s\n",mess);
}

void work(const char* mess) {
    printf("WORKING: %s",mess);
}

void shutDownDevice(const char* mess) {
    printf("\nSHUT DOWN: %s\n\n",mess);
}

int main(void) {

    initDevice("DEVICE 1");
    work("DEVICE1");
    {
```

```
        initDevice("DEVICE 2");
        work("DEVICE2");
        shutDownDevice("DEVICE 2");
    }
    work("DEVICE 1");
    shutDownDevice("DEVICE 1");

    return 0;

}
```

这段代码非常容易出错。设备的每次使用包括三个步骤：初始化、使用和释放设备。这就是 RAII 的工作，参见“R.1：使用资源句柄和 RAII（资源获取即初始化）自动管理资源”。

```
// lifecycle.cpp

#include <iostream>
#include <string>

class Device {
 public:
    Device(const std::string& res):resource(res) {
        std::cout << "\nINIT: " << resource << ".\n";
    }

    void work() const {
        std::cout << "WORKING: " << resource << '\n';
    }
    ~Device() {
        std::cout << "SHUT DOWN: "<< resource << ".\n\n";
    }
 private:
    const std::string resource;
};

int main() {

    Device resGuard1{"DEVICE 1"};
    resGuard1.work();

    {
        Device resGuard2{"DEVICE 2"};
        resGuard2.work();
    }
```

```
    resGuard1.work();

}
```

你应该在构造函数中初始化资源，并在析构函数中释放它。这样，首先，你就不会忘记初始化对象了；其次，编译器会负责释放资源的工作。两个程序的输出是等价的（见图 18.2）。

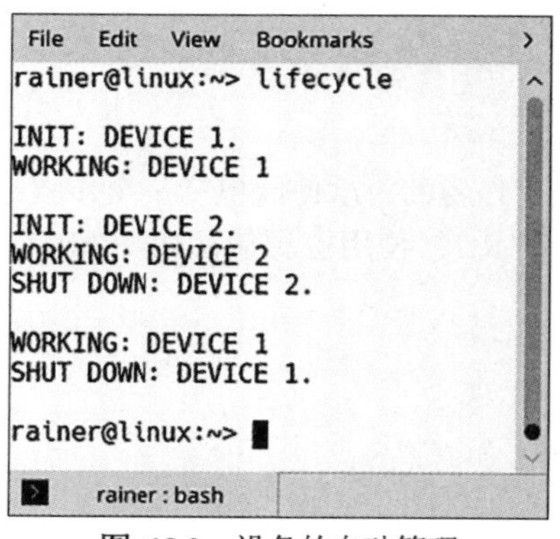

图 18.2 设备的自动管理

NR.7 不要使所有数据成员 protected

受保护的数据使程序变得复杂且容易出错。如果把受保护的数据放到基类中，你就不能孤立地仅根据派生类来推理，因此，你破坏了封装。你不得不总是需要对整个类的层次结构进行考量。

受保护的数据意味着你至少要回答以下三个问题：

- 我是否必须在派生类中实现一个构造函数来初始化受保护的数据？
- 如果我使用受保护的数据，它的实际价值是什么？
- 如果我修改受保护的数据，谁会受到影响？

类的层次越深，这些问题的答案就会变得越复杂。

受保护的数据是类层次结构范围内的一种全局数据。而你知道，可变的、共享的状态非常糟糕。比如，它会使测试和并发的处理变得相当棘手。

第 19 章

规 格 配 置

什么是规格配置？下面是 C++ Core Guidelines 中的定义：“‘规格配置’（profile）是一组确定的、可移植地施行的子集规则（即限制），旨在实现特定的保证。”

这个定义中的两个术语特别有趣。

- **确定**：规格配置只做那些可以由编译器实现的局部分析。
- **可移植地施行**：不同平台上的不同工具可以给你相同的答案。

设定规格配置的主要原因有两个：

- 你必须处理老式代码，又不可能一步到位地应用 C++ Core Guidelines 的所有规则。你只能一步一步地应用这些规则，因此，需要先用一些规则，后用一些规则。
- 对你的代码库来说，一些相关的规则可能比其他规则更重要。它们旨在实现一个特定的目标，如“避免边界错误”或“正确使用类型”。这些相关规则被称为规格配置。

C++ Core Guidelines 为类型安全、边界安全和生存期安全提供了规格配置，这些规格配置可以被自动检查。请阅读附录 A 中关于自动检查的更多细节。

下面几节简明扼要地介绍这三个规格配置。

19.1 Pro.type 类型安全

类型安全：正确使用类型，因此要避免不安全的转型和联合体。

类型安全由八条规则组成，其前缀为 type（类型）。这些规则以“不要”“总是”或“避免”开头，并引用了可以参考的现有规则。

- Type.1　避免转型

  不要使用 `reinterpret_cast`：“ES.48：避免转型”和“ES.49：如果必须使用转型，请使用具名转型”

  不要对算术类型使用 `static_cast`：“ES.48：避免转型”和“ES.49：如果必须使用转型，请使用具名转型”

  不要在源类型和目标类型相同的指针类型之间转型：“ES.48：避免转型”

  不要在可能有隐式转换的指针类型之间转型：“ES.48：避免转型”

- Type.2　不要使用 `static_cast` 进行向下转型：“C.146：在穿越类层次不可避免时，应使用 `dynamic_cast`”

- Type.3 不要使用 `const_cast` 转型去除 `const`：“ES.50：不要用转型去除 `const`”
- Type.4 不要使用 C 风格的 `(T)expression` 或者函数形式的 `T(expression)` 转型：“ES.23：优先使用 `{}` 初始化语法”和“ES.49：如果必须使用转型，请使用具名转型”
- Type.5 在一个变量被初始化之前不要使用它：“ES.20：始终初始化对象”
- Type.6 总是初始化成员变量：“ES.20：始终初始化对象”和“C.43：确保可拷贝的（值类型）类有默认构造函数”以及“C.45：不要定义仅初始化数据成员的默认构造函数，而应使用成员初始化器”
- Type.7 避免裸联合体：“C.181：避免‘裸’ `union`”
- Type.8 避免使用 `va_args`：“F.55：不要使用 `va_arg` 参数”

19.2 Pro.bounds 边界安全

边界安全：在所分配的内存范围内进行操作。

边界安全的两个敌人是指针算术和数组索引。此外，当你使用指针时，它应该只针对单个对象，而不是数组。为了使边界安全规格配置完整，应该把它与类型安全和生存期安全的规则结合起来。

边界安全由四条规则组成。

- Bounds.1 不要使用指针算术：“I.13：不要用单个指针来传递数组”和“ES.42：保持指针的使用简单明了”
- Bounds.2 只使用常量表达式对数组进行索引：“I.13：不要用单个指针来传递数组”和“ES.42：保持指针的使用简单明了”
- Bounds.3 避免数组到指针的退化：“I.13：不要用单个指针来传递数组”和“ES.42：保持指针的使用简单明了”
- Bounds.4 不要使用没有边界检查的标准库函数和类型：“SL.con.3：避免边界错误”

19.3 Pro.lifetime 生存期安全

生存期安全：只对有效指针进行解引用。

如果一个指针处于下面几种情况之一（示例），它就是无效的：该指针没有初始化，或者值为 `std::nullptr`，或者指向数组的范围之外，或者指向被删除的对象。生存期安全的规格配置由一条规则组成。

- Lifetime.1 不要对可能无效的指针进行解引用：“ES.65：不要对无效指针解引用”

第 20 章

Guidelines 支持库

Guidelines 支持库（GSL）是一个小型库，用于支持 C++ Core Guidelines 的规则。GSL 由视图、所有权指针、断言、实用工具和概念等组件组成。

GSL 最著名的实现来自微软，托管在 GitHub 上：Microsoft/GSL（https://github.com/Microsoft/GSL）。微软的版本需要 C++14 的支持，可在各种平台上运行。但它并非唯一实现，GitHub 上还有更多的实现。我想特别强调一下 Martin Moene 的 GSL-lite 实现，该实现甚至可以在 C++98 和 C++03 下运行。

本节不会详细描述 GSL，而只是提供一个初步介绍。如果你要进一步研究，请使用具体的实现，如 Microsoft/GSL 或 GSL-lite。

GSL 由五个部分组成。在这个概述中我忽略了 GSL 的概念，因为它们已经是 C++20 的一部分。附录 B 会针对概念进行介绍。

20.1 视图

视图从来不是对象的所有者。在使用 `gsl::span<T>` 时，它代表一段无所有权的连续内存范围。这个无所有权的范围可以是数组，也可以是指针加上大小，或者是一个 `std::vector`。这同样适用于 `gsl::string_span<T>` 或者以零结尾的 C 字符串：`gsl::czstring` 或者 `gsl::wzstring`。`gsl::span<T>` 存在的主要原因是为了防止普通的数组在传递给函数时退化成指针——此时，大小信息会丢失。

`gsl::span<T>` 会自动推断出纯数组或 `std::vector` 的大小。如果你使用了指针，那就还需要提供大小。

```
template <typename T>
void copy_n(const T* p, T* q, int n){}

template <typename T>
void copy(gsl::span<const T> src, gsl::span<T> des){}

int main(){
```

```
    int arr1[] = {1, 2, 3};
    int arr2[] = {3, 4, 5};

    copy_n(arr1, arr2, 3);          // (1)
    copy(arr1, arr2);               // (2)

}
```

与函数 copy_n (1) 相比，函数 copy (2) 不需要你提供元素的数量。这样，一种常见的导致错误的原因被 gsl::span<T> 消除了。gsl::span<T> 跟 std::span<T> 类似，后者是 C++20 的一部分。

20.2 所有权指针

GSL 有各种类型的所有者。

假设你知道 std::unique_ptr 和 std::shared_ptr，因此，你也知道 gsl::unique_ptr 和 gsl::shared_ptr 是怎么回事。你可能想知道 GSL 有没有自己的智能指针，因为 C++11 标准已经有 std::unique_ptr 和 std::share_ptr。答案很简单：可以在不支持 C++11 的编译器上使用 GSL。

gsl::owner<T*> 是一个拥有被引用对象的所有权的指针。如果你用不了智能指针或容器等资源句柄，你就应该使用 gsl::owner<T*>。关键的一点是，你必须明确地释放资源。在 C++ Core Guidelines 中，没有被标记为 gsl::owner<T*> 的原始指针被认为是无所有权的（参见“R.3：原始指针（T*）不表示所有权”和“R.4：裸引用（T&）不表示所有权”）。因此，你不需要释放资源。

gsl::dyn_array<T> 和 gsl::stack_array<T> 是两个新的数组类型：

- **gsl::dyn_array<T>** 是一个堆分配的数组，有固定数量的元素，在运行期指定。
- **gsl::stack_array<T>** 是一个栈分配的数组，有固定数量的元素，在运行期指定。

20.3 断言

由于有了 Expects() 和 Ensures()，你可以为函数陈述前置条件和后置条件。目前，你必须把它们放在函数体中，但在即将到来的实现中，这些将被移到函数声明中。这两个函数都是契约的一部分。附录 C 提供了关于契约的更多细节。

下面是一个使用 GSL 中 Expects() 和 Ensures() 的例子。

```
int area(int height, int width) {
    Expects(height > 0);
    auto res = height * width;
    Ensures(res > 0);
```

```
    return res;
}
```

当函数的调用破坏了前置条件 Expects(height > 0) 或后置条件 Ensures(res > 0) 时，程序就会终止。

20.4 实用工具

gsl::narrow_cast<T> 和 gsl::narrow 是两种新的转型。

- **gsl::narrow_cast<T>** 是一个 static_cast<T>，并表达出了意图：一个窄化转型可能会发生。
- **gsl::narrow** 也是一个 static_cast<T>：如果 static_cast<T>(x) != x 发生，就会抛出 narrowing_error 异常。

gsl::not_null<T*> 模拟了一个永远不应为空的指针。如果你把 gsl::not_null<T*> 指针设置为空指针，你会得到一个编译错误。你甚至可以把智能指针（比如 std::unique_ptr 或者 std::shared_ptr）放到 gsl::not_null<T*> 中。gsl::not_null<T*> 和引用之间的主要区别是，你可以重新绑定 gsl::not_null<T*> 对象，但不能重新绑定引用。

典型情况下，可以把 gsl::not_null<T*> 用于函数参数和它们的返回类型，这样，你就不必检查指针是不是一个空指针了。

```
// p 不允许是空指针
int getLength(gsl::not_null<const char*> p);

// p 可以是空指针
int getLength(const char* p);
```

finally 允许注册一个可调用对象，它会在作用域结束时运行。

```
void f(int n) {
    void* p = malloc(n);
    auto _ = finally([p] { free(p); });
    ...
} // lambda 被调用
```

在函数 f 的最后，lambda 函数 [p] { free(p); } 会被自动调用。

根据 C++ Core Guidelines，你应该把 finally 当作最后的手段——仅在你不能使用适当的资源管理方案时，比如不能用智能指针或 STL 容器时使用。

附录 A

施行 C++ Core Guidelines

你可以检查你是否违背了 C++ Core Guidelines 中的规则。

让我们从一个示例程序开始，它破坏了类型安全、边界安全，以及生存期安全。

```
 1 // gslCheck.cpp
 2
 3 #include <iostream>
 4
 5 void f(int* p, int count) {
 6 }
 7
 8 void f2(int* p) {
 9     int x = *p;
10 }
11
12 int main() {
13
14     // 破坏类型安全
15     // 使用了 C 风格转型
16     double d = 2;
17     auto p = (long*)&d;
18     auto q = (long long*)&d;
19
20     // 破坏边界安全
21     // 数组退化为指针
22     int myArray[100];
23     f(myArray, 100);
24
25     // 破坏生存期安全
26     // a 是无效的
27     int* a = new int;
28     delete a;
29     f2(a);
```

```
30
31 }
```

源代码中的注释说明了这些问题。让我用 Visual Studio 和 clang-tidy 来检查这段程序。

A.1 Visual Studio

以下是检测程序 `gslCheck.cpp` 的步骤。

1. 在构建中启用代码检查

你必须选中复选框。注意默认规则是 Microsoft Native Recommended Rules（微软原生推荐规则），其中并不包含类型安全、边界安全和生存期安全的相关规则，见图 A.1。

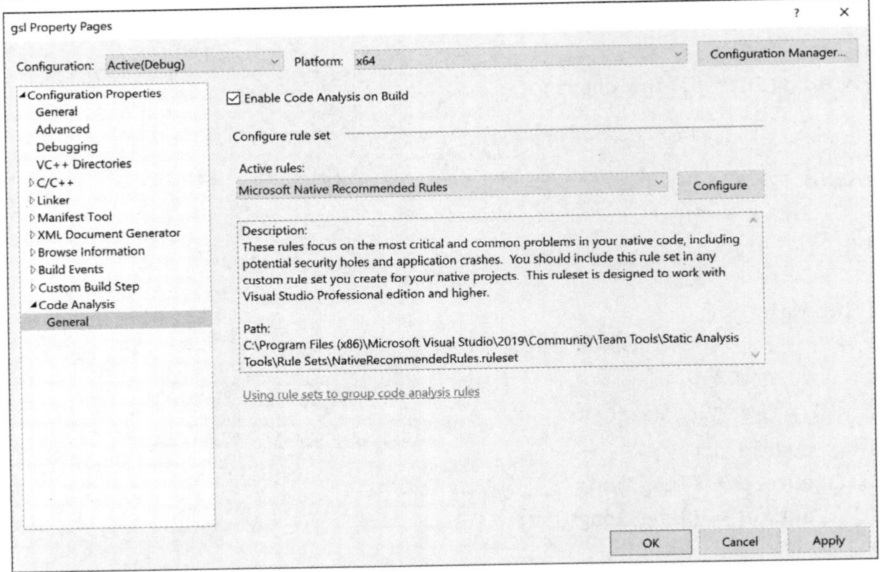

图 **A.1** 启用代码分析

2. 配置需要生效的规则

正如你在图 A.2 中所看到的，我创建了规则组 CheckProfiles，其中包含 C++ Core Check Bounds Rules（C++ 核心检查边界规则）、C++ Core Check Type Rules（C++ 核心检查类型规则）和 C++ Core Check Lifetime Rules（C++ 核心检查生存期规则）。

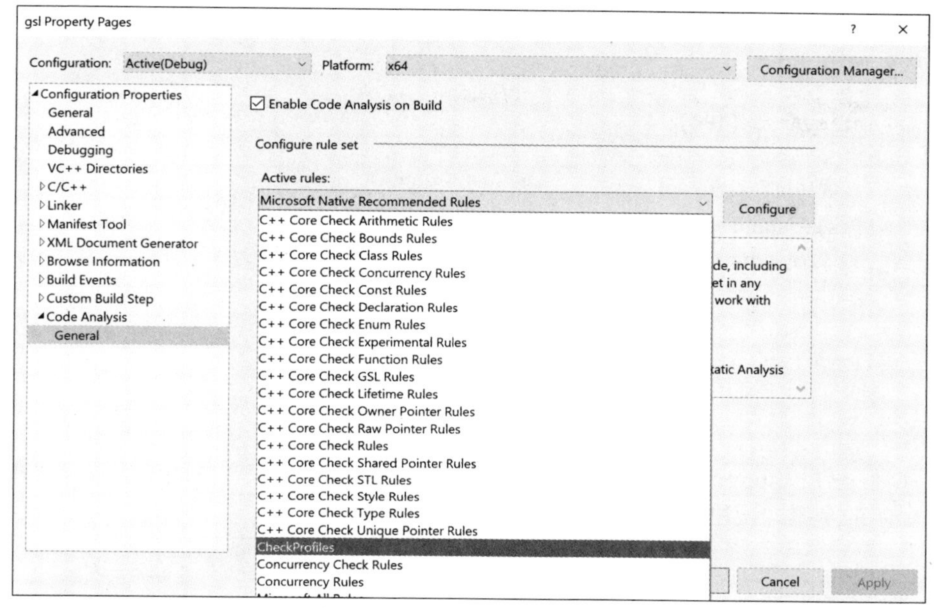

图 **A.2**　配置需要应用的规则

3. 执行代码分析

在示例代码上应用规则组 CheckProfiles，颇有效果，见图 A.3。

```
1>gslCheck.cpp
1>gsl.vcxproj -> C:\Users\raine\source\repos\gsl\x64\Debug\gslCheck.exe
C:\Users\raine\source\repos\gsl\gsl\gslCheck.cpp(17): warning C26493: Don't use C-style casts (type.4).
C:\Users\raine\source\repos\gsl\gsl\gslCheck.cpp(18): warning C26493: Don't use C-style casts (type.4).
C:\Users\raine\source\repos\gsl\gsl\gslCheck.cpp(29): warning C26486: Don't pass a pointer that may be invalid to a function. Parameter 0 'a' in call to 'f2' may be invalid (lifetime.3).
C:\Users\raine\source\repos\gsl\gsl\gslCheck.cpp(23): warning C26485: Expression 'myArray': No array to pointer decay (bounds.3).
1>Done building project "gsl.vcxproj".
========== Rebuild All: 1 succeeded, 0 failed, 0 skipped ==========
```

图 **A.3**　应用规则

所有问题都找出来了。每一个问题（如第一个）都会给出行号（17）以及影响到的规格配置（Type.4）。

4. 抑制警告

有时候你希望抑制特定的警告。你可以使用属性做到这点。下面例子 gslCheckSuppress.cpp 中使用了两次数组到指针的退化，其中只有第二次应该会给出警告。

```
// gslCheckSuppress.cpp; 使用 MSVC, 用 C++20 标准编译

#include <iostream>

void f(int* p, int count) {
}
```

```
int main() {

    int myArray[100];

    // 破坏边界安全
    [[gsl::suppress(bounds.3)]] {   // 抑制警告
        f(myArray, 100);
    }

    f(myArray, 100);                // 警告

}
```

属性 `gsl::suppress(bounds.3)` 的行为正如预期。它只在它的作用域内部有效。这里显示的是第二次违反边界安全的情形，见图 A.4。

```
1>gslCheckSuppress.cpp
1>gsl.vcxproj -> C:\Users\raine\source\repos\gsl\x64\Debug\gslCheckSuppress.exe
C:\Users\raine\source\repos\gsl\gsl\gslCheckSuppress.cpp(17): warning C26485: Expression 'myArray': No array to pointer decay (bounds.3).
1>Done building project "gsl.vcxproj".
========== Build: 1 succeeded, 0 failed, 0 up-to-date, 0 skipped ==========
```

图 A.4 抑制警告

A.2 clang–tidy

clang-tidy 是一个基于 clang 的 C++ 静态代码分析（“linter”）工具。它的目的是提供一套可扩展的框架，用于诊断和修复典型的编程错误，如风格违规、接口误用，或者可通过静态分析推断出的缺陷。clang-tidy 是模块化的，并且提供了方便的接口来编写新的检查项目——Extra Clang Tools 11 文档（https://clang.llvm.org/extra/clang-tidy/）。

clang-tidy 支持超过 200 条规则，其中大约有 20 条专门针对 C++ Core Guidelines。以下就是 `gslCheck.cpp` 中问题检查的步骤。

1. 进行 C++ Core Guidelines 检查

命令行：

```
clang-tidy -checks="-*,cppcoreguidelines-*" gslCheck.cpp
```

专门检查 C++ Core Guidelines（见图 A.5）。选项 `-checks` 希望得到以逗号分隔的通配模式的值，在这种情况下意味着以下内容。

- `-*`：禁用 clang-tidy 的默认检查。
- `cppcoreguidelines-*`：启用 C++ Core Guidelines 检查。

这些检查只检测出了程序 `gslCheck.cpp` 中的类型问题。

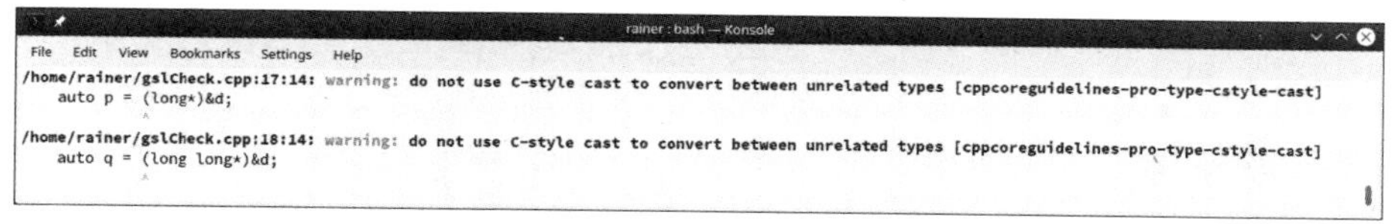

图 **A.5** 专门检查 C++ Core Guidelines

2. 进行 clang-tidy 检查以及 C++ Core Guidelines 检查

下面这个稍有简化的命令行：

```
clang-tidy -checks="cppcoreguidelines-*" gslCheck.cpp
```

也会进行 clang-tidy 检查（见图 A.6）。现在，生存期的安全问题也会被检测出来。

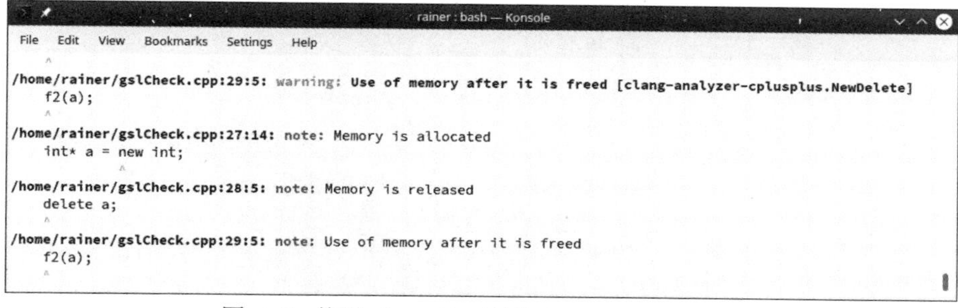

图 **A.6** 使用 clang-tidy 检查 C++ Core Guidelines

和 Visual Studio 不同，clang-tidy 还无法用来检测出边界安全问题。

附录 B

概　　念

C++20 的特性“概念”（也被称为“具名要求”）允许你将对模板形参的要求表述为接口的一部分。在进一步讨论之前，先举个例子：

```
template<typename Cont>
    requires Sortable<Cont>                           // Sortable 是个用户定义概念
void sort(Cont& container);

template<typename Cont>
void sort(Cont& container) requires Sortable<Cont>; // 尾部的
                                                   // requires 子句

template<Sortable Cont>                             // 受约束的模板形参
void sort(Cont& container);
```

第一个版本的泛型函数 sort 要求它的实参支持概念 Sortable。sort 函数的第二个和第三个变体在语义上是完全一样的。第二个版本使用了所谓的尾部 requires 子句，就是要把模板形参约束到概念 Sortable 上。

估计你接下来会想了解：概念有什么好处？

- 将模板形参的要求表达为接口的一部分。
- 支持函数的重载和类模板的特化。
- 通过比较模板形参的要求和模板实参，生成经过大幅改进的错误消息。

基本上，你可以在任何模板上下文中使用概念。除了类模板、函数模板和类模板的非模板成员这些明显的用例外，你还可以将它们用于变参模板。变参模板是可以接受任意数量的实参的模板。

```
template<Arithmetic... Args>
bool all(Args... args) { return (... && args); }      // (1)

...

std::cout << all(true);                  // true          (2)
std::cout << all(5, true, 5.5, false);  // false         (3)
```

函数模板 all 要求实参是 Arithmetic 的。Arithmetic 意味着它们必须是整型或者浮点数。**折叠表达式** (1) 将逻辑运算符“与”应用于所有实参，而在 (2) 和 (3) 中则使用了该函数。你也可以对概念进行重载，用概念对模板进行特化，或者使用一个以上的概念。下面的函数模板要求容器是一个 SequenceContainer，并且容器中的元素是 EqualityComparable 类型的。

```
template <SequenceContainer S,
          EqualityComparable<value_type<S>> T>
Iterator_type<S> find(S&& seq, const T& val) {
    ...
}
```

有了概念，auto 和概念在类型推导上的用法就统一了。auto 是一个不受约束的占位符，而概念是一个受约束的占位符。只需要记住简单的规则：只要你能在 C++11 中使用不受约束的占位符 auto，你就能在 C++20 中使用受约束的占位符（概念）。

```
Integral auto getIntegral(int val) {                          // (1)
    return val;
}

...

std::vector<int> vec{1, 2, 3, 4, 5};
for (Integral auto i: vec) std::cout << i << " ";             // (2)

Integral auto b = true;                                       // (3)

Integral auto integ = getIntegral(10);                        // (4)
```

这段代码显示了 Integral 概念的几种用法。我在函数 getIntegral (1) 的返回类型、基于范围的 for 循环 (2)、获取 bool 值 (3) 和获取 int 值 (4) 中都使用了 Integral auto，而不是 auto 关键字。

有了概念，C++20 得以支持一种新颖且特别方便的方法来定义函数模板。在函数签名或返回类型中使用概念（受约束的占位符）或 auto（不受约束的占位符），就可以创建出一个函数模板。

```
Integral auto gcd(Integral auto a, Integral auto b) {
    if( b == 0 ) return a;
    else return gcd(b, a % b);
}

auto gcd2(auto a, auto b) {
    if( b == 0 ) return a;
    else return gcd(b, a % b);
}
```

函数模板 `gcd` 要求每个实参和返回类型都支持概念 `Integral`。而函数模板 `gcd2` 则对它的实参没有要求。

当然，你可以定义自己的概念，但大多数时候没必要定义自己的概念，因为 C++20 中已经有许多**具名要求**可以使用了。这点对于概念 `Integral` 和 `Equal` 来说尤其成立。我定义它们只是为了方便读者理解[1]。

```
template<typename T>
concept Integral = std::is_integral<T>::value;

template<typename T>
concept Equal =
requires(T a, T b) {
    { a == b } -> std::convertible_to<bool>;
    { a != b } -> std::convertible_to<bool>;
};
```

概念 `Integral` 要求调用 `std::is_integral<T>::value;` 应返回真。`std::is_integral` 是一个来自**类型特征**（**type-traits**）库的函数，它在编译期对其参数进行求值。概念 `Equal` 的定义更啰嗦些：两个参数必须具有相同的类型 `T`，类型 `T` 必须支持运算符 `==` 和 `!=`，而且两个运算符都必须返回可以转换为 `bool` 的类型。

有关概念的详细信息可在 https://en.cppreference.com/w/cpp/language/constraints 上找到。此外，你还可以阅读我在 www.ModernesCpp.com 上的博文。

1 译者注：具名要求最初使用大驼峰命名风格，但最终进入标准的具名要求都使用了全小写加下画线的风格，如 `integral` 和 `equality_comparable`。

附录 C

契　约

首先，什么是契约？契约以一种精确且可检查的方式说明了软件组件的接口。这些软件组件通常是函数和成员函数，并且它们必须满足前置条件、后置条件以及不变式。我们可能会在 C++23 时用上契约[1]。

默认情况下，违反契约的行为会造成程序终止。

以下是 **C++ 提案 P0380r1** 中相关定义的简化版本。

前置条件、后置条件以及不变式

- **前置条件**　前置条件是指在进入函数时应当成立的谓词。
- **后置条件**　后置条件是指在退出函数时应当成立的谓词。
- **不变式**　不变式是指在计算过程中不变式所在点上应当成立的谓词。

在 C++ 中，前置条件和后置条件在函数外进行检查，而不变式则会在函数的内部。谓词是返回布尔值的函数。

下面的代码片段就应用了以上三种条件：

```
int push(queue& q, int val)
  [[ expects: !q.full() ]]
  [[ ensures: !q.empty() ]] {
  ...
  [[assert: q.is_ok() ]]
  ...
}
```

属性 expects 是前置条件，属性 ensures 是后置条件，而属性 assert 是不变式。函数 push 的契约是，在增加一个元素之前队列未满，在增加一个元素以后队列非空，以及队列处于有效状态中：q.is_ok()。前置条件和后置条件是函数接口的一部分，这意味着它们只能访问函数的参数或类的公开成员。然而，断言是实现的一部分，因此不变式可以访问函数的局部成员，或者类的私有或受保护成员。

1 译者注：很遗憾，契约没能进入 C++23，至少得等到 C++26 了。

```
class X {
 public:
   void f(int n)
      [[ expects: n < m ]] {   // 错误，m 是私有成员
      [[ assert: n < m ]];     // 正确
      // ...
   }
 private:
   int m;
};
```

变量 m 是私有的，因而它不能是前置条件的一部分。

对于 ensures 属性，可以使用一个额外的标识符。这个标识符允许指代函数的返回值。

```
int mul(int x, int y)
   [[expects: x > 0]]
   [[expects: y > 0]]
   [[ensures res: res > 0]] {
   return x * y;
}
```

在这种情况下，标识符 res 可以是一个任意的名字。正如本例所展示的，你可以同时使用多条同类的契约。

在我们能用上契约之前（也许在 C++23），可以使用 Guidelines 支持库中的断言作为契约的替代品。